EXAMPRESS®

甲種危険物取扱者試験学習書

工学
教科書

JN071354

炎の
甲種危険物
取扱者
［テキスト&問題集］

佐藤毅史

SE
SHOEISHA

本書内容に関するお問い合わせについて

このたびは翔泳社の書籍をお買い上げいただき、誠にありがとうございます。弊社では、読者の皆様からのお問い合わせに適切に対応させていただくため、以下のガイドラインへのご協力をお願い致しております。下記項目をお読みいただき、手順に従ってお問い合わせください。

●ご質問される前に

弊社Webサイトの「正誤表」をご参照ください。これまでに判明した正誤や追加情報を掲載しています。

正誤表　https://www.shoeisha.co.jp/book/errata/

●ご質問方法

弊社Webサイトの「書籍に関するお問い合わせ」をご利用ください。

書籍に関するお問い合わせ　https://www.shoeisha.co.jp/book/qa/

インターネットをご利用でない場合は、FAXまたは郵便にて、下記"翔泳社　愛読者サービスセンター"までお問い合わせください。
電話でのご質問は、お受けしておりません。

●回答について

回答は、ご質問いただいた手段によってご返事申し上げます。ご質問の内容によっては、回答に数日ないしはそれ以上の期間を要する場合があります。

●ご質問に際してのご注意

本書の対象を越えるもの、記述個所を特定されないもの、また読者固有の環境に起因するご質問等にはお答えできませんので、予めご了承ください。

●郵便物送付先およびFAX番号

送付先住所　〒160-0006　東京都新宿区舟町5
FAX番号　　03-5362-3818
宛先　　　　（株）翔泳社　愛読者サービスセンター

最上位資格に挑戦することこそ、
勉強の醍醐味！
己の知識・実力を合格という
成果にするべく、挑戦するんだ！！

　弊社の工学教科書を手に取り、目を通していただきありがとうございます。本書を手に取り、学習の一助として選ぼうとしている皆さんは、既に合格への最短コースを歩めることが約束されました！

　2021年に産声を上げた「炎の資格書シリーズ」も多くの受験生にご好評いただき、気付けば10冊以上のラインナップを数えるまでになりました。これも、従来の参考書には満足できない方への的確なニーズをとらえたこと、そして、他に類を見ない語呂合わせと計算問題、一切省略しない解説を徹底し、爆裂に分かりやすい内容で数多くの受験生の合格をサポートしてきた成果と見ることができます。

　と、ずいぶん大見栄切ったPRとなりましたが、申し遅れましたが、私は本テキストの著者の佐藤毅史と申します。

　普段は小さいながらも電気工事会社の社長として、上下作業着を着て日々現場仕事をしています。とりあえず「国家資格」を取ろうとする場合、一番身近なガソリンを扱う乙4危険物から着手する人が多いのですが、そこで学んだ知識を少し深堀りするだけで、さらに上位の資格を取得することができるのです！

　ゼロから学びを始めるのは確かに大変なことです。これは、私自身も痛感します。本書の主題である「甲種危険物取扱者」は、3科目ある出題内容のうち、①法令と②物理・化学は乙4の時の内容がそのまま出題されているのです！一部難化している部分もありますが、乙4の延長線上にあるわけで、新規で学ぶべき内容は③危険物の性質（物性）として、乙4以外の5品目だけなのです！

　つまり、短期間で効率よく学習して上位資格が取得できる！

　そんな楽して上位資格に挑戦できるという素晴らしい資格が、甲種危険物取扱者なのです。

　本書を手に取った皆様が合格（資格証）を勝ち取り、安定した仕事に就労されるサポートができる最良の指南書であることを確信しています。

2023年07月　佐藤　毅史

CONTENTS | 目次

第2科目 基礎的な物理学及び基礎的な化学 … 115

第 **3** 科目　危険物の性質並びにその火災予防及び消火の方法 ･･･ 261

◉ 模擬問題 ……………………………………………… 459

※模擬試験2回目は、Webからダウンロードできます。詳細は、xiページをご確認ください。

Information | 試験情報

◆甲種危険物取扱者とは

　危険物取扱者とは、消防法の定める危険物を取扱うために必要な資格です。甲種、乙種、丙種の3つの免状があり、甲種危険物取扱者は、第1類〜第6類まであるすべての種類の危険物を取扱うことができる資格です。

◆試験内容

　試験は2時間30分で3科目（計45問）を解きます。出題形式は五肢択一式です。各科目60%以上の成績で合格となります。

試験科目	問題数	試験時間
① 危険物に関する法令	15問	
② 物理学及び化学	10問	2時間30分
③ 危険物の性質並びにその火災予防及び消火の方法	20問	

◆受験資格

① 大学等において化学に関する学科、課程を修めて卒業した者、
　大学等において化学に関する授業科目を15単位以上修得した者
② 乙種危険物取扱者免状の交付を受けた後、危険物製造所などにおいて
　2年以上の危険物取り扱いの実務経験を有する者
③ 次の4種類以上の乙種危険物取扱者免状の交付を受けている者
　1類または6類 / 2類または4類 / 3類 /5類

◆受験の手続き

　受験の申込み方法には、願書を郵送する「書面申請」と、ホームページ上で申込む「電子申請」の2種類があります。試験手数料は6,600円（非課税。2023年6月現在）です。

試験内容の詳細や試験日の確認、電子申請についてはこちらから行えます。

一般財団法人 消防試験研究センター：https://www.shoubo-shiken.or.jp/

Structure | 本書の使い方

　本書では、3科目ある試験科目の内容をの内容を、66テーマ（全12章）に分けて解説しています。各章末には演習問題があり、巻末には模擬問題があります。

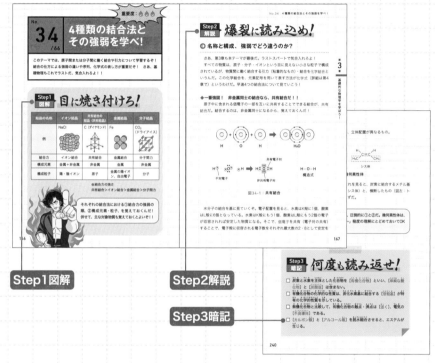

◆テキスト部分

　各テーマは、3ステップで学べるように構成しています。

　Step1図解：重要ポイントのイメージをつかむことができます。

　Step2解説：丁寧な解説で、イメージを理解につなげることができます。

　Step3暗記：覚えるべき最重要ポイントを振り返ることができます。

　また、解説内には、複数の関連事項をまとめて覚える際の助けになるよう、ゴロあわせを用意しています。

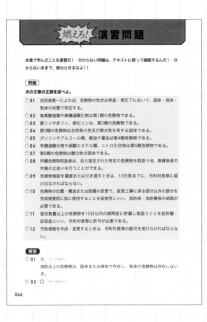

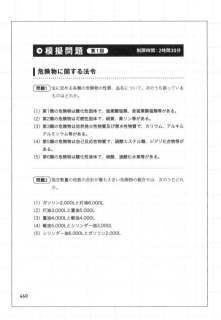

◆演習問題

　章内容の知識を定着させられるよう、章末には演習問題を用意しています。分からなかった問題は、各テーマの解説に戻るなどして、復習をしましょう。

◆模擬問題

　紙面とWeb、合わせて2回分の模擬問題を用意しています。模擬問題を解くことで、試験での出題のされ方や、時間配分などを把握できます。Web版の模擬試験の入手法については、次ページをご確認ください。

Special ｜ 読者特典のご案内

　本書の読者特典として、模擬問題1回分と、化学や物理の計算や化学式に関する練習問題を集めた「物理・化学・計算 強化合宿」のPDFファイルをダウンロードすることができます。また、一問一答が解けるWebアプリを利用することができます。本書の内容を繰り返しこなすだけでも、十分合格レベルに達するように設計しておりますが、もっと力をつけたい人のために用意しました。

◆模擬問題と「物理・化学・計算 強化合宿」のダウンロード方法

1.　下記のURLにアクセスしてください。

https://www.shoeisha.co.jp/book/present/9784798181202

2.　ダウンロードにあたっては、SHOEISHAiD への登録と、アクセスキーの入力が必要になります。お手数ですが、画面の指示に従って進めてください。アクセスキーは本書の各章の最初のページ下端に記載されています。画面で指定された章のアクセスキーを、半角英数字で、大文字、小文字を区別して入力してください。

免責事項

- ・PDF ファイルの内容は、著作権法により保護されています。個人で利用する以外には使うことができません。また、著者の許可なくネットワークなどへの配布はできません。
- ・データの使い方に対して、株式会社翔泳社、著者はお答えしかねます。また、データを運用した結果に対して、株式会社翔泳社、著者は一切の責任を負いません。

◆Webアプリについて

　一問一答が解けるWebアプリをご利用いただけます。下記URLにアクセスしてください。

https://www.shoeisha.co.jp/book/exam/9784798181202

　ご利用にあたっては、SHOEISHAiD への登録と、アクセスキーの入力が必要になります。お手数ですが、画面の指示に従って進めてください。

某工業高校

......

なんとか乙4に合格して
2年に進級できたものの、、

燃え尽きたというか、
この先何をして過ごせば
いいものか…

一殻　学（16）
苦難を乗り越えて乙4に
合格した工業高校生

!!

紙飛行機？

どっから
こんなものが？

痛った〜
刺さったんだけど…

ん!?

あれ!?

開け

この字って…!?

第1科目

危険物に 関する法令

第1章 危険物に関する資格・制度を学ぼう！

第2章 製造所等の設置基準を学ぼう！

【目標得点】
15点満点中9点以上
※乙4試験を受験して合格した君には、復習的な内容だ！　出題される問題の難易度が乙4の時よりも難化しているが、文章（国語）を読み違えないように注意して取り組めば、必ず攻略できるぞ！！

「有言実行では、もう古いんだ!!
あれこれ言う前に、先ずは行動あるのみ!
そう、考えるな!感じたままに動くんだ!!」

第 1 章

危険物に関する資格・制度を学ぼう!

本章では、危険物に関する資格と制度を学習するぞ。
指定数量倍数の計算については、乙種第4類（以下乙4）で出題される危険物が頻出だ。それ以外の内容は第6章以降で学習するぞ。法律特有の言い回しも然りだが、「主語（誰が）」と「述語（許可、承認、認可、届出）」の対応関係に注意して見ていくと、攻略できるぞ！！

アクセスキー **r**

(小文字のアール)

危険物の法律的な位置付け

そもそも「危険物」とは何か？　法令分野では、各類の危険物概要が出題されているぞ。併せて、法令特有の言い回しや勉強法についても解説していく！　ここで学習する内容は復習でもあり、今後の取り組み方（予習）にもなるぞ！！

Step1 図解　目に焼き付けろ！

消防法上の危険物の分類

消防法上の危険物

- 1類：酸化性固体
- 2類：可燃性固体
- 3類：自然発火性及び禁水性（固体または液体）
- 4類：引火性液体
  - 特殊引火物
  - 第1石油類
  - アルコール類
  - 第2石油類
  - 第3石油類
  - 第4石油類
  - 動植物油類
- 5類：自己反応性（固体または液体）
- 6類：酸化性液体

物質の状態	区分
固体のみ存在	第1類、第2類
固体と液体の両方が存在	第3類、第5類
液体のみ存在	第4類、第6類

市町村条例で規制（引火点250℃以上）←→ 引火点250℃未満

消防法上の危険物は固体または液体で存在していて、気体の危険物は存在しないぞ！

Step2 解説 爆裂に読み込め！

→ 法的側面から危険物を学ぶぞ！

　危険物の取扱を自由に野放しにすると、勝手な判断で使用したことによって大惨事になりかねないよな。そこで、危険物を規制する法律として消防法があるんだ。消防法によれば、「危険物」とは、「別表第1の品名欄に掲げる物品で、同表に定める区分に応じ同表の性質欄に掲げる性状を有するものをいう」と定義されているぞ。

分からない……。法律の文章って呪文みたいね。

　法律の条文は、特有の言い回しで理解しづらいよな。とにかく、試験合格のために学んでほしいことをざっくりいうと、次の3点だ。

①危険物は化学的、物理的性質に従って、第1類～第6類に分類される。その大まかな性質を理解しろ！

②常温（20℃）・常圧下において、危険物は固体または液体で存在する。よって、気体の危険物はこの世に存在しない！

③類ごとの危険物についての細かい性質は、物性（第6章以降）で学習するぞ。法令の単元では、乙4合格の君が復習として取り組みやすいように乙4の内容を元に法令の解説を行うぞ（指定数量計算など）！

　改めて、各類の危険物の種類と性質、代表的な物質を、消防法が定める分類を把握するついでに次の表で確認しておこう！

失敗しても終わりじゃない、諦めたときに全てが終わるんだ！

表1-1：類別の危険物の性質等一覧

危険物の種類	性質	状態	代表的な物質	取扱に必要な免状	
第1類	酸化性	固体	塩素酸塩類、過塩素酸塩類、無機過酸化物、亜塩素酸塩類など	乙種1類	甲種
第2類	可燃性	固体	硫化リン、赤リン、硫黄、鉄粉、金属粉、マグネシウムなど	乙種2類	
第3類	自然発火性、禁水性	固体または液体	カリウム、ナトリウム、アルキルアルミニウム、黄リンなど	乙種3類	
第4類	引火性	液体	ガソリン、アルコール類、灯油、軽油、重油、動植物油類など	乙種4類	
第5類	自己反応性	固体または液体	有機過酸化物、硝酸エステル類、ニトロ化合物など	乙種5類	
第6類	酸化性	液体	過塩素酸、過酸化水素、硝酸など	乙種6類	

法令の勉強法

　そもそも、「危険物取扱者」という資格は何のためにある？　適正に扱えば生活に利便をもたらす危険物を、適正に扱うプロとして、国が定めた資格だよな。理屈や理論の前に、大切なのは実践だ。実務資格だから、細かい内容ばかり出題されるわけはないのだ。次の2点を意識すると効率よく学習できるぞ。

　①法律の第○条に何が書いてあるのかを覚えない（NO！　条文暗記！）
　②何がどのように規制されているのかに注意する（法律は5W1H！）

「5W1H」は「誰が（に）」「何を」「いつ」「どこで」「なぜ」「どう
やって（または「どれだけ」）」というやつだ。実際の試験では、
次のように出題されているぞ。

◆5W1Hを意識した例

①How many?!
　製造所等の施設に関する基準は、「保安距離」「指定数量との関係」「サイズ」
　など、数字周りを意識する！
②Who?!
　各資格者の選任に関する手続きは、「誰が誰に」対して行うのか、意識する！
③Who?! When?!
　各種手続き（許可、承認、認可、届出）は、「誰が誰に」＆「期間」を意識す
　る！

Step3 暗記　何度も読み返せ！

- □ 危険物のうち、固体のみで存在するのは第［1］類と第［2］類である。
  なお、固体と液体の両方が存在するのは、第［3］類と第5類である。
- □ 第1類危険物は、［酸化］性の［固］体である。これ自体は燃えない
  ［不燃性］だが、他の物質に［酸素］を供給する酸化剤としてはたらく。
- □ 第3類危険物は、［自然発火］性及び［禁水］性の［固］体または
  ［液］体である。
- □ 第4類危険物は、［引火］性の［液］体で、その蒸気比重は全て空気
  より［重］い。なお、第4類以外で液体のみで存在する危険物として
  は、第［6］類がある。
- □ 第5類危険物は、［自己反応］性の［固］体または［液］体で、自ら
  の内部に含む［酸素原子］で燃える。

危険物に課せられた4つの規制

まずは、規制の概要と原則を押さえよう。「貯蔵・取扱」と「運搬」は、指定数量「以上」と「未満」で取扱が変わる！ 市町村長等への申請手続きは、許可、承認、認可、届出があるぞ。どれも間違えるな！！

Step1 図解 目に焼き付けろ！

消防法の規制対象

運搬

貯蔵・取扱

指定数量未満は市町村条例の規制対象

申請手続きの分類

易 ⟶ 厳

届出	<	認可	<	承認	<	許可
⋮譲渡や廃止扱う危険物の変更など		⋮予防規程の作成・変更		⋮仮貯蔵・仮取扱、仮使用		⋮設置やそれに関する変更

運搬は一律で消防法の規制となるが、「貯蔵・取扱」は指定数量以上で消防法、指定数量未満の場合は市町村条例で規制されるぞ！間違えやすい箇所だから、特に気を付けるんだ！！

Step2 解説 爆裂に読み込め！

➡ 危険物についての3つの規制（貯蔵・取扱、運搬）

危険物については、次の3つの規制があるぞ。

①指定数量以上の**危険物の貯蔵・取扱**

　消防法第3条の危険物の項目で基本事項を決定するんだ。さらに、政令、規則、告示などで技術上の基準が定められているぞ。

②指定数量未満の**危険物の貯蔵・取扱**

　市町村の火災予防条例にて、技術上の基準が定められているぞ。

③**危険物の運搬**

　指定数量以上・未満を問わず、消防法、政令、規則、告示によって、技術上の基準が定められているぞ。

➡ 貯蔵・取扱の原則と一部適用除外（例外）

　指定数量以上の危険物を製造所等以外の場所で、貯蔵・取扱うことは原則禁止で許可が必要なんだ。ただ、世の中「原則あるところに例外あり」とはよくいったもので、消防法の試験でもこの「例外」がよく出るんだ（後述するぞ）。

◆許可制度

　製造所等を設置する場合、その位置、構造、設備を、法令で定める技術上の基準に適合させ、市町村長等の許可を得なければならないと定めているんだ。

図2-1：許可制度

◆一部例外と適用除外

　危険物の貯蔵・取扱には市町村長等の許可が必須なのは分かったはずだ。ただし、次の仮貯蔵・仮取扱という例外があるので、覚えておくんだ！

　⇒指定数量以上の危険物を10日以内の期間に限って仮に貯蔵し、または取扱うことができる（仮貯蔵・仮取扱）。ただし、この場合でも消防長または消防署長の承認を受けることが必須となるぞ！！

　今度は適用除外について見ていくぞ。航空機、船舶、鉄道または軌道（路面電車などが通る道）による危険物の貯蔵、取扱、運搬は、消防法が適用されないんだ！　これらについては、それぞれ、航空法、船舶安全法、鉄道営業法、軌道法等によって、その安全確保が図られているからなんだ。ただし、これらへの給油の実施については、消防法の規制を受けるぞ！

　この他許可以外にも、内容によっては、承認・認可・届出が必要になるんだ。

表2-1：製造所等に関する手続き

手続き		内容	申請先
許可	設置	製造所等の設置	市町村長等
	変更	製造所等の位置、構造、または設備の変更	
承認	仮貯蔵 仮取扱	指定数量以上の危険物を10日以内の期間、仮に貯蔵し取扱う	消防長 消防署長
	仮使用	変更部分以外の全部または一部を仮に使用する	
認可		予防規程を作成、変更した場合	市町村長等
届出		【遅滞なく届出】 ・譲渡または引渡し ・用途を廃止 ・危険物保安統括管理者、保安監督者の選任または解任 【10日前までに届出】 ・危険物の品名、数量、または指定数量の倍数の変更	

　サラッと触れたが、「市町村長等」とは、消防本部及び消防署を置いている地域ではその市町村長、置いていない地域ではその都道府県知事、2以上の都道府県にわたって設置される場合には総務大臣のことを指すぞ。

> 都道府県をまたいでいる場合は、利害調整のために、消防法を取り仕切っている総務省（総務大臣）の管轄になるのね。

Step3 暗記 何度も読み返せ！

□ 危険物に課せられる4つの規制を、規制の軽重で並べると以下の通りとなる。

[許可] ＞ [承認] ＞ [認可] ＞ [届出]

□ 指定数量以上の危険物の運搬と貯蔵・取扱は、[消防法]の規制となり、指定数量未満の危険物の[貯蔵・取扱]は、市町村条例の規制となる。

12の危険物施設

このテーマでは、危険物施設（製造所等）の施設区分と、さらに突っ込んだ手続き（承認・届出）について見ていくぞ。製造所等はすべて覚えるしかない！！また、承認・届出の手続きの差異は、超頻出だ！　繰り返し読み込め！！

Step1
図解 目に焼き付けろ！

製造所等

製造所　　　　　貯蔵所　　　　　　　取扱所

・屋内貯蔵所	・簡易タンク貯蔵所
・屋外タンク貯蔵所	・移動タンク貯蔵所
・屋内タンク貯蔵所	・屋外貯蔵所
・地下タンク貯蔵所	

・給油取扱所
・販売取扱所
・移送取扱所
・一般取扱所

製造所、貯蔵所、取扱所の3つをまとめて「製造所等」というぞ！　製造所等は、全部で12種類に区分される。出題の頻度には差があるが、各施設の詳細は必ず覚えるんだ！！

Step2 解説 爆裂に読み込め！

→ 危険物施設の区分

消防法等の規制が適用される、指定数量以上の危険物を貯蔵したり取扱ったりする施設のことを危険物施設というが、大きく「製造所」「貯蔵所」「取扱所」の3つに区分されるぞ。さらに細かく、形態や設置場所によって12種類に細分化されるんだ。

冒頭の図でも記載したが、危険物施設のことを製造所等と表記することもあるが、これは、製造所単独ではなくて、すべてをひっくるめた言い方である点に気を付けよう！

図3-1：製造所等

「製造所等 ＝ 製造所(1)＋貯蔵所(7)＋取扱所(4)」で、全部で12種類なんですね！

今、この瞬間を真剣に！！　　013

> そうだ、理解が早いな！　それぞれの詳細は第2章で解説するから、ここでは全体概要とイメージをチェックしてくれ！！

⮕ 製造所等の設置や変更許可申請の手続き

　製造所等を新たに設置したり、既存の製造所等の位置・構造・設備などを変更したりするときは、その管轄する市町村長等に対して、設置・変更の許可申請をしなければならないぞ！　この点は、前テーマで触れているから再度確認しておくんだ。

◆完成検査前検査

　前テーマの図2-1にサラッと記載があるが、市町村長等の許可を受けて製造所等を設置・変更するものは、申請通りに工事がされているか、途中でチェックを受ける必要があるんだ。それが、完成検査前検査というわけだ。主に、液体危険物を貯蔵し、または取扱うタンク（液体危険物タンク）を設置・変更する製造所等を対象とした検査で、市町村長等に申請するんだ。

> 対象となる製造所等は次に記載したが、結論は屋外貯蔵タンクのみだ！！

【完成検査前検査の概要】
- 水張検査または水圧検査、基礎・地盤検査、溶接部検査
- 基礎・地盤検査及び溶接部検査は、容量1,000kL以上の液体危険物を貯蔵する屋外貯蔵タンクに限定される
- 製造所及び一般取扱所の液体危険物タンクで、容量が指定数量未満のものは除外

◆完成検査

　設置・変更が申請通りに行われたか確認するための検査が完成検査だ。基準に適合していると認められれば、完成検査済証が交付されて、これで製造所等

の使用を開始することができるんだ！

◆届出にともなう日程のリミットの差異

　前テーマの表2.1でリフッと触れているが、危険物については、消防法等によるさまざまな届出の義務があるぞ。届出は、許可や認可と異なり行政庁の返事をもらう必要はないが、定められた時期に届出をする必要があるんだ。とはいえ、その時期は2種類だけだ！　取扱う危険物の品名・数量または指定数量の倍数を変更する場合には、「変更しようとする日の10日前まで」に、それ以外は「遅滞なく」だ！！

➡ 変更工事にともなう仮使用

　製造所等の変更工事中に、施設内の工事とは関係ない部分についての使用を認めたのが、仮使用だ。市町村長等に対して、仮使用申請して承認を受けることで使用可能になるぞ。

「承認」という言葉を使うのは、「仮貯蔵・仮取扱」と「仮使用」だけ、つまり「仮○○」のときだけなんですね！　でも、えーと、「仮貯蔵・仮取扱」と「仮使用」の違いがよく分かりませーん！

　整理してみよう。これを理解するだけで、確実に1点取れるぞ！！

◆仮貯蔵・仮取扱

　本来であれば、指定数量以上の危険物を製造所等以外で取扱うことは禁止されているんだ。しかし、事前に、消防長または消防署長の承認を受ければ、10日以内の期間に限って「仮に」貯蔵し、取扱をすることが可能となる。それが、「仮貯蔵・仮取扱」だ！

◆仮使用

　製造所等を工事する場合、工事が終わって完成検査を受け、完成検査済証の交付を受けないと使用することができないのは、先ほど学習した通りだ。

　しかし、製造所等の中にある事務スペースのように、危険物そのものを製造・使用する場所ではない所まで使用禁止にするのは、杓子定規すぎて日常業務にも影響が出てしまう。だから、工事中であっても、施設内の危険物を取扱う場所とは無関係の部分については、「市町村長等の承認」を受けることで、仮に使用（だから「仮使用」）することができるんだ！！

図3-2：仮貯蔵・仮取扱と仮使用

　図を見れば、2つの言葉は似ていても全くの別物と分かるはずだ！　法令の学習は、学習単元ごとに分けて講義する紙面の都合もあるが、文章を読み進めていくうちに、バラバラに勉強しているような気になってしまいがちだ。そこで、「誰が誰に許可するのか？」の視点を押さえつつ、似たもの同士を並べて比較することで一目瞭然に違いが理解できるはずだ！

えーと、「仮貯蔵・仮取扱」は消防長か消防署長に、「仮使用」は市町村長等に、「承認」をもらうのね。

Step3 暗記 何度も読み返せ！

- ☐ 危険物施設は［製造所等］ともいわれ、製造所・［貯蔵所］・取扱所に分けられ、全部で［12］種類ある。
- ☐ 完成検査前検査の対象となるのは、［屋外貯蔵タンク］に限定される。
- ☐ 取扱う危険物の品名・数量または指定数量の倍数を変更するときは、［市町村長等］に［変更しようとする日の10日前までに］、［届出］をしなければならない。
- ☐ 指定数量以上の危険物を［10日］以内の期間に限って貯蔵・取扱う場合、［消防長または消防署長］の承認を受ければよいことになっている。これを［仮貯蔵・仮取扱］という。

重要度：🔥🔥🔥

量を規制する
指定数量とは？

このテーマでは、危険物の指定数量について見ていくぞ。甲種の試験では、第1類～6類までの指定数量を全て覚える必要があるが、詳細は第7章に譲ることにし、ここでは復習として、第4類危険物の指定数量について見ていくぞ！

Step1 図解 目に焼き付けろ！

品名	溶解	指定数量
特殊引火物		50L
第1石油類	非水溶性	200L
	水溶性	400L
アルコール類		400L
第2石油類	非水溶性	1,000L
	水溶性	2,000L
第3石油類	非水溶性	2,000L
	水溶性	4,000L
第4石油類		6,000L
動植物油類		10,000L

（2倍）（同じ）（足す）

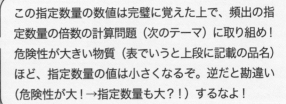

この指定数量の数値は完璧に覚えた上で、頻出の指定数量の倍数の計算問題（次のテーマ）に取り組め！危険性が大きい物質（表でいうと上段に記載の品名）ほど、指定数量の値は小さくなるぞ。逆だと勘違い（危険性が大！→指定数量も大？！）するなよ！

Step2 解説 爆裂に読み込め！

➡ 指定数量とは？

危険物は消防法によって規制されているから、無許可・無資格で取扱うと、処罰の対象となるんだ。しかし、冬に家で石油ストーブを使っているときに、「灯油を貯蔵したから許可を取れ」といっていたら、いろいろと面倒だよな。

法律上はそうでも、扱う人の立場も理解してほしいですね。

そこでだ！　消防法では、危険物の危険性の度合いに応じて、「一定数量以上」を貯蔵したり、取扱ったりする場合にのみ規制を設けているんだ。その基準となる危険物の数量のことを指定数量というんだ。

危険性が大きい物質ほど指定数量は少量となる。指定数量は、危険物の貯蔵量・取扱量の限度ではなくて、その数量以上になると規制対象となるんだ。

Step3 暗記 何度も読み返せ！

☐ 特殊引火物の指定数量は［50］Lで、第4類の中で最も［少ない］。
☐ 動植物油類の指定数量は、［10,000］L。
☐ 第1石油類の指定数量は［非水溶性］が200L、水溶性が［400］L。
☐ 第3石油類の指定数量は、非水溶性が［2,000］L、水溶性は［4,000］L。
☐ 第4石油類の指定数量は、［6,000］L。
☐ 第2石油類の指定数量は、非水溶性が［1,000］L、水溶性は［2,000］L。
☐ アルコール類の指定数量は［400］Lで、これは、［水溶性の第1石油類］と同じである。

簡単な四則計算！指定数量を計算せよ！

このテーマでは、前テーマで学習した指定数量を元に計算問題を見ていくぞ！　指定数量の倍数の計算は、簡単な四則計算だから間違えるなよ！！　なお、この倍数の値によって、各種の規制が設けられているから、併せてチェックするぞ！！

Step1 図解 目に焼き付けろ！

指定数量の倍数

危険物が…

1種類のみ
$$倍数 = \frac{取扱量}{指定数量}$$

複数ある
$$倍数 = \frac{①の取扱量}{①の指定数量} + \frac{②の取扱量}{②の指定数量} + \cdots$$

定められた数量（指定数量）の何倍の危険物を持っているかが、この式を使うと分かるんだ。分母にその危険物の指定数量を、分子に取扱っている数量を入れれば、倍数が出る。危険物が複数あれば、個別の倍数を足せばいいだけだ！

Step2 解説 爆裂に読み込め！

→ 指定数量の倍数計算

危険物を貯蔵、取扱う上で、規制を受ける基準となる数量を指定数量というんだ。このとき、「指定数量をどれくらい上回っているか、あるいは下回っているか」という基準を示す数値が、指定数量の倍数という考え方だ。

> 試験では、この指定数量の倍数の計算が頻出なんだ。指定数量の数値は基礎知識で、その発展として計算問題を出題したいと出題者は考えているわけだ！

例えば、400Lのガソリンを貯蔵する施設について考えてみよう。ガソリンの指定数量は、第4類危険物の第1石油類（非水溶性）に該当するから、200Lだ。そうすると、この貯蔵所では、指定数量の2倍のガソリンを貯蔵していることになるわけだ。

【計算例】 400Lのガソリンを貯蔵している場合

$$倍数 = \frac{ガソリンの貯蔵量（400L）}{ガソリンの指定数量（200L）} = 2（倍）$$

> 1つの危険物の指定数量の倍数は、簡単な割り算なんですね！でも、複数の危険物を取扱う場合は、どうなるんですか？

じゃあ次は、1つの製造所等で品名の異なる複数の危険物を取扱う場合の計算について見てみるぞ！

例えば、あるガソリンスタンド（給油取扱所）で、ガソリンを100L、灯油を3,000L取扱っている場合はどうか。さっきと同じく危険物ごとの指定数量の倍数を計算して、それを足し合わせれば、全体の倍数が求められるぞ！

すぐやる、今やる、とことんやる!!

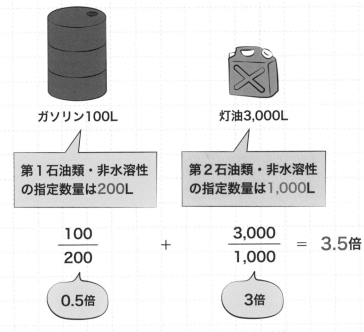

ガソリン100L

灯油3,000L

第1石油類・非水溶性の指定数量は200L

第2石油類・非水溶性の指定数量は1,000L

$$\frac{100}{200} + \frac{3,000}{1,000} = 3.5倍$$

0.5倍

3倍

図5-1：複数の危険物の倍数計算

 複数の危険物を取扱う場合も、危険物ごとに指定数量の倍数の値を求める、という基本は変わらないんですね！

 そう、それで冒頭の図にある公式が成立するというわけだ。公式を覚えるんじゃない、計算法を理解するんだ！

● 指定数量の倍数による規制

　こうして求めた指定数量の倍数に応じて、消防活動のために確保すべき保有空地の幅や定期点検の実施義務、予防規程の策定義務といった規制のレベルが定められているんだ。細かい内容はさておき、指定数量の倍数による区分は次の通りになるぞ！

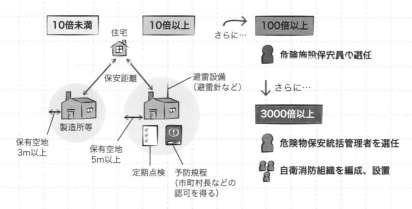

図5-2：倍数による区分と規制

 予防規程や定期点検等について、指定数量の倍数による規制については後述するが、個別のテーマごとの学習を、最後は上図のように指定数量の倍数による区分として覚えておくとよいぞ！　テキストの関係上、テーマを区切って学習するわけだが、まとめてみると理解しやすいはずだ！！

Step3 暗記　何度も読み返せ！

□ 貯蔵・取扱いをする危険物が1種類のとき、指定数量の倍数は次の公式で求める。

$$指定数量の倍数 = \frac{対象となる危険物の[貯蔵・取扱量]}{対象となる危険物の[指定数量]}$$

□ 複数の危険物を貯蔵・取扱う場合、各々の危険物の指定数量の倍数を求めて、これらの [総和] が、その貯蔵・取扱をする製造所等の指定数量の倍数となる。

危険物の扱いを許されし者とは?

このテーマでは、危険物取扱者の分類と役割について学習するぞ! 全3種類の資格区分で、できることとできないことの違い、免状の書換えと再交付の違いが本テーマの重要テーマだ! 細かい違いを試験で問われるぞ!!

重要度:🔥🔥🔥

Step1 図解 目に焼き付けろ!

（甲・乙・丙種の違い）

・危険物保安監督者になれる
・無資格者の立会いOK

取扱OK
（立会いはダメ）

危険物を取扱う場合（取扱、移送、運搬、立会い）には、必ず免状を携行すること!

資格によって扱える危険物の分類と無資格者の作業立会いの可否が試験では頻出だぞ!!

Step2 解説 爆裂に読み込め！

⮕ 危険物取扱者

　危険物取扱者とは、危険物取扱者の試験に合格して都道府県知事から危険物取扱者免状の交付を受けた者のことをいうぞ。

　免状はどこの都道府県で交付を受けても、全国で有効で、その有効期間は10年間だ。ただし、法令に違反した場合（危険物取扱者として危険物の取扱を適切に行わなかったなど）には、免状返納を命じられることもあるぞ。

　免状の区分として、危険物取扱者は甲種、乙種、丙種の3種類があるぞ。甲種はすべての危険物、乙種は免状記載（試験に合格した）の危険物、丙種は指定された一部の危険物のみ取扱うことができるんだ。無資格者の立会いと、後述する危険物保安監督者になることができるのは、甲種と乙種の資格者で、丙種はどちらもできない点が要注意だ！！

◆危険物取扱者の意義・義務

　危険物取扱者の資格は、危険物の取扱作業の安全を人的な面から確保するためにあるんだ。だから、無資格者のみの作業は禁止とされている。

　危険物を扱うときは、有資格者が自ら取扱うか、無資格者の作業には有資格者（丙種除く）の立会いが義務付けられているぞ。

図6-1：甲・乙種有資格者の責務

→ 免状の交付と書換え、再交付

免状交付は、試験合格者に対して都道府県知事が行うが、その申請先は、試験を行った（受験した）都道府県知事になるんだ。

◆書換え

免状記載事項（氏名・本籍変更、写真撮影から10年経過）が変わった場合は、免状交付した都道府県知事、または居住地もしくは勤務地を管轄する都道府県知事に対して、書換えを申請しなければならない。

◆再交付

一方、免状を亡失、滅失、汚損、破損した場合は、再交付の申請をしなければならないが、この場合の申請先は、免状を交付（または書換え）した都道府県知事のみとなるんだ。

なお、再交付を受けてから、失くした古い免状を発見した場合は、10日以内に提出しなければならないぞ。

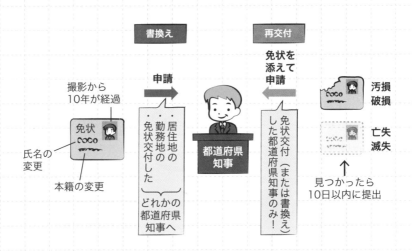

図6-2：書換えと再交付

書換えより再発行の方が、申請先の選択肢が少ないですね…

書換え（免状記載事項の変更）は、不可抗力ともいえる事情での変更だから、融通をきかせて比較的便利に申請できるようにしている。一方、亡失、滅失、汚損、破損した場合、管理不行き届き（自業自得）という考えから、再発行の申請は免状交付または書換えをした都道府県知事のみ、としているんだ。

◆免状の不交付、返納命令

分かりやすくいえば、前科のあるヤバいやつには、免状が交付されないんだ。免状を交付してはマズイ人物へ交付すると、危険物の取扱作業の安全を人的な面で担保することが難しくなるからなんだ！！

【免状の不交付】
- 免状の返納を命じられて1年を経過していない
- 消防法または消防法に基づく命令に違反して、罰金以上の刑に処せられ、その執行が終わって2年を経過していない

【免状の返納命令】
- 消防法または消防法に基づく命令に違反した者には、都道府県知事は免状の返納を命じることができる

Step3 暗記 何度も読み返せ！

□ 危険物取扱者免状の有効期間は［10］年間である。なお、無資格者であっても、［甲］種と［乙］種の資格者が立ち会えば、危険物を取扱うことができる。

□ 免状の書換えは、［免状交付］した知事または［勤務地］もしくは［居住地］の知事に対して申請を行う。

第1章 危険物に関する資格・制度を学ぼう！

危険物を保安するための3つの役割

重要度：🔥🔥🔥

このテーマでは、危険物取扱者の保安講習と保安体制について見ていくぞ！ 保安講習は、受講期間（サイクル）が頻出だ！ 保安体制は、3つある中で有資格者じゃないとなれないもの、無資格者でもなれるもの、その違いが頻出だ！！

目に焼き付けろ！

保安のための3つの役割

危険物保安監督者	危険物保安統括管理者	危険物施設保安員

実務経験6か月以上

甲・乙種の有資格者　　　資格不要　　　資格不要（届出不要）

選任　　　届出

解任命令

所有者等　　　市町村長等

危険物保安統括管理者の選任は、製造所等の所有者、管理者、占有者から当事者に。解任命令は、市町村長等から、製造所等の所有者、管理者、占有者に行うんだ。

Step2 解説　爆裂に読み込め！

➡ 保安講習

　危険物の取扱作業に従事している危険物取扱者は、都道府県知事が行う保安に関する講習（保安講習）を3年に1回受講しなければならないんだ。最近の事故事例や、取扱の注意事項などの知識のブラッシュアップのためというわけだ。だから、危険物取扱作業に従事していない者には受講義務はないぞ！

　ただし、新たに従事しだした場合は、従事し始めてから1年以内に保安講習を受ける必要があるぞ。その後は、同じ3年に1回のサイクルとなるから間違えるなよ！

　なお、「3年に1回受講」を厳密にいうと、受講後最初の4月1日から3年以内に受講する、ということだ。

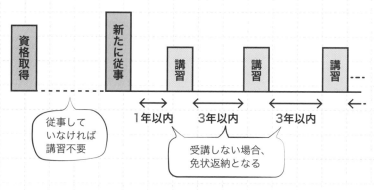

図7-1：保安講習の受講

➡ 保安体制（3つの役職の就任・選任要件）

　災害の発生を防ぐには、製造所等における日ごろの備えとして、自主保安体制の確立が不可欠だ。そのため、危険物取扱の保安体制として、危険物保安監督者、危険物保安統括管理者、危険物施設保安員などが制度化されているぞ。順に見ていこう。

◆危険物保安監督者

危険度の高い施設では、保安体制の確実な確保と運用が求められるんだ。そこで、甲種または乙種の資格を持つ実務経験6か月以上の資格者の中から選ばれるのが、危険物保安監督者だ。特に、「製造所」「屋外タンク貯蔵所」「給油取扱所」「移送取扱所」では必ず選任することになっているぞ。

 後述する危険物施設保安員に、必要な指示を与えて監督する立場でもあるから、現場の責任者的なイメージだ！　危険物施設保安員がいない場合には、自らも危険物を取扱うぞ。

この危険物保安監督者は、製造所等の施設ごとに選任する必要があって、市町村長等への届出義務がある！　試験で問われる例外として、**移動タンク貯蔵所（タンクローリー車）には、危険物保安監督者の選任が不要だ！！**

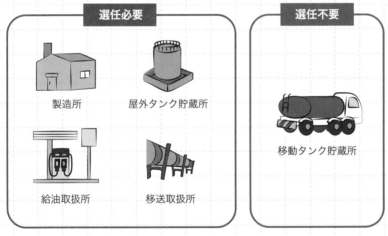

選任必要	選任不要
製造所	移動タンク貯蔵所
屋外タンク貯蔵所	
給油取扱所	
移送取扱所	

図7-2：危険物保安監督者の選任が必要な施設と不要な施設

危険物保安監督者の主な業務は次の通りだ。

【危険物保安監督者の業務】
- 危険物の取扱作業をする者への貯蔵・取扱上の指示を与える
- 災害発生時に作業する者へ指示をして応急措置を講じる
- 消防機関への通報等

◆危険物保安統括管理者と危険物施設保安員

　製造所等の所有者等は、その製造所等の内容に応じて、危険物保安監督者の他に、危険物保安統括管理者や危険物施設保安員の選任をする必要がある。

　サラッと出てきたが、まずは製造所等の所有者等について説明しよう。
　所有者等というのは、製造所等の所有者だけでなく、**管理者**（管理会社の役員）や**占有者**（施設を借りている人）が含まれるぞ。

　そして、危険物の取扱事業を全体的に管理する上位者が、**危険物保安統括管理者**だ。現場監督的（何もしないが、見てはいる）なイメージを持ってくれればOKで、資格は不要だ。市町村長等への届出義務があるぞ！

　危険物保安統括管理者の選任を必要とする事業所は、次の2つだ。
　①指定数量の倍数3,000以上の、製造所と一般取扱所
　②指定数量以上の移送取扱所

　危険物保安監督者の下で実際に作業をする業務補佐役が、危険物施設保安員だ。ある意味下っ端みたいなイメージだから、資格は不要だ。製造所等の施設ごとに選出するけれど、届出の義務はないんだ！

これ超重要！　選任義務はあるが、届出義務はないぞ！

　危険物施設保安員の選任を必要とする事業所は、次の2つだ。
　①指定数量の倍数100以上の、製造所と一般取扱所
　②指定数量以上の移送取扱所

表7-1：就任要件について

無資格者でも就任可	危険物保安統括管理者、 危険物施設保安員
実務経験6か月以上の甲種または 乙種資格者	危険物保安監督者

表7-2：届出義務について

市町村長等への届出義務あり	危険物保安統括管理者、 危険物保安監督者
市町村長等への届出義務なし	危険物施設保安員

Step3 暗記　何度も読み返せ！

- □ 危険物保安監督者になれるのは、甲種または乙種の有資格者で、[6] か月以上の実務経験を有する者である。
- □ 新たに危険物の取扱作業に従事する場合、その従事する日から [1年] 以内に、[都道府県知事] が行う講習を受講しなければならない。
- □ 現に危険物の取扱作業に従事する者は、前の講習受講後最初の [4月1日] から [3年] 以内に、講習を受講しなければならない。
- □ 取扱う危険物の指定数量が3,000倍以上の製造所と一般取扱所では、[危険物保安統括管理者] を選任して [市町村長等] へ届け出なければならない。
- □ 取扱う危険物の指定数量が100倍以上の製造所と一般取扱所では、[危険物施設保安員] を選任する必要があるが、市町村長等への届け出は [不要] である。

重要度：🔥🔥🔥

火災予防のための ルール「予防規程」

このテーマでは、予防規程について見ていくぞ！　予防規程とは、個別の製造所等ごとに定められる内部ルールのことだ！　概要の理解と、指定数量の倍数による予防規程の必要・不要の製造所等をチェックしておくんだ！！

Step1 図解 ➡ 目に焼き付けろ！

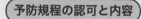
予防規程の認可と内容

市町村長等

予防規程

作成・変更　⇅　認可

所有者等

定める内容

監督者
入院です

➡

代行者
留守は任せて

危険物保安監督者の代行者を選出

巡視、点検、検査、補修等

…その他、保安のための内部ルールを定める

予防規程の分野は、出題箇所がかなり限られている。予防規程はどんな施設に必要・不必要なのか、誰に認可をもらうのか、どんな内容を定めるのか、といったポイントを押さえて要領よく覚えるんだ！！

Step2 解説 爆裂に読み込め！

➡ 施設ごとに火災予防のためのルールを決めろ！

　消防法という法律は、危険物の取扱について、全国一律で規制する杓子定規な法律だ。ところが、日本にある製造所等は、北は北海道から南は沖縄まで、すべて同じ構造、規模、条件で設置されていないのは当然だよな。そうすると、一般的な共通ルールを消防法で定める他にも、個別の施設の特徴に合わせた施設特有の内部ルールが必要になってくるんだ。

> その個別施設ごとの内部ルールが、予防規程なんですね！

　そうなんだ。予防規程は、製造所等の所有者、管理者、占有者、従業員などが遵守しなければならない火災予防の自主保安基準に関する規程なんだよ。
　一定の製造所等の所有者等（所有者、管理者、占有者）は、予防規程を定めたときや変更したときは、市町村長等の認可を受けることが義務付けられているんだ！！　さらに、市町村長等は、この予防規程が技術上の基準に適合しない場合は、認可してはならないとされているぞ。

> 自主的な内部ルールとはいえ、所有者等と従業員は予防規程を守る義務があるんですね。また、その施設で遵守すべき火災予防のためのルールだから、市町村長等も細かく審査しているんですね。

> テーマ2で、製造所等の申請は4種類（許可、承認、認可、届出）あるといったが、このうち「認可」は、予防規程のみで使われるフレーズだ！！

第1章 危険物に関する資格・制度を学ぼう！

表8-1：予防規程を定めなければならない製造所等

施設	対象となる規模
製造所、一般取扱所	指定数量の倍数が10以上
屋外貯蔵所	指定数量の倍数が100以上
屋内貯蔵所	指定数量の倍数が150以上
屋外タンク貯蔵所	指定数量の倍数が200以上
給油取扱所（ガソリンスタンド）	すべて
移送取扱所（パイプライン）	

　上の表は、予防規程を定めなければならない製造所等（指定数量の倍数による）の一覧だ。ポイントは、2つある。特に②が超重要だ！

①給油取扱所と移送取扱所では、指定数量の倍数に関係なく、予防規程を定める
②ここに記載のない製造所等では、指定数量の倍数に関係なく、予防規程は不要

　さらに、予防規程を定める施設の「逆」も問われる。むしろその方が出題は多い。ちなみに、次の5つの危険物施設では、指定数量の倍数に関係なく予防規程は不要だ。

【予防規程が不要な危険物施設】
　・屋内タンク貯蔵所　　　・簡易タンク貯蔵所　　　・地下タンク貯蔵所
　・移動タンク貯蔵所　　　・販売取扱所（第1、2種）

　予防規程に定める内容としては、次のものがあるぞ。製造所等の内部ルールということを考えれば、あたりまえの内容ばかりだと分かるはずだ！！

【予防規程に定める内容】

- 保安のための巡視、点検、検査、補修等の対応法
- 危険物の保安業務を管理する者の職務及び組織
- 危険物保安監督者が旅行・疾病その他の理由で職務不可となる場合の代行
- 従業員の保安教育
- 化学消防自動車や自衛消防組織の設置
- 危険物取扱作業基準
- 地震発生時における施設及び設備に対する点検・応急措置
- 製造所等の位置・構造及び設備を明示した書類及び図面の整備
- 危険物施設の運転・操作など

指定数量の倍数に関係なく予防規程を定める2施設と定めない5つの施設、これが最低減ですね！　繰り返し読み込んで覚えるぞ！

この後のテーマ10で学習する定期点検の必要な製造所等と指定数量の倍数が同じになっているんだ。テーマ10を学習したら、必ず戻って復習だ！

Step3 暗記　何度も読み返せ！

- □ 個別の製造所等に定められる内部ルールを［予防規程］といい、製造所等の所有者等は、市町村長等の［認可］を受けなければならない。
- □ 指定数量の倍数が10以上のときに予防規程を定めるのは、［製造所］と［一般取扱所］である。なお、指定数量の倍数に関係なく予防規程を定めるのは、［給油取扱所］と［移送取扱所］である。

重要度：🔥🔥🔥

No. 09 / 66　自衛消防組織を編成せよ！

このテーマでは自衛消防組織についてついでに学習するぞ！　突っ込んだ内容は出題されていないから、自衛消防組織の意義と設置基準に絞って学習するんだ！　併せて、出題者目線に立った学習法についても指南するぞ！！

Step1 図解　目に焼き付けろ！

自衛消防組織の設置対象

設置義務 ─ 指定数量の 3,000倍以上 ─ 製造所／一般取扱所

指定数量以上 ─ 移送取扱所

自衛消防組織の設置対象となる施設と指定数量倍数の組合せは必ず覚えておくんだ！！　ただ、やみくもに覚えても意味がない！！　この対象となる施設と指定数量倍数の基準は、実は、危険物保安統括管理者の設置基準と同じになっているんだ！！（忘れた人は、テーマ7を確認だ！）

Step2 解説 爆裂に読み込め！

➡ 自衛消防組織とは？

規模の大きい危険物施設で火災等の事故が発生したときは、消防車両の到着を待っていては火災がどんどん進行してしまうから、初期消火をすることが肝心といえるんだ。

そこで、大規模な危険物施設を持つ事業所では、火災等の被害を最小限に食い止めるため、規模に応じた自衛消防組織を編成しておくことが義務付けられているんだ。

自衛消防組織の設置が義務付けられるのは、製造所、一般取扱所または移送取扱所において、第4類危険物を指定数量の**3,000倍以上**（移送取扱所は指定数量以上）取扱う事業所だ。

冒頭にも記載したが、自衛消防組織の設置基準となる指定数量および危険物施設は、危険物保安統括管理者の設置基準及び指定数量と同じなんだ！　今一度確認してくれ！！

➡ 出題者目線で見る、学習のコツ（分類と比較）

簡単な暗記法があれば、ぜひ紹介したいが、ないのが残念なところだ。ただ、やみくもに学習しても仕方ないから、少しでも効率よく覚えられる方法や学習のコツについて紹介していくぞ。

まず、前述した自衛消防組織の設置基準となる指定数量の倍数と対象施設については、危険物保安統括管理者の基準と同じになっている点を押さえておくんだ。テキストの都合上、単元ごとにテーマを分けているから、どうしても別物と見てしまうかもしれないが、一度振り返りをしてほしいんだ。

これまで学んだ別々の知識を関連付けてみるってことですね。

　関連性や共通点を自分なりに見つけることで、強固な記憶として理解できるはずだ。以下に一例を示しておこう。この他にもあるから、自分で見つけてみるんだ。

【似た者同士】

- 自衛消防組織と危険物保安統括管理者の設置基準

【特有】

- 「認可」を受ける必要があるのは、予防規程の作成・変更のみ
- 「承認」を受けるのは仮使用と仮貯蔵・仮取扱。似ているけど別物

【比較】

- 定期点検の実施主体は製造所等の所有者等だが、保安検査は、製造所等の所有者等の申請に基づいて市町村長等が実施（実施主体が異なる）

Step3 暗記　何度も読み返せ！

☐ 自衛消防組織の設置が義務付けられている製造所等は、指定数量の倍数が［3,000倍］以上の製造所と［一般取扱所］、指定数量以上の［移送取扱所］である。この基準は、［危険物保安統括管理者］の設置基準と同じである。

☐ 自衛消防組織の設置が義務付けられる製造所等と対象施設は同じであるが、危険物施設保安員の場合には、指定数量の倍数が［100倍］以上のときに設置が義務付けられる。

所有者等が義務者！定期点検とは？

このテーマでは定期点検の実施概要と、点検対象となる施設、非対象となる施設を見ていくぞ！　ポイントは予防規程と同じで、①指定数量の倍数次第で実施、倍数に関係なく②実施③実施不要の場合を分けて見ていくことだ！

Step1 図解 → 目に焼き付けろ！

定期点検の概要

よし！

年1回以上
実施

点検記録 3年間保存

・どこを（施設名）
・いつ（年月日）
・誰が（点検者）
・どうやって（点検方法）
・どうだった（結果）

定期点検のできる人
・危険物取扱者の有資格者
・危険物施設保安員（免状不要）
・有資格者（甲・乙）の立会いつきの無資格者

定期点検が必要な施設と、それをいつ、誰がやるのか、いつまで保存するか、答えられるようにしておこう。施設については解説文中の表をチェックしてくれ。

Step2 解説 爆裂に読み込め！

→ 安全に使うための所有者等の義務！

　危険物施設を操業しているうちに、施設も経年劣化していく。そのため、問題を早期に発見する目的で、一定の製造所等の所有者等は、年1回以上の定期点検を実施して、その点検記録を3年間保存する義務があるんだ。

　例外として、移動タンク貯蔵所の水圧試験は10年間、乙4類危険物を貯蔵する屋外タンク貯蔵所の内部点検は26年間の保存義務があるぞ。

> 予防規程は、作成・変更したら届け出て認可を受ける義務があったけど、定期点検はどうなんですか？

　定期点検の実施は義務だが、届出の義務はないぞ！　消防機関から資料類の提出を求められることはあるから、ぬかりなく実施して一定期間保存する必要があるんだ。

　定期点検では、製造所等の位置、構造及び設備が技術上の基準に適合しているか否かについて点検されるんだ。なお、冒頭の図にも記載があるが、定期点検を行うことができる者は、①危険物取扱者、②危険物施設保安員（免状不要）、③危険物取扱者（甲・乙）の立会いを受けた者、と幅広いので覚えておくように！！

　次の表は、定期点検の実施義務がある製造所等（指定数量の倍数による）の一覧だ。予防規程と同じで、指定数量の倍数に関係なく定期点検の実施義務がある施設（地下タンク貯蔵所、移動タンク貯蔵所、移送取扱所）がある一方、指定数量の倍数に関係なく定期点検が不要な施設があるということだ！！

今流さない汗は、後に涙となって出てくる

表10-1：定期点検を実施しなければならない製造所等

施設	対象となる規模
製造所、一般取扱所	指定数量の倍数が10以上、 または地下タンクを有するもの
屋外貯蔵所	指定数量の倍数が100以上
屋内貯蔵所	指定数量の倍数が150以上
屋外タンク貯蔵所	指定数量の倍数が200以上
給油取扱所	地下タンクを有するもの
地下タンク貯蔵所	
移動タンク貯蔵所	すべて
移送取扱所	

表に記載の指定数量の倍数の値が、テーマ8で学習した予防規程と同じなんだ！　また、指定数量の倍数に関係なく定期点検を実施しなくてもよい製造所等として、以下の施設を頭に入れておくんだ！

・屋内タンク貯蔵所　　・簡易タンク貯蔵所　　・販売取扱所（第1、2種）

Step3 暗記　何度も読み返せ！

□ 定期点検は原則年［1回］以上実施して、その点検記録を［3年］間保存しなければならない。
□ 指定数量の倍数に関係なく定期点検を実施しなければならないのは、［移動タンク貯蔵所］、［移送取扱所］、［地下タンク貯蔵所］である。

重要度：🔥🔥🔥

No. 11 / 66 市町村長等が行う保安検査とは？

このテーマでは、保安検査の概要と対象となる危険物施設について学習するぞ！
保安検査の種類は全部で2種類、対象となる危険物施設も2施設と、出題箇所は
かなり限定的だ！　実施主体が誰か、定期点検と混同するなよ！！

Step1 図解 目に焼き付けろ！

保安検査の概要

対象

保安検査 ── 定期保安検査 ── 移送取扱所

保安検査 ── 臨時保安検査 ── 屋外タンク貯蔵所

検査して下さい

所有者等 ──申請──→ 市町村長等 オッケー　検査実施

屋外タンク貯蔵所は、定期保安検査、
臨時保安検査、共に対象だ！　一方、移
送取扱所は定期保安検査のみ対象だ！
解説中で細かい要件を説明するが、最
低でもこの図は覚えておくんだ！！

Step2 解説 爆裂に読み込め！

→ 外部からのチェックを受けろ！

　石油コンビナートのような大きな屋外タンク貯蔵所や移送取扱所では、設備の不備や欠陥による事故が発生すると、設備が大きいだけに、その被害や社会的な影響が甚大なものになる恐れがあるんだ。そこで、そのような大災害の発生を未然に防ぐために、これらの大規模施設の所有者等は、市町村長等が行う保安検査を受けることが義務付けられているんだ！

> 定期点検と保安検査は、実施主体が違うみたいですね。

　鋭いな！　定期点検は、製造所等の所有者等が実施主体（実際に手を動かすのは、雇われている危険物取扱者や施設保安員）だ。一方の保安検査は、製造所等の所有者等の申請に基づいて、市町村長等が実施するんだ！！

　実施主体の違いを押さえたら、今度は内容について見ていくぞ。
　定期的に受ける義務のある定期保安検査と、不等沈下など、危険物の規制に関する政令で定める事由が生じた場合に受けなければならない臨時保安検査の2種類があるぞ。
　検査の流れと、定期保安検査・臨時保安検査の区分を説明しよう。

【検査の流れ】
　①所有者等（所有者、管理者、占有者）が、市町村長等に申請
　②市町村長等が検査を実施
　③問題なければ保安検査済証が交付される／措置命令

　検査の結果、政令等に定められた技術上の基準に適合していることが認められると、市町村長等から保安検査済証が交付されるんだ。適合しない場合は、

安全管理のため、市町村長等による措置命令（危険物施設の基準維持命令）が発せられることがあるぞ。

　なお、保安検査を受けない場合は、30万円以下の罰金または拘留に処せられるんだ。

表11-1：2種類の保安検査

	定期保安検査		臨時保安検査
	移送取扱所	屋外タンク貯蔵所	
検査対象	・配管延長15km超 ・最大常用圧力0.95MPa以上かつ延長が7〜15km以下	容量10,000kL以上のもの	容量1,000kL以上のもの
検査時期 検査事由	年1回	・8年に1回 ・岩盤タンクは10年に1回 ・地中タンクは13年に1回	・1/100以上の不等沈下発生 ・岩盤タンクと地中タンクについては、可燃性蒸気の漏えいの恐れがあること
検査事項	移送取扱所の構造および設備	・タンク底部の板厚と溶接部 ・岩盤タンクの構造と設備	

Step3 暗記　何度も読み返せ！

□ 点検の実施主体は以下の通りである。定期点検は［製造所等の所有者等］で、保安検査は［製造所等の所有者等の申請］に基づいて［市町村長等］が実施。

□ 定期保安検査が必要な2施設は、［屋外タンク貯蔵所］と［移送取扱所］である。臨時保安検査が必要な施設は［屋外タンク貯蔵所］のみである。

本章で学んだことを復習だ！ 分からない問題は、テキストに戻って確認するんだ！ 分からないままで、終わらせるなよ！！

問題

次の文章の正誤を述べよ。

🔥 **01** 法別表第一によれば、危険物の性状は常温・常圧下において、固体・液体・気体の状態で存在する。

🔥 **02** 塩素酸塩類や無機過酸化物は第1類の危険物である。

🔥 **03** 黄リンや赤リン、硫化リンは、第2類の危険物である。

🔥 **04** 第3類の危険物は自然発火性及び禁水性を有する固体である。

🔥 **05** ガソリンやアルコール類、軽油や重油は第4類危険物である。

🔥 **06** 有機過酸化物や硝酸エステル類、ニトロ化合物は第5類危険物である。

🔥 **07** 第6類の危険物は酸化性の固体である。

🔥 **08** 丙種危険物取扱者は、自ら指定された特定の危険物を取扱う他、無資格者の作業の立会いを行うことができる。

🔥 **09** 危険物施設を譲渡または引き渡すときは、10日前までに、市町村長等に届け出なければならない。

🔥 **10** 危険物の位置・構造または設備の変更で、変更工事に係る部分以外の部分を完成検査前に仮に使用することを仮使用といい、消防長・消防署長の承認が必要である。

🔥 **11** 指定数量以上の危険物を10日以内の期間仮に貯蔵し取扱うことを仮貯蔵・仮取扱といい、市町村長等に許可が必要である。

🔥 **12** 予防規程を作成・変更するときは、市町村長等の認可を受けなければならない。

解答

🔥 **01** ✕ →テーマNo.1

消防法上の危険物は、固体または液体で存在し、気体の危険物は存在しないぞ。

🔥 **02** ◯ →テーマNo.1

🔥 **03** ✕ →テーマNo.1

赤リンと硫化リンは第2類危険物だが、黄リンは第3類危険物だ。「リン」でも、このように性状や物質によって類が異なるので、要注意だ！

🔥 **04** ✕ →テーマNo.1

自然発火性及び禁水性を有する「固体または液体」だ。固体と液体の両方がある危険物の類については、厳密に「固体または液体」と回答する必要があるので注意しよう！

🔥 **05** ○ →テーマNo.1

🔥 **06** ○ →テーマNo.1

🔥 **07** ✕ →テーマNo.1

第6類危険物は、酸化性液体だ。なお、酸化性固体に該当するのは、第1類危険物だ。

🔥 **08** ✕ →テーマNo.6

丙種危険物取扱者は無資格者の作業に立ち会うことはできないぞ。

🔥 **09** ✕ →テーマNo.2

「10日前まで」ではなく、「遅滞なく」が正解だ。

🔥 **10** ✕ →テーマNo.2&3

仮使用の承認は、市町村長等に申請するんだ。

🔥 **11** ✕ →テーマNo.2&3

仮貯蔵・仮取扱は、消防長または消防署長の承認が必要だ。4つの規制を見ると仮貯蔵・仮取扱のみ、消防長または消防署長が申請先になっているぞ（他は全て、市町村長等だ！）

🔥 **12** ○ →テーマNo.2&8

認可を求められる唯一の規制が、予防規程だ！

(問題)

次の文章の正誤を述べよ。

🔥 **13** 危険物の取扱作業に従事しているときは1年に1回、危険物の取扱作業に従事していないときは、3年に1回保安講習を受けなければならない。

🔥 **14** 危険物取扱者免状は、自ら危険物を取扱うときのみ、これを携帯すれば足りる。

🔥15 種別を問わず危険物取扱者免状を所持している者は、6か月以上の実務経験があれば、危険物保安監督者になることができる。

🔥16 危険物取扱者免状の返納命令を受け返納して1年経過しない者や、罰金以上の刑でその執行を終わって2年経過しない者には、免状は交付されない。

🔥17 危険物保安統括管理者・危険物保安監督者の選任または解任は、遅滞なく市町村長等に届け出なければならない。

🔥18 危険物保安監督者は、危険物施設保安員の指示に従い行動しなければならない。

🔥19 危険物保安統括管理者と危険物施設保安員は、危険物取扱者免状を所持していない者でも、これを選任することができる。

🔥20 全ての製造所等の危険物保安監督者は、製造所の位置・構造及び設備を、技術上の基準に適合するよう維持管理する義務がある。

🔥21 製造所等で行う定期点検は年1回以上行い、その点検記録を3年間保存する必要がある。

🔥22 指定数量の倍数に関係なく定期点検を行う必要がある製造所等は、地下タンク貯蔵所、製造所、移動タンク貯蔵所である。

🔥23 予防規程で定めるべき内容として、危険物施設の運転操作、保安教育、自衛消防組織に関するもの等がある。

🔥24 第4類危険物で特殊引火物の指定数量は100Lである。

🔥25 非水溶性の第2石油類を4,000L取扱う製造所がある。このとき、指定数量の倍数は2である。

🔥26 危険物の取扱作業に新たに従事することになったときは、従事しだしてから1年以内に保安講習を受けなければならない。

🔥27 製造所等の所有者等は、危険物施設保安員を定めたときは、遅滞なくその旨を市町村長等に届け出なければならない。

🔥28 保安検査の検査時期は、原則3年に1回である。

🔥29 危険物施設保安員は、危険物保安監督者が旅行、疾病その他事故によってその業務を行うことができない場合にその業務を代行しなければならない。

解答

🔥13 ✕ →テーマNo.7
現に危険物取扱作業に従事していない場合は保安講習が不要、現に危険物取

扱作業に従事している場合は、3年に1回受講する必要があるぞ。

🔥 **14** ✕ →テーマNo.6

自ら取扱うときに限らず、無資格者の作業の立会い（甲・乙）や移送する際にも携帯する必要があるぞ。

🔥 **15** ✕ →テーマNo.7

危険物保安監督者は甲・乙種の資格者で実務経験6か月以上の者がなることができ、丙種資格者はなることができないぞ。

🔥 **16** 〇 →テーマNo.6

🔥 **17** 〇 →テーマNo.2&7

記載の通りだ。この他、危険物施設保安員については、取扱う危険物の指定数量が規定値を超える場合には選任が必要だが、届出は不要という点に気を付けよう！

🔥 **18** ✕ →テーマNo.7

記載は危険物保安監督者と危険物施設保安員が逆になっているぞ。正しくは、「施設保安員は保安監督者の指示に従い行動しなければならない」だ。

🔥 **19** 〇 →テーマNo.7

記載の通りだ。なお、危険物保安監督者の就任要件は問題15で触れているので、間違えないように！

🔥 **20** ✕ →テーマNo.7

それっぽい説明だが、技術上の基準に適合するよう維持管理する義務を負うのは、製造所等の所有者等だ。

🔥 **21** 〇 →テーマNo.10

🔥 **22** ✕ →テーマNo.10

定期点検が必要な製造所等については、その逆（指定数量倍数に関係なく不要となる製造所等）も確認しておこう。本問では、製造所は指定数量倍数が10以上のときに必要になるぞ。他の2施設については、カッコ内に考え方（倍数に関係なく必要）の理由を記載しておくぞ。理解が大切だ！

・地下タンク貯蔵所（普段目視できないからこそ、必ず定期に実施！）

・移動タンク貯蔵所（タンクローリーとして、市中街中を走る車で多くの人を巻き込むリスクがあるからこそ、必ず定期に実施しよう）

🔥 **23** 〇 →テーマNo.8

🔥 **24** ✕ →テーマNo.4

特殊引火物の指定数量は50Lだ。

🔥 **25** ✕ →テーマNo.5

非水溶性の第2石油類の指定数量は1,000Lなので、$\dfrac{4000}{1000}$＝4倍が正解だ。

🔥 **26** ◯ →テーマNo.7

🔥 **27** ✕ →テーマNo.7

危険物施設保安員の選出が必要な施設では、選出義務はあるが届出義務はないぞ。間違える受験生が多い点なので、気を付けよう！！

🔥 **28** ✕ →テーマNo.11

検査時期は移送取扱所年1回、屋外タンク貯蔵所が8年に1回だ。

🔥 **29** ✕ →テーマNo.7

危険物保安監督者には選任要件があるが、危険物施設保安員にはないので、危険物施設保安員が危険物保安監督者の業務代行はできないぞ！

（問題）

次の問題に答えよ。

🔥 **30** 次の危険物を同一場所で貯蔵するとき、指定数量倍数を求めなさい。

重油4,000L　　軽油500L　　ガソリン600L　　灯油1,000L

🔥 **31** 次の危険物を同一場所で貯蔵するとき、指定数量倍数を求めなさい。

アセトン800L　　氷酢酸4,000L
二硫化炭素500L　　エタノール1,600L

🔥 **32** 法令上、市町村長等に対する届出が必要となるものは、次のうちいくつあるか。

> A　予防規程を定めたとき。
> B　危険物保安統括管理者を定めたとき。
> C　製造所等の従業員について人事異動をしたとき。
> D　危険物施設保安員を定めたとき。
> E　製造所等の譲渡または引渡しを受けたとき。

①1つ　　②2つ　　③3つ　　④4つ　　⑤5つ

♨**33** 法令上、危険物取扱者以外の者の危険物の取扱について、次のうち誤っているものはどれか。

①製造所等では、甲種危険物取扱者の立会いがあれば、全ての危険物を取扱うことができる。

②製造所等では、第1類の免状を有する乙種危険物取扱者の立会いがあっても、第2類の危険物を取扱うことはできない。

③製造所等では、丙種危険物取扱者の立会いがあっても、危険物を取扱うことはできない。

④製造所等では、危険物取扱者の立会いがなくても、指定数量未満であれば危険物を取扱うことができる。

♨**34** 法令上、予防規程を定めなければならない製造所等は次のうちいくつあるか。

A　指定数量の倍数が20の製造所
B　指定数量の倍数が200の屋内貯蔵所
C　指定数量の倍数が150の屋外タンク貯蔵所
D　指定数量の倍数が300の移動タンク貯蔵所
E　指定数量の倍数が80の給油取扱所

①1つ　　　②2つ　　　③3つ　　　④4つ　　　⑤5つ

♨**35** 法令上、危険物取扱者免状の記載事項として定められていないものは、次のうちどれか。

①過去10年以内に撮影した顔写真

②免状の種類

③居住地の属する都道府県

④免状の交付年月日及び交付番号

⑤氏名及び生年月日

♨**36** 消防法に違反した危険物取扱者に対して、免状の返納命令を命じるのは誰か。

①市町村長等　　　②都道府県知事　　　③総務大臣

④消防吏員　　　⑤消防長または消防署長

🔥37 法令上、予防規程に定めなければならない事項に該当するものは、次のうちいくつあるか。

> A 危険物施設の運転・操作に関すること。
> B 危険物保安監督者が旅行・疾病その他の理由で職務不可となる場合の代行に関すること。
> C 火災時の給水異時のため公共用水道の制水弁の開閉に関すること。
> D 製造所等の位置・構造及び設備に関する書類及び図面の整備に関すること。
> E 製造所において発生した火災及び消火のために受けた損害の調査に関すること。

①0（なし）　②1つ　③2つ　④3つ　⑤4つ

🔥38 法令上、製造所等で指定数量の倍数に関係なく定期点検を行わなければならないのは、次のA～Hのうちいくつあるか。

> A 地下タンクを有する一般取扱所　B 地下タンク貯蔵所
> C 簡易タンク貯蔵所　D 屋内タンク貯蔵所　E 移送取扱所
> F 地下タンクを有さない製造所　G 移動タンク貯蔵所
> H 地下タンクを有する給油取扱所

①6つ　②5つ　③4つ　④3つ　⑤2つ

解答

🔥30 **6.5倍** →テーマNo.5

各危険物の指定数量とその倍数の計算は下記の通り求められるぞ。

重油：$\dfrac{4000}{2000}=2.0$　軽油：$\dfrac{500}{1000}=0.5$

ガソリン：$\dfrac{600}{200}=3.0$　灯油：$\dfrac{1000}{1000}=1.0$

以上より、2＋0.5＋3＋1＝6.5

🔥31 **18倍** →テーマNo.5

各危険物の指定数量とその倍数の計算は下記の通り求められるぞ。

アセトン：$\dfrac{800}{400}=2.0$　氷酢酸：$\dfrac{4000}{2000}=2.0$

二硫化炭素：$\dfrac{500}{50}=10$　エタノール$\dfrac{1600}{400}=4.0$

以上より、2+2+10+4=18

🔥 **32**　②　→テーマNo.2&7&8

届出が必要になるのは、BとEだ。不要となる他の選択肢については、以下の通りだ。

A　予防規程は、届出ではなく認可が必要になるぞ。

C　人事異動したからといって届け出る必要はないぞ。

D　気を付けてほしいのはDだ。一定数量以上の危険物を取扱う製造所等では危険物施設保安員の選任が必要だが、これについて届出義務はないぞ。

🔥 **33**　④　→テーマNo.2&6

原則として、無資格者の作業に立ち会うことができるのは、甲種及び対象となる類について免状を有する乙種の資格者になるぞ。よって、①②③は正しい記述だ。製造所等では、取り扱う危険物の数量にかかわらず、危険物を取扱う際は、危険物取扱者の立会いが必要だ。

🔥 **34**　③　→テーマNo.8

テーマ8の表8−1「予防規程を定めなければならない製造所等」の数値が頭に入っているかがポイントだ！

まず、指定数量倍数に関係なく予防規程を定める製造所等は給油取扱所と移送取扱所だ（この時点でEは○）。次に、表に記載のない移動タンク貯蔵所が不要と分かるのでDは×。残りは表の数値に気を付けて見ていくと、ABは○、Cは×（200倍以上で○）となり、A、B、Eの3つが正解になるぞ。

🔥 **35**　③　→テーマNo.6

居住地ではなく、本籍地の属する都道府県が正しいぞ。よって、居住地を変更（引っ越した）しても、免状の書換えは不要だ！

🔥 **36**　②　→テーマNo.6

免状関係は、全て（交付、書換え、再交付、返納命令）都道府県知事が行うぞ。

🔥 **37**　④　→テーマNo.8

予防規程に定めるべき内容は、A、B、Dの3つだ。他の選択肢についての解説は、以下の通り。

C　公共用水道の制水弁の開閉は、水道を管理する自治体等が行うことなの

で、予防規程に定める事項に該当しないぞ。

E　災害が発生しないように、災害発生時にどのように対応するかを事前に作成するのが予防規程だから、災害発生後の調査に関することは予防規程に定める事項に該当しないぞ。

🔥 **38** ②　→テーマNo.10

表10−1より、指定数量倍数に関係なく定期点検を行うのは、地下タンクを有する一般取扱所・製造所・給油取扱所の他、地下・移動タンク貯蔵所、移送取扱所になるので、A、B、E、G、Hの5施設だ。

第 **2** 章

製造所等の設置基準を学ぼう!

本章では、危険物施設（全部で12施設）に関する設置基準を学習するぞ!

3つの「距離」のうち「敷地内距離」が必要な唯一の施設や、危険物保安監督者が不要な施設など、特徴的なフレーズを中心に、細かい数値も出題されているぞ!

ポイントを絞って、学習に取り組むんだ!!

アクセスキー **S**
（大文字のエス）

No. 12 /66 安全を確保するための2つの距離

このテーマでは保安距離と保有空地の概要を中心に見ていくぞ！ 保安対象物からの距離（何m必要か？）が頻出だ！ 対象となる製造所等は、保安距離が5施設で、保有空地は保安距離の施設＋2だ！！

Step1 図解 目に焼き付けろ！

保安距離と保有空地

保有空地が必要

保安距離が必要

 製造所

 屋内貯蔵所

 簡易タンク貯蔵所

 屋外タンク貯蔵所

屋外貯蔵所

 移送取扱所

 一般取扱所

どちらも必要なし

 屋内タンク貯蔵所

 地下タンク貯蔵所

 移動タンク貯蔵所

 給油取扱所

 販売取扱所

 まずは、どの施設に保安距離、保有空地が必要か押さえていこう。次に、その幅などについても覚えていこう。

Step2 解説　爆裂に読み込め！

→ 保安距離とは？

　危険物を取扱う製造所等から、学校・病院等の保安対象物に対して保たなければならない距離を保安距離というんだ。この制度の趣旨は、危険物施設での火災や事故が発生したときに、避難するために必要な一定距離を取ることにあるんだ。

 つまり、逃げ遅れそうな人のいる建物や、二度と復元できないかもしれない重要文化財からはそれなりの距離を取るということですか？

　その通りだ。保安距離は保安対象物ごとに、以下の通り規定されているぞ。

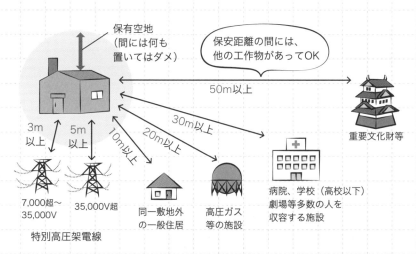

保有空地
（間には何も置いてはダメ）

保安距離の間には、他の工作物があってOK

50m以上

重要文化財等

30m以上

20m以上

10m以上

3m以上

5m以上

7,000超〜35,000V

35,000V超

特別高圧架電線

同一敷地外の一般住居

高圧ガス等の施設

病院、学校（高校以下）劇場等多数の人を収容する施設

図12-1：保安距離

保安距離を取らなければならない施設は、製造所、屋内貯蔵所、屋外貯蔵所、屋外タンク貯蔵所、一般取扱所の5施設だ。

● 保有空地とは？

先ほどの図に記載されているが、消火活動を円滑に進め、また、延焼防止のために危険物施設の周囲に確保するべき空地のことを保有空地というんだ。保有空地にはいかなる物品も置くことができず、保有空地が必要な施設は、製造所、屋内貯蔵所、屋外貯蔵所、屋外タンク貯蔵所、一般取扱所、簡易タンク貯蔵所、移送取扱所の7施設だ。

> 保安距離のように、保有空地も「何m以上」みたいな距離が決められているんですか？

保有空地の幅は、貯蔵・取扱う危険物の数量や施設構造によって違っていて、製造所等の種類や、取扱う危険物の指定数量の倍数ごとに、細かく規定されているんだ。なお、製造所を基準にしたとき、指定数量の倍数が10以下のときは3m以上、10を超えるときは5m以上となるぞ。

この数値と異なる保有空地の施設（簡易タンク貯蔵所等）が今後出てくるが、先ずは基本となる製造所の数値を覚えて、それ以外の数値が出てきたら例外という形でとらえておくことが重要だ！

> ここで重要なのは、以下の2つだ！ 整理しておくんだ！！
> ①保安距離の数値が大事で、保有空地は出題頻度が保安距離ほど多くない！
> ②保安距離の必要な5施設に＋2施設（簡易タンク貯蔵所、移送取扱所）が保有空地の必要な施設である！

Step3 暗記 ▶ 何度も読み返せ！

- ☐ 保安対象物に対して危険物施設から保たなければならない一定の距離を［保安距離］といい、対象となるのは製造所、［屋内貯蔵所］、屋外貯蔵所、［屋外タンク貯蔵所］、一般取扱所である。

- ☐ 保安距離として必要とする距離は、保安対象物が一般住宅には［10］m以上、学校、病院には［30］m以上、重要文化財や史跡には［50］m以上となっている。

- ☐ 消火活動を円滑に進め、延焼防止のために危険物施設の周囲に確保するべき空地を［保有空地］という。

- ☐ 製造所で取扱う危険物の指定数量倍数が10以下のときは［1］m以上、10を超えるときは［3］m以上の保有空地を必要とする。

- ☐ 保有空地の必要な施設は、保安距離が必要な施設に、［簡易タンク貯蔵所］と［移送取扱所］を加えた計［7］施設である。

製造所等の名札？ 標識と掲示板を学ぼう！

重要度：🔥🔥🔥

このテーマでは、製造所等に掲示するべき標識と掲示板について学習するぞ。出題されるのは、①色と②寸法だ。イラストでイメージをつかんでほしいが、試験では文章で出題されているから、読み間違いに気を付けるんだ！

Step1 図解 ➡ 目に焼き付けろ！

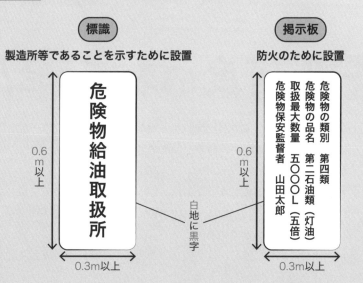

標識
製造所等であることを示すために設置

危険物給油取扱所

0.6 m以上
0.3m以上

白地に黒字

掲示板
防火のために設置

危険物の類別　第四類
危険物の品名　第二石油類（灯油）
取扱最大数量　五〇〇〇L（五倍）
危険物保安監督者　山田太郎

0.6 m以上
0.3m以上

標識の記載事項と取扱う危険物による掲示板の記載事項、地の色と文字色の違いが頻出だ！　まずはイメージをつかむことを意識しよう！

Step2 解説　爆裂に読み込め！

➡ 危険物施設の標識の一例

　危険物を取扱う製造所等には、原則として、外部への周知（「気を付けてください」と知らしめることだ！）をするための、標識及び掲示板を掲げる必要があるんだ。

　標識は、危険物を取扱っている製造所等であることを示したもので、幅0.3m以上、長さ0.6m以上の白地に黒文字で記載しなければならないぞ。

> 確か、移動タンク貯蔵所にも標識が必要でしたね。

　その通り、よく覚えていたな！　移動タンク貯蔵所に特有の標識があるんだ。0.3〜0.4m四方の黒地に黄色文字で「危」と書かれた標識を車両前後の見えやすい箇所に掲示する必要があるぞ。

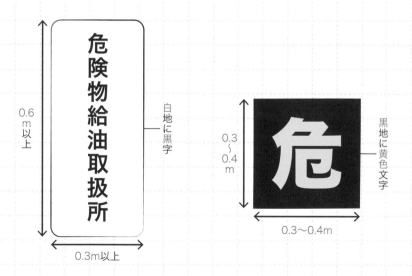

図13-1：標識

何をできるかではなく、何をしたいかだ！！

第2章　製造所等の設置基準を学ぼう！

➡ 危険物施設の掲示板（色の違いに要注意!!）

危険物を取扱う製造所等には、防火のために、取扱う危険物に関する掲示板を掲示しなければならないぞ。掲示板には、①危険物の内容を示したものと、②その内容の性状に応じた注意事項を示したものがある。

◆危険物の内容を示す掲示板

危険物の内容を示す掲示板には、次のような記載が必要だ。

> ・危険物の類別
> ・危険物の品名
> ・貯蔵または取扱最大数量と指定数量の倍数
> ・危険物保安監督者の氏名または職名

◆危険物の性状に応じた注意事項を示す掲示板

また、危険物の性状に応じて注意事項を表示する掲示板も設置する必要がある。たとえば第4類危険物であれば、「火気厳禁」、他の類で特徴的なのは、「禁水」（第3類のアルカリ金属など）と「火気注意」第2類危険物だ。

サイズは標識と同じで、幅0.3m以上、長さ0.6m以上だ。

表13-1：性状に応じた注意事項

危険物	性状	注意事項
第1類、第6類	酸化性物質	可燃物接触注意
第2類	可燃性固体	火気注意
	引火性固体	火気厳禁
第3類	自然発火性物質	空気接触厳禁、火気厳禁
	禁水性物質	禁水
第4類	引火性液体	火気厳禁
第5類	自己反応性物質	火気厳禁、衝撃注意

第**2**章　製造所等の設置基準を学ぼう！

　製造所等の掲示板に示す注意事項は、「火気厳禁」「火気注意」「禁水」の3種類だ。これらは、先に示す危険物を扱う施設に、それぞれ掲げる必要がある。同時に、この表は，運搬容器の外部に示すべき注意事項でもあるから要チェックだ。

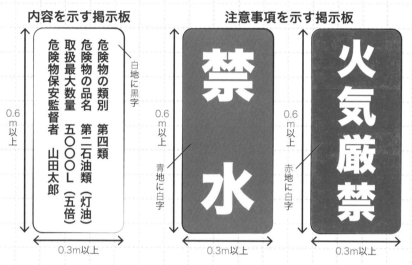

内容を示す掲示板

白地に黒字

危険物の類別　第四類
危険物の品名　第二石油類（灯油）
取扱最大数量　五〇〇〇L（五倍）
危険物保安監督者　山田太郎

0.6m以上

0.3m以上

注意事項を示す掲示板

禁水

0.6m以上

青地に白字

0.3m以上

火気厳禁

0.6m以上

赤地に白字

0.3m以上

図13-2：掲示板の一例

Step3 暗記　何度も読み返せ！

□ 危険物を取扱う製造所等に設けるべき標識は、幅［0.3］m以上、長さ［0.6］m以上で、［白］地に［黒］文字で必要事項を記載する。

□ 掲示板は、取扱う危険物の性状に応じて色が異なるが、アルカリ金属を取扱う場合、［禁水］と書かれた幅0.3m以上長さ0.6m以上の［青］地に［白］文字の掲示板を掲げる。

□ 第4類危険物を取扱う製造所は、［火気厳禁］の［赤］地に［白］文字の掲示板を掲げる。

重要度： 🔥🔥🔥

消火と警報のための設備を学ぼう！

このテーマでは、消火設備と警報設備について学習するぞ。消火設備は燃焼・消火理論として出題されることもあるぞ。警報設備は本テーマで記載の内容を最低限理解してほしいところだ。共に基本事項を中心に見ていくぞ！

Step1 図解 → 目に焼き付けろ！

消火設備 ～ 　　　警報設備

所要単位：第4・5種が対象、消火能力を計算する際に使用

	外壁が耐火構造	外壁が耐火構造以外
製造所・取扱所	延床面積100m²	$50m^2\left(\times\dfrac{1}{2}\right)$
貯蔵所	延床面積150m²	$75m^2\left(\times\dfrac{1}{2}\right)$
危険物	指定数量の10倍	

ここで押さえておきたいのは、以下2点だ。①消火設備は「第〇種は～」とシンプルに問われる！②所要単位の知識を問う問題は必ず出題される（1所要単位が頻出だ）。

Step2 解説 爆裂に読み込め！

➡ ポイント① 消火設備＝「第○種は〜」を覚えよ！

　消火設備（法令）として押さえておきたいポイントの1つ目は、消火設備の種類（第1種〜第5種まで）だ。なお、地下タンク貯蔵所と移動タンク貯蔵所については、第5種消火設備を2個以上設置するという設置基準があるので、併せて覚えておくと試験対策になるぞ！

表14-1：消火設備

第1種消火設備	屋内消火栓設備または屋外消火栓設備
第2種消火設備	スプリンクラー設備
第3種消火設備	水蒸気や水噴霧、泡、ハロゲン化物、二酸化炭素、消火粉末等
第4種消火設備	大型消火器
第5種消火設備	小型消火器、乾燥砂、水バケツ

第1種

屋内・外消火栓設備

第2種

スプリンクラー設備

第3種

消火粉末設備等

第4種

大型消火器

第5種

小型消火器　　　　乾燥砂、水バケツ

図14-1：消火設備

なお、消火設備は、それぞれ危険物の性質に合ったものを選ばなければならない！　例えば、天ぷら油の火災に水を使ってしまうと、油がはねて、かえって火災を広げてしまうこともあるんだ。

危険物ごとに異なる化学的性質を理解することが、消火には大事なんですね！

➡ ポイント②　どのくらいの消火設備を設置するか、それが「所要単位」だ!

消火設備の分類は理解したが、では、これらの消火設備をいったいどれくらいの数量設置すればよいか？　少ないと消火が追い付かないし、多いとコスト的に厳しくなってしまうよな。

必要な数量を必要な分、用意したいです！

そこで、消火設備の設置基準として以下の2つを見ていくぞ。

①3つの態様で分かれる設置基準
　消火困難性による製造所等の区分として、以下の3つに分かれるぞ。

表14-2：消火困難性による製造所等の区分

消火困難性による区分	設置すべき消火設備
著しく消火困難な製造所等	第1・2・3種のうちいずれか1つ ＋第4種＋第5種
消火困難な製造所等	第4種＋第5種
その他の製造所等	第5種

著しく困難な場合は、1・2・3＋4＋5、困難な場合は4＋5、それ以外は5のみだ！

　なお、地下タンク貯蔵所、簡易タンク貯蔵所、移動タンク貯蔵所、第1種販売取扱所については、危険物の種類・数量に関係なく、第5種のみ設ければOKだ！

こうやって 覚えろ！

■第5種消火設備のみでOKな施設は？

$$5 - 4 = 1$$

5種のみ（引く）　　4施設　　　1種販売

簡単な　位　置(1)

簡易　　　　　移動　　地下

②耐火か否かで倍も違う！　1所要単位を覚えよ！
　製造所等に対して、どのくらいの消火能力を有する消火設備が必要かを判断する基準になるのが所要単位だ。なお、所要単位は第4種と第5種消火設備が対象で、その1所要単位が試験では頻出だ！

表14-3：所要単位

	外壁が耐火構造	外壁が耐火構造以外
製造所・取扱所	延床面積100m²	$50m^2\left(\times\dfrac{1}{2}\right)$
貯蔵所	延床面積150m²	$75m^2\left(\times\dfrac{1}{2}\right)$
危険物	指定数量の10倍	

　貯蔵所は保管しているだけで、何か手を加える（製造・取扱）わけではないので、1.5倍量なんですね！

消火設備の設置基準（いざというときの火災に気を付けよ！）だから、耐火構造であれば延床面積は2倍（耐火構造以外は半分）になるんだ！　なお、所要単位の数値の中でも、危険物の10倍を1所要単位とする点は試験でも頻出だ！！

➡ 警報設備は5種類！　指定数量10倍以上で設置義務あり

指定数量10倍以上の危険物を貯蔵し、取扱う製造所等（移動タンク貯蔵所を除く）には、火災が発生したときに自動的に作動する火災報知設備、もしくはその他の警報設備を設けなければならないぞ。警報設備の設置基準は、取扱・貯蔵危険物の量、製造所等ごとに細かく規定されているけど、まずは、指定数量10倍以上の危険物を貯蔵、取扱う場合の規定を覚えておくんだ！

自動火災報知設備 　　　　　　非常ベル　　　　　　　　拡声装置

消防機関に報知できる電話　　　　　警鐘

図14-2：自動火災報知設備と警報設備

Step3 暗記 何度も読み返せ！

- □ 第4種消火設備は［大型］消火器、第5種消火設備は［小型］消火器である。

- □ 消火困難な製造所等には、第［4］種と第［5］種の消火設備を設置する。なお、［地下タンク］貯蔵所と［移動タンク］貯蔵所には、第5種消火設備を［2個］以上設置する。

- □ 指定数量が10倍以上の危険物を取扱う製造所等には、［警報］設備と避雷設備を設けなければならない。ただし、［移動タンク貯蔵所］は除外されている。

- □ 警報設備には、自動火災報知設備、［非常ベル装置］、拡声装置、消防機関へ報知できる電話、［警鐘］がある。

- □ 外壁が耐火構造の製造所・取扱所の1所要単位は［100m^2］、外壁が耐火構造以外の貯蔵所の1所要単位は［75m^2］である。なお、危険物の場合は、［指定数量の10倍］を1所要単位とする。

No. 15 /66 製造所の設置基準

このテーマでは製造所等の設置基準、構造・設備を学習するぞ！ 保安距離・保有空地が両方定められていて、保有空地の幅は、取扱う危険物の指定数量の倍数で違ってくるぞ！ イラストでイメージをつかむんだ！！

Step1 図解 ➡ 目に焼き付けろ！

製造所の設置基準

採光設備
避雷設備（指定数量10倍以上）
屋根は軽い不燃材
換気設備
蒸気の排出設備
壁・柱・床・はり・階段は不燃材
標識と掲示板「危険物製造所」
防火戸
網入りガラス窓
内部の設備は防爆構造
保有空地
床は危険物が浸透しないもの
地下室はなし
貯留設備（ためます等）
床には適当な傾斜をつける

これから学習する製造所の設置基準は、このあと学習する各種の貯蔵所・取扱所と似ていることが多いから、製造所の基準を理解することが特に重要だ。

Step2 解説 爆裂に読み込め！

→ 製造所の設置基準はすべての基礎！

　危険物を製造する目的で、指定数量以上の危険物を取扱う施設を、製造所というんだ。製造所はStep1に示した構造を備えている必要があるぞ。

　製造所には、取扱う危険物の数量に応じた、保有空地の幅が定められている。また、政令で定める保安距離も確保しなければならないぞ。

表15-1：製造所が確保すべき保有空地の幅

指定数量の倍数	保有空地の幅
10倍以下	3m以上
10倍を超える	5m以上

テーマ12で見ましたね、原則の数値を覚えておけば大丈夫です！

Step3 暗記 何度も読み返せ！

- □ 製造所に設ける保有空地の幅は、取扱う危険物の指定数量倍数が10以下のときは［3m］以上、10を超えるときは［5m］以上となる。
- □ 指定数量の倍数が10以上の場合、［避雷設備］を設ける。
- □ 製造所には［地下室］を設けてはならない。
- □ 製造所の床には傾斜をつけ、［貯留設備］を設ける。
- □ 製造所の壁・柱・床・はり・階段は［不燃材料］でつくる。

合格という夢は逃げない、逃げるのは自分だ

屋内・屋外貯蔵所の設置基準

屋内貯蔵所と屋外貯蔵所の設置基準、構造・設備を学習するぞ！　前テーマの製造所の基準をベースに、それぞれの共通点と違い（特徴的なフレーズ）に注目しよう！

Step1 図解 目に焼き付けろ！

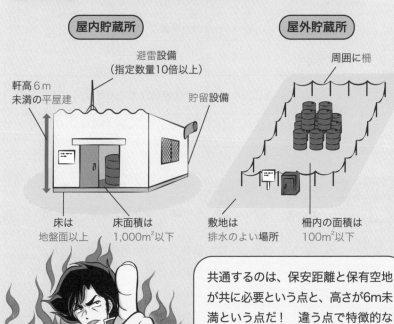

屋内貯蔵所

避雷設備
（指定数量10倍以上）

軒高6m
未満の平屋建

貯留設備

床は
地盤面以上

床面積は
1,000m²以下

屋外貯蔵所

周囲に柵

敷地は
排水のよい場所

柵内の面積は
100m²以下

共通するのは、保安距離と保有空地が共に必要という点と、高さが6m未満という点だ！　違う点で特徴的なのは、①面積（屋内：1,000m²以下、屋外：100m²以下）と、②屋外貯蔵所の場合は貯蔵できる危険物に制限がある、という点だ。

Step2 解説 爆裂に読み込め！

→ 屋内貯蔵所で特徴的な数値は2つ！

危険物を容器（ドラム缶やポリタンクなど）に入れて貯蔵している場所のことを、貯蔵所というんだ。このテーマでは、屋内貯蔵所と屋外貯蔵所について見ていくぞ。

製造所の基準をベースに、それぞれ異なる基準があるが、共に保安距離と保有空地を定める必要があるぞ。まずは、屋内貯蔵所の基準から学習するぞ。

◆構造・設備の基準

屋内貯蔵所は、次のような構造を備えている必要があるぞ。

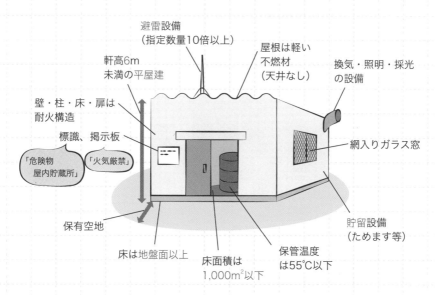

避雷設備
（指定数量10倍以上）

屋根は軽い
不燃材
（天井なし）

換気・照明・採光
の設備

軒高6m
未満の平屋建

壁・柱・床・扉は
耐火構造

標識、掲示板

「危険物
屋内貯蔵所」 「火気厳禁」

網入りガラス窓

保有空地

貯留設備
（ためます等）

床は地盤面以上

床面積は
1,000m²以下

保管温度
は55℃以下

図16-1：屋内貯蔵所の設置基準

保有空地の幅は取扱う危険物の指定数量の倍数と建物構造によって変わってくるものだが、非常に細かな数字で試験にはほとんど出ないので、製造所の分だけ覚えておこう（表15-1）。

➡ 屋外貯蔵所で特徴的な数値2つと、貯蔵可能危険物は必ず暗記だ!

　屋外貯蔵所の設置基準は次の通りだ。屋内貯蔵所と同じものは、サラッと見ておき、違う点を中心に見ていこう。

◆構造・設備の基準
　屋外貯蔵所は、次のような構造を備えている必要があるぞ。

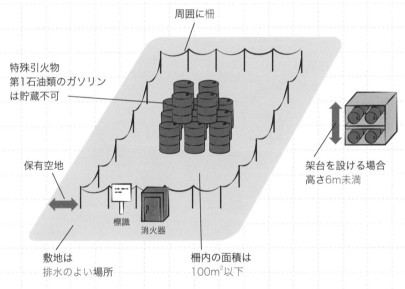

図16-2：屋外貯蔵所の設置基準

 屋外は常温保管になるから、引火点の低い危険物の貯蔵はNGってことですか？

> 鋭いな。その感覚、とても俺は好きだぞ。屋外貯蔵所は日光や風雨にさらされるから、貯蔵可能な危険物は以下**2**種類に限定されるんだ！

◆**屋外貯蔵所で貯蔵可能な危険物**

①第2類危険物のうち、硫黄または引火性固体

②第4類危険物のうち、特殊引火物と第1石油類で引火点0℃未満<u>以外</u>のもの

> そうすると、特殊引火物の他に、第1石油類のガソリンやアセトン、ベンゼンなんかも屋外貯蔵はNGになりますね！！

Step3 暗記 何度も読み返せ！

- □ 屋内貯蔵所の建物は、独立した専用建築物の［平屋建］で、内部床面積は［1,000］m²以下でなければならない。
- □ 屋内貯蔵所の建物屋根は、［不燃材］でつくり、軒高は［6m未満］とし、床は［地盤面］以上でなければならない。
- □ 屋外貯蔵所を設けるときは、その敷地は［排水のよい場所］とし、周囲に柵を設けること。このときの柵内部の面積は［100m²以下］であること。
- □ 屋外貯蔵所で架台を設けるときは、高さ［6m未満］とすること。
- □ 屋外貯蔵所で貯蔵できる危険物は、第2類危険物の［硫黄］と［引火性固体］、第4類危険物で引火点が［0℃］以上の物質である。なお、［特殊引火物］と［ガソリン］、アセトン、［ベンゼン］は貯蔵することができない。

屋外タンク・屋内タンク貯蔵所の設置基準

このテーマでは、屋外タンク貯蔵所と屋内タンク貯蔵所の設置基準・構造・設備を学習するぞ！　「タンク」の文字が入るだけで、前テーマで学習したものと大きく変わるんだ。屋外タンク貯蔵所は特に頻出だ！！

Step1 図解　目に焼き付けろ！

屋外タンク貯蔵所

通気管

厚さ3.2mm
以上の鋼板

敷地内距離

敷地境界線

防油堤
（タンク容量の110%が
受けとめられる容量）

屋内タンク貯蔵所

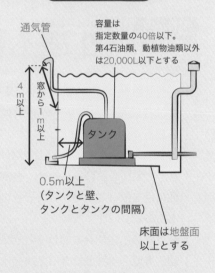

通気管

容量は
指定数量の40倍以下。
第4石油類、動植物油類以外
は20,000L以下とする

4m以上

窓から1m以上

タンク

0.5m以上
（タンクと壁、
タンクとタンクの間隔）

床面は地盤面
以上とする

「敷地内距離」は、製造所等の中で屋外タンク貯蔵所のみに適用される基準だ！　前テーマの屋内貯蔵所は保安距離と保有空地の対象であったが、本テーマの屋内タンク貯蔵所はどちらも対象外だ！

Step2 解説　爆裂に読み込め！

→ 屋外タンク貯蔵所

第2章 製造所等の設置基準を学ぼう！

　屋外タンク貯蔵所では、保安距離と保有空地の他に、**敷地内距離を確保する**必要があるぞ。敷地内距離とは、隣接敷地への延焼防止のため、貯蔵タンク側板から敷地境界線までで確保すべき距離のことだ。この敷地内距離は、**屋外タンク貯蔵所のみに義務付けられた規制**なんだ。

◆構造、設備の基準

　製造所と異なる点（安全装置、通気管、防油堤等）を中心に見ていくぞ！

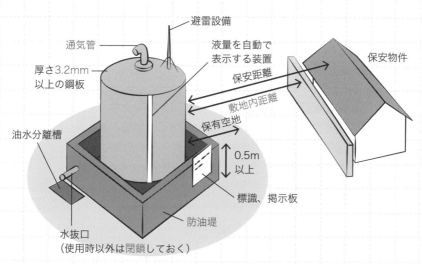

図17-1：屋外タンク貯蔵所の構造、設備

表17-1：タンクの構造、設備の基準

屋外タンク貯蔵所のタンク	・タンクには、厚さ3.2mm以上の鋼板を使用する ・危険物量を自動表示する装置を設ける ・タンクの周囲に防油堤を設ける ・ポンプ設備には、原則として3m以上の空地を確保する ・避雷設備を設ける（指定数量10倍以上の場合）

圧力タンク	・安全装置を設ける ・圧力タンクは、最大常用圧力の1.5倍の圧力で10分間行う 　水圧試験に合格したものであること
圧力タンク以外の タンク	・通気管を設ける

【防油堤に関する規定】

・高さは0.5m以上とする

・容量は、タンク容量の110%以上とする。タンクが2基以上ある場合は、
　最大タンクの容量の110%以上とする

・鉄筋コンクリートか土でつくり、危険物の流出を防ぐ構造で、防油堤の外
　側で操作できる弁付の水抜口を設ける

・防油堤面積は80,000m²以下（高さ0.5m以上）で、設置できるタンクの数
　は10基以内

防油堤容量が、なぜタンク容量の110%以上なのか理解してほし
いぞ。もし事故が発生してタンクから危険物が漏えいしたら、防
油堤の意味をなさないよな。そして、液体危険物は温度上昇で体
積が増える（体膨張）するから、適度な大きさということで、最
大容量＋10%の110%以上となっているんだ。

➡ 屋内タンク貯蔵所

　屋外タンク貯蔵所と異なり、保安距離と保有空地の規制がないぞ。前テーマ
の屋内・屋外貯蔵所は、保安距離と保有空地の規制対象だったから、混同しな
いように要注意だ。

◆構造、設備の基準
　屋内貯蔵所の構造、設備は、基本的に製造所に準じているぞ。次の図に基準
をまとめたので、製造所の基準と異なる点に注意しながら確認しよう。

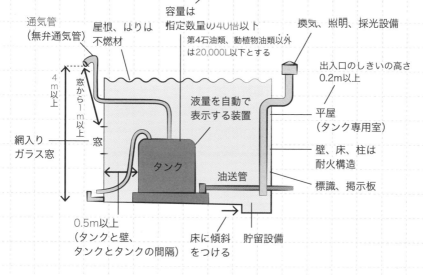

タンクが2基以上なら、
合計が最大容量

容量は
指定数量の40倍以下
第4石油類、動植物油類以外
は20,000L以下とする

通気管
（無弁通気管）

屋根、はりは
不燃材

換気、照明、採光設備

出入口のしきいの高さ
0.2m以上

網入り
ガラス窓

4m以上

窓から1m以上

窓

タンク

液量を自動で
表示する装置

油送管

平屋
（タンク専用室）

壁、床、柱は
耐火構造

標識、掲示板

0.5m以上
（タンクと壁、
タンクとタンクの間隔）

床に傾斜
をつける

貯留設備

図17-2：屋内タンク貯蔵所の構造、設備

第2章 製造所等の設置基準を学ぼう！

Step3 暗記 何度も読み返せ！

□ 屋外タンク貯蔵所は、保安距離と保有空地の規制の他、[敷地内距離]
の規制が、12ある製造所等の中で唯一対象となっている。

□ 屋外タンク貯蔵所の構造は、厚さ[3.2mm]以上の[鋼板]とする。

□ 液体危険物を貯蔵する場合、屋外タンク貯蔵所の周囲には[防油堤]
を設ける必要がある。この防油堤は、タンク容量の[110%]以上
で高さ[0.5m]以上である必要がある。

□ 屋内タンク貯蔵所は、[保安距離と保有空地]の規制対象外である。

□ 屋内貯蔵タンクの容量は、指定数量の[40倍]以下である。ただし、
第4石油類と動植物油類以外の第4類危険物を取扱う場合は、
[20,000L]以下である。

移動タンク貯蔵所の設置基準

このテーマでは、移動タンク貯蔵所について学習するぞ。保安距離と保有空地の規制対象外で、さらに、危険物保安監督者の選任も不要だ。タンクにかかる容量の数値が頻出だ、間違えやすい箇所なので、注意して見ていくぞ！

Step1 図解 目に焼き付けろ！

移動タンク貯蔵所

防波板（2,000L以上の容量のタンク室の場合）

タンクは容量30,000L以下。
厚さ3.2mm以上の鋼板。
防さび加工をする

防護枠

側面枠

掲示板

完成検査済証

点検記録

原本を備えておく

黒地に黄色文字。
サイズは縦横
0.4m×0.4m

標識

接地導線
（アース）

間仕切板
（4,000Lごとにつける）

第5種消火設備を2つ以上設ける

点検記録と完成検査済証はひっかけ問題が出題されたことがある。「紛失防止のため、原本は事務所で、写しを移動タンク貯蔵所内に保管する」という内容だったが、移動タンク貯蔵所内には原本を保管するんだ。

Step2 解説 爆裂に読み込め！

➡ 移動タンク貯蔵所は3つの容量の混同に注意しろ!!

　車両に固定されたタンクに危険物を貯蔵し、または取扱う施設を移動タンク貯蔵所というぞ。一般的にはタンクローリー車として理解しておけば十分だ。

◆設置基準と事前届が必要な場合

　車両を常置する場所については、次の細かい規制があるぞ。

・屋外に常置する場合は、防火上安全な場所であること
・屋内に常置する場合は、耐火構造または不燃材料で造った建築物の1階
・常置する場所では、危険物をタンク内に貯蔵したまま駐車してはならない
・移動タンク貯蔵所を常置する場所の設置・変更には、市町村長等の許可が必要

　なお、アルキルアルミニウム（第3類危険物）を移動タンク貯蔵所で移送する場合、移送経路その他必要な事項を記載した書面を関係消防機関に送付し、当該書面の写しを携帯し、記載内容に従うというルールがあるぞ。

Step3 暗記 何度も読み返せ！

□ 移動タンク貯蔵所は、［保安距離］と［保有空地］の規制対象外で、［危険物保安監督者］の選任も不要である。

□ タンク容量は［30,000］L以下で、貯蔵タンク内部は［4,000］L以下ごとに間仕切板を設け、容量［2,000］L以上のタンクには防波板を設ける必要がある。

□ 移動タンク貯蔵所の車両前後には、［0.4m］四方の［黒］地に［黄］色文字の「危」の標識を掲げること。

ライバルは、永遠に自分

地下タンク貯蔵所の設置基準

このテーマでは、地下タンク貯蔵所について学習するぞ。試験では、タンク設置に関する細かい基準（数値と距離）が出題されているから、そこを覚えておけばOKだ！

Step1 図解　目に焼き付けろ！

地下タンク貯蔵所

地盤面との間隔は
0.6m以上

通気管（無弁通気管）

計量口（使用時以外は
閉じておく）

4m以上

第5種消火設備を
2つ以上設ける

漏えい検査管は
4ヵ所以上に
設置

他の
タンクとの
間隔は
1m以上

タンク室内面
との間隔は
0.1m以上

厚さ3.2mm以上の鋼板　　タンク室内には乾燥砂を詰める

地下鉄、地下街
から10m以上離す

建築物の地下には設置しない

移動タンク貯蔵所と同じで、第5種消火設備（小型消火器）を2つ以上備えておく必要があるぞ。他にも、タンク構造の厚さは屋外タンク貯蔵所と同じだし、通気管の高さは屋内タンク貯蔵所と同じだ！　似た数値が出てきたときは、一緒に覚えよう！

Step2 解説 爆裂に読み込め！

→ 地下タンク貯蔵所は、タンク設置にかかる基準（距離）が頻出だ！

　地盤面下に埋設されているタンクで、危険物を貯蔵、取扱う施設を、地下タンク貯蔵所というんだ。保安距離と保有空地の規制がないぞ。設置基準はStep1の図解で覚えるんだ！

　漏えい検査管って、なんのために設置するんですか？

　湿気の多い地下では、タンクが劣化する可能性が高いうえ、地下ということで大きな変化に気付きにくいため、異変が見つかったときには大事に発展していたということが往々にしてあるんだ。そこで、肉眼では確認できない引火性蒸気の発生（漏えい）を観測するために設置しているんだ。

Step3 暗記 何度も読み返せ！

- □ 地下タンク貯蔵所を設置する場合、タンクと壁の間隔は［0.1］m以上、タンク相互の間隔は［1.0］m以上空け、タンク室内には［乾燥砂］を詰める。
- □ タンク頂部は地盤面から［0.6m］以上、タンクを複数設置する場合は［1m］以上間隔を空けること。
- □ タンク周囲には4ヵ所以上［漏えい検査管］を設け、第5種消火設備を［2つ］以上設ける。

簡易タンク貯蔵所の設置基準

このテーマでは、簡易タンク貯蔵所について学習するぞ。保安距離の規制はないが、保有空地については、設置する箇所が屋内か屋外かで一定の距離を確保する必要があるぞ。細かい違いだが、結構出題されているからしっかり見ていくぞ！！

Step1 図解 目に焼き付けろ！

簡易タンク貯蔵所

通気管（無弁通気管）

容量600L以下

設置できるタンクは3基まで
同じ品質の危険物は複数設置できない

給油ホース 5m以下

1.5m以上

厚さ3.2mmの鋼板

0.5m以上

タンク専用室の壁

1基あたりの容量と、保有空地の数値が頻出だ！

Step2 解説 爆裂に読み込め！

→ 簡易タンク貯蔵所

簡易貯蔵タンクで危険物を貯蔵または取扱う施設を、簡易タンク貯蔵所という。

保安距離の規制はないが、保有空地については、屋内設置の場合は0.5m以上、屋外設置の場合は1.0m以上確保する必要があるぞ。

表20-1：保有空地

屋内設置	0.5m以上
屋外設置	1m以上

> 製造所で見た保有空地は指定数量倍数が①10以下、②10超で区分されていましたが、簡易タンク貯蔵所は設置する場所が屋内か屋外かで区分されるんですね！

Step3 暗記 何度も読み返せ！

☐ 簡易タンク貯蔵所の1基あたりの容量は［600］Lである。
☐ 簡易タンク貯蔵所は［保安距離］の規制はないが、［保有空地］の規制対象となる。
☐ 簡易貯蔵タンクを屋内に設置する場合に確保すべき空地は［0.5］m以上、屋外に設置する場合は［1.0］m以上である。
☐ 簡易貯蔵タンクは、厚さ［3.2］mm以上の鋼板で気密に造り、先端の高さが地上［1.5］m以上の無弁通気管を設けること。

給油・販売取扱所の設置基準

このテーマでは、給油取扱所と販売取扱所について学習するぞ。圧倒的に出題されているのは、給油取扱所だ。細かい距離と数値があるが、ある程度出題箇所は限定的だ！ 販売取扱所は、第1、2種の違いを明確にしておくんだ！

Step1 図解 目に焼き付けろ！

給油取扱所

セルフ式の場合は
事故につながりにくい仕組みとする

地下タンク

給油空地を
10m以上×6m以上
確保する

容量無制限。
廃油タンクは
10,000L以下

販売取扱所

店舗は1階

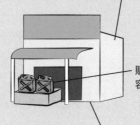

販売は
容器入りのまま

第1種：指定数量15倍以下
第2種：指定数量15倍超～40倍以下

店員が給油する一般的なガソリンスタンドと、客が自ら給油するセルフ式とは分けて覚えるんだ。販売取扱所は、指定数量の倍数の違いによる第1種と第2種の区分を覚えれば十分だ！

Step2 解説　爆裂に読み込め！

→ 給油取扱所（1）一般的なガソリンスタンド

　　固定給油設備で、自動車等の燃料タンクに直接給油するために取扱う施設が、給油取扱所だ。街中にあるガソリンスタンドがそれだが、（1）店員が給油するガソリンスタンドと（2）利用者自らが給油するガソリンスタンド（セルフ）で基準が少し異なるんだ。この点は、区別して覚えてほしい。では、まず（1）店員が給油するガソリンスタンドを見ていくぞ。

◆ 構造、設備の基準

　　構造、設備の基準については、図を見てほしい。

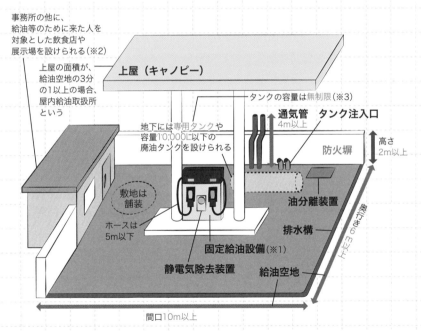

事務所の他に、給油等のために来た人を対象とした飲食店や展示場を設けられる（※2）

上屋の面積が、給油空地の3分の1以上の場合、屋内給油取扱所という

上屋（キャノピー）

タンクの容量は無制限（※3）

地下には専用タンクや容量10,000ℓ以下の廃油タンクを設けられる

通気管 4m以上　タンク注入口

防火塀　高さ2m以上

油分離装置

敷地は舗装

ホースは5m以下

排水構

奥行き6m以上

固定給油設備（※1）

静電気除去装置

給油空地

間口10m以上

図21-1：給油取扱所の構造、設備基準

給油取扱所は、保安距離と保有空地の規制対象外だが、給油空地の保有が必要になるぞ。これは給油取扱所のみが対象となっている規制だ！

覚える基準が多過ぎて、頭が痛いです…。もっとこう…分かりやすくなりませんか？

一番の勉強法は、街中のガソリンスタンドに行って実物を見ることだ！　これまで見てきた製造所等では、イラストを中心にイメージをつかむように話してきたが、やはり、目で実物を見るとイメージもつかめるし記憶に定着するはずだ。なお、給油取扱所について過去に出題されたポイント（図21-1※1〜3）を、以下補足するぞ。

※1：給油ホースは全長5m以下とし、先端に弁を設けるとともに、蓄積される静電気を有効に除去できる装置を設けること。
※2：次の施設は、設置することができないので気を付けよう！
　　　立体駐車場、ゲームセンター、診療所、自動車等の吹付塗装を行う設備
※3：専用タンクには、危険物の過剰な注入を自動的に防止する装置を設け、注入口は事務所等の出入り口付近や避難上支障のある場所に設けないこと。

◆給油取扱所での作業、取扱基準
構造、設備上の基準以外にも、作業、取扱について基準がある。

・給油する際は、固定給油設備を使用して、自動車等に直接給油する
・給油する際は、自動車等のエンジンを停止し、給油空地からはみ出さない
・物品の販売は1階で行う（上の階だと、火災発生時に逃げ遅れるからだ！）
・給油取扱所には、必要事項を記載した幅0.3m×長さ0.6mの標識を掲示すること　（標識の詳細はテーマ13）

今、今、今、未来は今の連続なんだ！

給油取扱所（2）いわゆるセルフスタンド

利用者が自ら給油作業を行う給油取扱所が、いわゆるセルフ式だ。前述した一般的なガソリンスタンドの基準の他に、次の図に示した基準が加わるぞ。

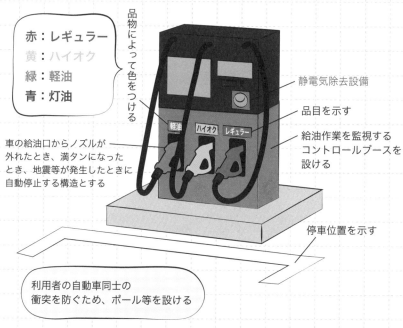

赤：レギュラー
黄：ハイオク
緑：軽油
青：灯油

品物によって色をつける

車の給油口からノズルが外れたとき、満タンになったとき、地震等が発生したときに自動停止する構造とする

静電気除去設備

品目を示す

給油作業を監視するコントロールブースを設ける

停車位置を示す

利用者の自動車同士の衝突を防ぐため、ポール等を設ける

図21-2：セルフスタンドの構造、設置基準

◆セルフ式スタンドの基準

- ガソリンと軽油相互の誤給油を防止できる構造であること。
- 法令に適合した携行缶であっても、顧客自らは給油・詰め替えはできない。
   ⇒この場合、必ず従業員が作業を行うこと！
- 消火設備は、第3種固定式泡消火設備を設けること。

第2章 製造所等の設置基準を学ぼう！

➡ 販売取扱所は、第1種、2種の区分を覚える!

店舗において、容器入りのまま販売するために危険物を取扱う施設を販売取扱所というぞ。取扱う危険物の指定数量の倍数によって、第1種販売取扱所（指定数量倍数15以下）と、第2種販売取扱所（指定数量倍数15超40以下）に分かれるぞ。共に保安距離と保有空地の規制対象外で、設置するのは建築物の1階に限定されているぞ！

表21-1：販売取扱所の区分

区分	取扱う危険物の指定数量倍数
第1種販売取扱所	15倍以下
第2種販売取扱所	15倍超〜40倍以下

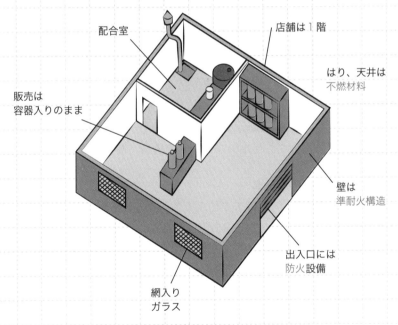

図21-3：販売取扱所の構造、設置基準

Step3 暗記　何度も読み返せ！

- [ ] 給油取扱所に設けるべき給油空地は、間口 [10m] 以上、奥行き [6m] 以上である。なお、固定給油設備に取り付けられる給油ホースは、全長 [5m] 以下とし、先端には弁を設けると共に、先端に [蓄積された静電気] を有効に除去できる装置を設けること。

- [ ] 固定給油設備を使って自動車等に [直接] 給油するが、このとき、自動車等の原動機（エンジン）は、[停止] させる。

- [ ] 地下に設けるタンクの容量は [制限なし] で、廃油タンクの容量は [10,000] L 以下である。

- [ ] セルフ式の給油取扱所では、危険物の品目を示すときに、[色] も指定する。例えば、レギュラーガソリンであれば [赤]、軽油は [緑]、灯油は [青] である。

- [ ] 第1種販売取扱所の指定数量の倍数は [15以下] で、第2種販売取扱所のそれは15超 [40以下] である。

重要度: 🔥 💧 💧

移送・一般取扱所の設置基準

このテーマでは、移送取扱所と一般取扱所について学習するぞ。どちらも目立った特徴がないから、それぞれの概要（共通事項：保有空地が必要　違い：一般取扱所は保安距離必要）をざっくりと見ておくんだ！

Step1 図解　目 に 焼き付けろ！

移送取扱所　　　　　　　　一般取扱所

保有空地を設ける

配管には、伸縮吸収措置、漏えい防止措置、可燃性蒸気滞留防止措置を講じる

配管経路には、感震装置、耐震計、通報装置を設ける

安全確保のため、鉄道、道路のトンネル内、高速道路、河川区、貯水池などには設置できない

構造、設備の基準は製造所と同じ

保有空地、保安距離を設ける

本テーマの2施設は、細かな数値（面積、容量など）は出てこないんだ！

Step2 解説 爆裂に読み込め！

➡ 移送取扱所はパイプラインと理解しよう

配管やポンプ、これらに付属する設備によって危険物の移送を行う施設を移送取扱所というぞ。特に、①配管延長が15kmを超えるもの、②配管延長が7km以上でかつ、最大常用圧力が0.95MPa以上のものは、特定移送取扱所というんだ。構造、設備の基準については、Step1の図解を見てくれ。

➡ 一般取扱所は製造所の基準を準用している！

指定数量以上の危険物を取扱う施設のうち、給油取扱所、販売取扱所、移送取扱所以外の施設を一般取扱所というんだ。タンクへの注入や、塗装、印刷、ボイラー、バーナーなどで危険物を扱う施設が対象だが、形態はさまざまだから「この施設」と決まっているわけではないぞ。保安距離と保有空地は共に規制対象だ。

Step3 暗記 何度も読み返せ！

- ☐ 配管及びポンプ並びにこれらに付属する設備によって、危険物を移送する施設を［移送取扱所］といい、［保安距離］の規制はないが、［保有空地］の規制対象である。
- ☐ 指定数量以上の危険物を取扱う施設のうち、給油取扱所、販売取扱所、移送取扱所以外の施設を［一般取扱所］といい、構造、設備の基準は［製造所］の基準を準用している。

貯蔵、運搬、移送の基準を学ぼう！

このテーマでは、危険物の貯蔵、運搬、移送の基準を学習するぞ。基本となる原則と、一部例外を区別して覚えるんだ。なお、運搬と移送は似ているけど、全くの別物だ！　混同するなよ！！

Step1 図解 目に焼き付けろ！

貯蔵	運搬	移送
貯蔵の基準	運搬の基準	移送の基準
+	+	+

共通基準

共通基準や各基準の原則は、言われればあたりまえの内容ばかりで、試験で出題されるのは、「例外」だ！　特に貯蔵の例外（異なる類の危険物の同時貯蔵）は頻出だ！

Step2 解説 爆裂に読み込め！

➡ 貯蔵、運搬、移送に共通した基準

　　危険物についての共通基準は、次の通りだ。見れば分かるが、あたりまえの内容ばかりだ。ひっかけ問題で数値の入れ替え問題が出題されたことがあるぞ。

【共通基準】

- ・許可、届出のあった危険物以外は取扱えない
- ・係員以外の出入り禁止
- ・みだりに火気を使用しない。火花等を発生させない
- ・常に整理、清掃。不必要なものを置かない
- ・貯留設備等にたまった危険物は、随時くみ上げる（あふれ防止）
- ・くず、かすなどは1日1回以上、安全な場所、方法で処理する
- ・危険物に応じた遮光、換気をする
- ・危険物が残存した設備等の修理は、完全に除去してから安全な場所で行う
- ・危険物を保護液中に保存している場合、露出させない
- ・温度、湿度、圧力に異常がないか監視する
- ・危険物の変質、異物混入、容器の破損、転倒等の防止

「くず、かすは1日1回以上廃棄や処理を行うこと」と、「ためます等にたまった危険物の随時くみ上げ処理を行うこと」の頻度（「1日1回」と「随時」）を逆にする、ひっかけ問題に気を付けろ！

➡ 貯蔵の基準は例外が頻出!

危険物を貯蔵するときは、次のような原則がある。

・貯蔵所内においては、危険物以外の物品の貯蔵は禁止
・原則として、類を異にする危険物の同時貯蔵は禁止
・屋内、屋外貯蔵所で危険物を貯蔵するときは、基準に適合する容器に収納
・計量口、水抜口、注入口の弁やフタは、使用時以外は常時閉鎖

原則ある所、例外あり! 「原則として、類を異にする危険物の同時貯蔵は禁止」ではあるが、特定の危険物の組合せで、1m以上間隔を空けて、類ごとに取りまとめて貯蔵する場合は、例外的に同時貯蔵が認められているぞ。

・第1類(アルカリ金属の過酸化物を除く)と第5類
・第1類と第6類
・第2類と黄リンまたはこれを含有するもの
・第2類の引火性固体と第4類
・第4類の有機過酸化物またはこれを含有するものと第5類の有機過酸化物またはこれを含有するもの
・アルキルアルミニウム等と第4類危険物のうち、アルキルアルミニウム、アルキルリチウムのいずれかを含有するもの

➡ 運搬は、収納率と混載の可否が頻出だ!

移動タンク貯蔵所(タンクローリー)を除いた車両等によって危険物を運ぶことを「運搬」というんだ。ここでは、運搬容器、積載方法、運搬方法の3つの基準を見ていくぞ。貯蔵と同じで、あたりまえの内容を原則として、一部例外が頻出だ!

努力なきところに、実力はない

【運搬容器の基準（一部抜粋）】

・鋼板、アルミニウム板、ブリキ板、ガラス等の材質で、危険物に腐食されないもの
・容器構造は、堅固で容易に破損せず、危険物が漏れる恐れがないもの

【積載方法の基準（一部抜粋）】

・原則、運搬容器に収納して積載
・運搬容器には、危険物の品名、危険等級、化学名、数量、注意事項等を表示
・運搬容器が落下、転落、転倒、破損しないように載積
・収納口を上に向け、積み重ねる場合は高さ3m以下とする
・運搬容器への収納基準として、固体・液体の危険物で次の基準がある
　　固体危険物：内容積の95％以下の収納率とする
　　液体危険物：内容積の98％以下でかつ、55℃において漏れないよう空間容積を設けて収納する
・原則、類を異にする危険物や災害発生の恐れがある物品の同時混載は禁止（例外あり！　下の○×表に記載）

表23-1：混載の可否

	第1類	第2類	第3類	第4類	第5類	第6類
第1類		×	×	×	×	○
第2類	×		×	○	○	×
第3類	×	×		○	×	×
第4類	×	○	○		○	×
第5類	×	○	×	○		×
第6類	○	×	×	×	×	

この○×表は、超頻出！！　○で結ばれている所は、混載のできる類同士の組合せで、第4類危険物であれば、第2・3・5類が混載可能というわけだ！　○の組合せというのは、反応しない物質同士というわけだ。

【運搬方法の基準（一部抜粋）】

・運搬容器に著しく摩擦、または動揺を起こさないよう運搬
・災害発生の恐れがあるときは、応急措置を講じ、近くの消防機関等に通報
・指定数量以上の危険物を運搬するときは、車両前後の見やすい位置に標識を掲げ、危険物に応じた消火設備を備える

→ 移送方法の基準（抜粋）

　移動タンク貯蔵所や移送取扱所によって危険物を運ぶことが、移送だ。運搬との違いは、イラストでも示しているから、違いをはっきりさせておけ！

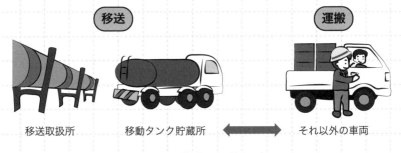

図23-1：移送と運搬の違い

　移送方法の基準は次の通りだ。

・危険物取扱者が乗車し、免状を携帯する（運転手でなくてもOK）

・移送前点検を実施し、長時間の移送の場合は2名以上の運転要員を確保する
　→日安は、連続要員1名あたりの連続運転時間が4時間以上、または、1日
　　あたりの運転時間が9時間を超える移送の場合が対象となる

・災害発生の恐れがある場合は、応急措置を講じると共に、最寄りの消防機
　関等に通報する

・休憩等のため移動タンク貯蔵所を一時停止させる場合は安全な場所を選ぶ
　⇒例えば、高速道路のサービスエリアでは、大型バスやトラック、タンク
　　ローリー車の停車場は建物や一般車両の停車場から離れているぞ

・完成検査済証と点検記録等は原本を備え付けておく

・アルキルアルミニウム等を移送する場合、移送経路等を記載した書面を関
　係消防機関に提出すると共に、その写し（コピー）を携帯し、記載内容に
　従う

Step3 暗記 何度も読み返せ！

□ 危険物を取扱う製造所等では、くず、かす等は[1日1回]以上適切
　に廃棄等の処分を行う必要があり、ためます等にたまった危険物は
　[随時]くみ上げて処理する。

□ 運搬とは、[移動タンク貯蔵所]を除いた車両等によって危険物を運
　ぶことである。

□ 固体危険物を運搬する際は、内容積の[95]％以下の収納率とし、
　液体危険物を運搬する際は、内容積の[98]％以下でかつ、
　[55]℃において漏出しないよう空間容積を設けて収納する。

□ 危険物を移送する場合、移動タンク貯蔵所内に点検記録と完成検査済
　証の[原本]、特にアルキルアルミニウム等を移送する場合は移送経
　路等を記載した書面の[写し]を備えている必要がある。

No. 24 /66　守るべきルールを破るとどうなる？

このテーマでは、義務違反による所有者等に対する措置を学習するぞ！　施設に関する違反か、人に関する違反かによって処分内容が分かれる点を覚えれば、丸暗記しなくても済むぞ！

Step1 図解　目に焼き付けろ！

改善
しなさい

措置命令

市町村長等

命令に従わない、
違反が悪質

使用停止命令　　許可の取消

人に関する違反　　施設に関する違反

施設に関する違反

義務違反がある場合、市町村長等は、必要な措置について製造所等の所有者等に（必要に応じて）命令することができることになっているんだ。
それが改善されない等のときは、使用停止命令、許可の取消といった処分を受ける可能性があるぞ。

Step2 解説　爆裂に読み込め！

➡ 第1段階：措置命令

製造所等の所有者等（所有者、管理者、占有者）が、政令で定める技術的基準を遵守していない、もしくは適合していない状況をそのままにしている場合、市町村長等から措置命令を受けることがあるんだ。措置命令を出すような事案や違反としては、次のようなものがあるぞ。

・危険物の貯蔵・取扱が技術上の基準に違反しているとき
・火災予防のため、変更の必要があるとき
・公共の安全の維持・災害発生防止のために緊急の必要があるとき
・無許可で指定数量以上の危険物を貯蔵・取扱しているとき

この他、義務違反があれば、都道府県知事が免状の返納を命じることもあるんだ。続きを見ていこう。

➡ 第2段階：人的違反の場合

施設に関する違反とは異なり、人的違反の場合には、使用停止命令となるんだ。許可の取消まではされないから、気を付けるんだ！

【使用停止命令の対象事由】
・貯蔵・取扱の基準遵守命令に違反した
・危険物保安監督者の未選任、または、その業務をさせていない
・危険物保安統括管理者の未選任、または、その業務をさせていない
・危険物保安監督者、危険物保安統括管理者の解任命令に違反した

➡ 第3段階：施設（物的）違反の場合

措置命令を受けたにもかかわらず改善を行わない場合や、違反が悪質などの

場合には、製造所等の所有者等は、市町村長等から危険物取扱の許可の取消や使用停止命令を受けることがあるんだ。

　許可の取消は、文字通り危険物の取扱そのものができなくなるため、とても重い罰則といえるぞ。一方、使用停止命令は、一定期間は業務停止となるが、許可そのものは取り消されないので、比較的軽い罰則だ。

 許可の取消と使用停止命令って、どういうときにどちらの罰則となるんですか？

　罰則の選択は行政庁の裁量となっていて、特に決まっていないんだ。ただ、このあと学習する人的違反の場合と違って、施設の違反は、周囲に大きな影響を及ぼすので、厳しい裁決（許可の取消）があると覚えておくんだ！

【許可取消または使用停止命令の対象事由】
　・製造所等の位置、構造、設備を無許可で変更
　・完成検査、仮使用の承認前に製造所等を使用
　・修理、改造、移転の命令に違反した
　・保安検査を受けない
　・定期点検を実施しない。点検記録を作成、保存しない

➡ その他危険物取扱を適法に行う上で必要な行政の規制

　当初から違反状態にならないようにするために行う事前の予防活動も行政は大切にしているんだ。次の3つを見てみよう。

◆立入検査等
　市町村長等は、危険物による事故発生を防止するため必要があると認めるときは、指定数量以上の危険物を貯蔵・取扱う製造所等の所有者等に対して、次のような行動をとらせることができるんだ。

- 資料の提出もしくは報告を求める
- 消防吏員をその場所に立ち入らせて、検査・質問する
- 危険物を収去する

◆走行中（移動中）の移動タンク貯蔵所の停止

消防吏員または警察官は、火災予防のために特に必要があると認められるときは、走行中の移動タンク貯蔵所を停止させ、乗車している危険物取扱者に対して、危険物取扱者免状の提示を求めることができるぞ。

◆罰則

ここで大切なのは、両罰規定だ。違反を行った個人だけではなく、その者が所属する法人（会社）にも罰則の適用があることをいうぞ。法人（会社）も個人も両方を罰するから、そういわれるんだ。例えば、消防法第45条には、指定数量以上の危険物を無許可貯蔵した場合、法人に対しては3,000万円以下の罰金を科しているぞ。法人への処罰を予定することで、会社の側からコンプライアンス（法令遵守）の徹底を促しているといえるな！！

Step3 暗記 → 何度も読み返せ！

- [ ] 無許可で製造所等の位置・構造・設備を変更した場合、[許可の取消] または [使用停止命令] の対象となる。
- [ ] 危険物保安統括管理者または危険物保安監督者を定めていない場合、[使用停止命令] の対象となる。
- [ ] 火災予防のために必要と認める場合に、移動タンク貯蔵所を停止させて危険物取扱免状の提示を求めることができるのは、[消防吏員] または [警察官] である。
- [ ] 定期点検を実施していなかったり、点検記録を作成していない場合、[許可の取消] または [使用停止命令] の対象となる。

事故が発生したらどうする？

このテーマでは、事故発生時の措置（応急措置と通報義務）について学習するぞ。読めば分かるが、ほとんど常識的な内容だ。覚えるというより、常識で判断するんだ！！

Step1 図解 目に焼き付けろ！

事故への対応

消防署や警察署へ通報

事故発生

流出、拡散防止などの応急措置

市町村長等 → 応急措置命令 → 所有者等

事故が発生した場合、応急措置や通報をしなければならない。所有者等が対応していない場合は、市町村長等が応急措置を講じるよう命じる。逃げるのではなく、対応する、という姿勢だな。

Step2 解説 爆裂に読み込め！

→ 事故発生時の措置

　どんなに注意しても、事故は起こってしまうもの。だから、そのときに、次のような適切な対応をすることが重要だ。

> ・応急措置：危険物の流出及び拡散を防止し、流出した危険物を除去する。その他、災害発生防止のための応急措置を実施する
> ・事故発見者の義務：消防署や警察署などの関係諸機関への通報を実施する
> ・応急措置命令：製造所等の所有者等が講じるべき応急措置を講じていない場合、市町村長等は応急措置を講じるよう命じることができる

> 常識的な内容ということは分かりましたが、実際の試験ではどのように出題されるんですか？

　例えば、「安全第一のため、直ちに現場から離れなければならない」と出題されたことがあるぞ。しかし、危険物の取扱作業についての知識を持つプロフェッショナルとして、現場を放棄して逃げるというのはどうだろう？　責任を全うするという意味で、これは不正解なんだ。

Step3 暗記 何度も読み返せ！

- □ 製造所等で危険物の流出事故が発生した場合、[製造所等の所有者等]は、直ちに応急措置を講じなければならない。
- □ 応急措置命令は [市町村長等] が、製造所等の [所有者]、管理者、[占有者] に対して命じる。

本章で学んだことを復習だ！　分からない問題は、テキストに戻って確認するんだ！　分からないままで、終わらせるなよ！！

問題

次の文章の正誤を述べよ。

🔥**01** 製造所等において消火活動を円滑に進め、また、延焼防止のために危険物施設の周囲に確保すべき空地を保安空地という。

🔥**02** 隣接敷地への延焼防止のため、貯蔵タンク側板から敷地境界線の間に確保すべき距離を敷地内距離といい、屋内タンク貯蔵所に特有の規制である。

🔥**03** 製造所に設ける窓は、防弾ガラスにしなければならない。

🔥**04** 製造所の建築物には、地階を設けることができない。

🔥**05** 製造所の屋根は不燃材料で作り、床は、危険物が浸透しない材質を使用し、傾斜をつけて、ためます等の貯留設備を設ける。

🔥**06** 屋外貯蔵所に貯蔵できる危険物は、第2類の硫黄と引火性固体、特殊引火物を除いた第4類危険物の全てである。

🔥**07** 屋内貯蔵所の床面積は1,000m²以下で、床は地盤面以上とする。

🔥**08** 屋外貯蔵所の敷地は排水のよい場所とし、周囲に柵を設け、柵内の面積は1,000m²以下とする。

🔥**09** 屋外タンク貯蔵所に設ける防油堤の水抜口は使用時以外閉鎖しておき、防油堤の容量はタンク容量の150%以上にすること。

🔥**10** 屋外タンク貯蔵所に設ける防油堤は、高さ0.5m以上で、鉄筋コンクリートまたは土でつくり、危険物の流出を防ぐ構造にすること。

🔥**11** 屋内タンク貯蔵所の容量は、指定数量の10倍以下とする。ただし、第4石油類と動植物油類以外の第4類危険物については、20,000L以下とすること。

🔥**12** 移動タンク貯蔵所には、保安距離と保有空地は必要ない。ただし、第4種消火設備を2個以上設ける必要がある。

🔥**13** 移動タンク貯蔵所のタンク容量は30,000L以下である。

🔥**14** 地下タンク貯蔵所のタンク周囲には、漏えい検査管を4カ所以上設ける必要がある。

🔥 **15** 地下タンク貯蔵所と簡易タンク貯蔵所は、どちらも保安距離・保有空地が必要ではない。

🔥 **16** 簡易タンク貯蔵所における簡易タンクの容量は600L以下で、タンクの個数は4個以下とすること。

解答

🔥 **01** ✕ →テーマNo.12

本問は保有空地についての説明だ。なお、危険物を取扱う製造所等から、学校・病院等の保安対象物に対して保つ距離を保安距離というぞ。

🔥 **02** ✕ →テーマNo.17

敷地内距離は、屋外タンク貯蔵所に特有の規制だ。特定のものを対象とする（限定的な）規制は、試験でも頻出だぞ！

🔥 **03** ✕ →テーマNo.15

防弾ガラスではなく、網入りのガラス窓にするんだ。

🔥 **04** 〇 →テーマNo.15

🔥 **05** 〇 →テーマNo.15

🔥 **06** ✕ →テーマNo.16

前半は正しい。後半、特殊引火物と引火点0℃未満の第1石油類を除いた、第4類危険物が貯蔵できるぞ。一例として、ガソリンは貯蔵NGだ。

🔥 **07** 〇 →テーマNo.16

🔥 **08** ✕ →テーマNo.16

屋外貯蔵所の柵内の面積は、100m²以下としなければならないぞ。前問で出題した屋内貯蔵所の床面積は1,000m²なので、混同しないように注意するんだ！

🔥 **09** ✕ →テーマNo.17

防油堤の容量は、タンク容量の110％以上とすること。

🔥 **10** 〇 →テーマNo.17

🔥 **11** ✕ →テーマNo.17

屋内タンク貯蔵所のタンク容量は指定数量の40倍以下にする必要があるぞ。なお、タンクが2基以上ある場合、その合計が最大容量となるので、注意するんだ（タンク1基について40倍以下ではないぞ）。「ただし、〜」以降の後半は、正しい記述だ。

🔥 **12** ✕ →テーマNo.18

第5種消火設備（小型消火器）を2個以上設ける必要があるのは、移動タンク貯蔵所と地下タンク貯蔵所だ。

🔥 **13** ◯ →テーマNo.18

🔥 **14** ◯ →テーマNo.19

🔥 **15** ✕ →テーマNo.19&20

簡易タンク貯蔵所は保有空地が必要だ。その距離は、屋内設置は0.5m以上、屋外設置は1.0m以上だ。

🔥 **16** ✕ →テーマNo.20

タンク容量は記載の通りだが、タンクの設置個数は3個以下だ。

（問題）

次の文章の正誤を述べよ。

🔥 **17** セルフ式の給油取扱所では、ハイオクは黄色、ガソリンは赤色、軽油は緑色、灯油は青色の表示をする。なお、セルフ式給油取扱所特有の規制として、第2種泡消火設備を設置する必要がある。

🔥 **18** 給油取扱所は、保安距離・保有空地が必要である。

🔥 **19** 給油取扱所のタンク容量は30,000L以下、廃油タンクの容量は10,000L以下である。

🔥 **20** 販売取扱所とは、容器に収納し、小分けして販売する施設で、指定数量の倍数が15倍以下は第2種販売取扱所、15倍を超えて40倍以下は第1種販売取扱所である。

🔥 **21** 移送取扱所とは、車で移動しながら危険物を取扱う施設である。

🔥 **22** 一般取扱所とは、危険物以外のものを製造、または危険物の取扱自体を目的とする施設で、塗装工場やボイラー室などがある。

🔥 **23** 危険物のくず・かす等は1日1回以上、破棄等の処置をすること。

🔥 **24** ためますまたは油分離装置にたまった危険物は、あふれないよう1日1回くみ上げること。

🔥 **25** 運搬容器は、収納口を横に向けて積載すること。

🔥 **26** 運搬容器の材質は、鋼板・ガラス・陶器などである。

🔥 **27** 液体危険物を収納する容器は、内容量の80%以下で、かつ、55℃で漏れないような構造であること。

🔥28　指定数量以上の危険物を運搬する場合、必ず免状を携帯すること。

🔥29　指定数量以上の危険物を運搬するときは、「危」の標識を掲げ、消火器を備えること。

🔥30　市町村長等が行う修理・改造・移転命令に従わなかったとき、許可の取消または使用停止命令の対象となる。

🔥31　製造所の位置・構造・設備を所有者の許可を得ずに変更すると、許可の取消または使用停止命令の対象となる。

🔥32　政令で定める定期点検を行わない、または、点検記録を作成せず保存していないときは、使用停止命令の対象となる。

🔥33　危険物保安監督者を定めていない、または危険物の保安の監督をさせていなかった場合、使用停止命令の対象となる。

🔥34　危険物施設保安員を定めていない、または危険物の保安に関する業務を統括管理させていないと、使用停止命令の対象となる。

🔥35　製造所等で危険物の流出事故が発生した場合、製造所等の所有者等は、直ちに応急措置を講じること。これを講じない場合、消防長または消防署長は、製造所等の所有者等に対して、応急措置命令を発する。

解答

🔥17　✕ →テーマNo.21

前半は正しい記述だ。後半、セルフ式給油取扱所には、第3種固定式泡消火設備を設置する必要があるぞ。問題文記載の第2種消火設備はスプリンクラー設備だから、間違えないように！！

🔥18　✕ →テーマNo.21

給油取扱所に必要なのは、給油空地だ。なお、その大きさは、「間口10m以上×奥行6m以上」になるぞ。

🔥19　✕ →テーマNo.21

給油取扱所のタンク容量は無制限、廃油タンクの容量は10,000L以下だ。

🔥20　✕ →テーマNo.21

記述が逆だ。第1種販売取扱所は指定数量倍数15以下、第2種販売取扱所は指定数量倍数15超40以下だ。

🔥21　✕ →テーマNo.22

配管及びポンプによって危険物を取扱う施設のことだ。移動タンク貯蔵所と

混同する受験生がマレにいるので、要注意だ！

🔥 **22** ◯ →テーマNo.22

🔥 **23** ◯ →テーマNo.23

🔥 **24** ✕ →テーマNo.23

問題23と同様に考えがちだが、ためますにたまった危険物があふれないようにするのだから、「随時」くみ上げる必要があるぞ。

🔥 **25** ✕ →テーマNo.23

収納口を横ではなく、上に向けて積載する必要があるぞ。

🔥 **26** ✕ →テーマNo.23

鋼板とガラスはOKだが、陶器は容器の材質としてはNGだ。

🔥 **27** ✕ →テーマNo.23

液体危険物の収納は、内容積の98%以下で、かつ、55℃で漏れないような構造である必要があるぞ。

🔥 **28** ✕ →テーマNo.23

運搬は免状不要で、積み降ろしは免状を持つ者が行うか、無資格者の作業であっても有資格者による立会いがいればOKだ。

🔥 **29** ◯ →テーマNo.18&23

🔥 **30** ◯ →テーマNo.24

🔥 **31** ✕ →テーマNo.24

所有者の許可ではなく、「市町村長等の許可」だ。長々とした文面を読むときは、主語と対応する述語が何かをしっかり見ておこう！

🔥 **32** ✕ →テーマNo.24

この場合、物的（施設）違反なので、許可の取消または使用停止命令の対象となるぞ。

🔥 **33** ◯ →テーマNo.24

🔥 **34** ✕ →テーマNo.24

危険物施設保安員ではなく、危険物保安統括管理者が正解だ。

🔥 **35** ✕ →テーマNo.25

前半は正しい。応急措置命令を発するのは、市町村長等だ。

問題

次の問題に答えよ。

🔥**36** 法令上、移動タンク貯蔵所に備え付けなければならない書類として、誤っているものはどれか。

①完成検査済証　②危険物の品名、数量または指定数量倍数の変更届出書
③危険物貯蔵所譲渡・引渡届出書　④定期点検の記録
⑤危険物取扱者免状の写し

🔥**37** 給油取扱所の位置・構造・設備の技術上の基準について、次のうち正しいものはいくつあるか。

> A　給油ホース及び注油ホース（懸垂式除く）の全長は5m以下とする。
> B　事務所の窓・出入口にガラスを用いる場合、網入りガラスとする。
> C　固定給油設備（懸垂式除く）のホース機器の周囲には、間口10m以上奥行6m以上の給油空地を保有しなければならない。
> D　地下専用タンク1基の容量は、10,000L以下とする。
> E　保有空地を設ける必要はないが、学校・病院等、多数の人を収容する施設から30m以上の保安距離を設けなければならない。

①1つ　　②2つ　　③3つ　　④4つ　　⑤5つ

🔥**38** 法令上、次に掲げる製造所等のうち、危険物を取扱う製造所から、保安対象物に対して一定の距離を保たなければならない旨の規定が設けられている施設はいくつあるか。

> 簡易タンク貯蔵所（屋外に設ける）、移動タンク貯蔵所、一般取扱所
> 屋内貯蔵所、屋内タンク貯蔵所、屋外貯蔵所、移送取扱所、販売取扱所

①2つ　　②3つ　　③4つ　　④5つ　　⑤7つ

39 法令上、運搬容器の外部に表示する注意事項として、次のうち正しいものはどれか。

①第2類の危険物のうち、引火性固体にあっては、「火気厳禁」

②第3類の危険物にあっては、「可燃物接触注意」

③第4類の危険物にあっては、「注水注意」

④第5類の危険物にあっては、「禁水」

⑤第6類の危険物にあっては、「衝撃注意」

40 法令上、製造所等に消火設備を設置する場合の所要単位を計算する方法として、次のうち誤っているものはどれか。

①外壁が耐火構造の貯蔵所にあっては、延床面積150m²を1所要単位とする。

②外壁が耐火構造になっていない製造所にあっては、延床面積50m²を1所要単位とする。

③外壁が耐火構造の製造所にあっては、延床面積100m²を1所要単位とする。

④危険物は、指定数量の100倍を1所要単位とする。

⑤外壁が耐火構造となっていない貯蔵所にあっては、延床面積75m²を1所要単位とする。

41 法令上、移動タンク貯蔵所で特定の危険物を移送する場合、移送経路その他必要事項を記載した書面を関係消防機関に送付すると共に、当該書面の写しを携帯し、当該書面に記載された内容に従わなければならない危険物として規定されているものは、次のうちどれか。

①アセトアルデヒド　　②カリウム　　③黄リン

④ジエチルエーテル　　⑤アルキルアルミニウム

42 法令上、製造所等で使用する消火設備の区分として、正しいものはいくつあるか。

区分	消火設備
第4種	泡を放射する大型消火器
第3種	スプリンクラー設備
第1種	屋内消火栓設備
第5種	小型消火器、乾燥砂、水バケツ

①0（なし）　②1つ　③2つ　④3つ　⑤4つ（全て）

43 法令上、製造所等に設置しなければならない警報設備として、該当しないものはどれか。
①自動火災報知設備　②赤色回転灯　③非常ベル
④拡声装置　⑤消防機関に報知できる電話

解答

36 ⑤ →テーマNo.18&23

移動タンク貯蔵所に備え付けておくべき書類は、①～④の4種類だ。危険物取扱者免状は、危険物取扱者が危険物を移送する場合に携行義務があるが、免状の写しを移動タンク貯蔵所に備え付けることまでは求めていないぞ。

37 ③ →テーマNo.21

A、B、Cは正しい記述だ。引っ掛け問題として、網入りガラスの「厚さを○○mm以上～」という記載が出たことがあるが、厚みの規定はないぞ（網入りガラスであればOKということだ）。
誤りの選択肢については、以下の通り。

D　地下専用タンクの容量は無制限だ。なお、10,000L以下にするのは、廃油タンクの容量だ。

E　給油取扱所に必要なのは給油空地だ。保安距離も保有空地も必要ないぞ。

38 ② →テーマNo.12

本問の保安距離が必要な施設は、全部で5施設（製造所、屋内貯蔵所、屋外貯蔵所、屋外タンク貯蔵所、一般取扱所）だ。枠内を見ると、一般取扱所、屋内貯蔵所、屋外貯蔵所があるので、②3つが正解だ。なお、本問が保有空

地を答える問題の場合は、簡易タンク貯蔵所、移送取扱所の2施設が追加されて、正解は④5つとなるので、間違えないように！

🔥 **39** ① →テーマNo.13

第1類と第6類は酸化性物質で「可燃物接触注意」、第2類は可燃性固体で「火気注意」だが、引火性固体は第4類（引火性液体）と同じで「火気厳禁」、第3類の自然発火性物質は「空気接触厳禁」「火気厳禁」、禁水性物質は「禁水」、第4類は引火性液体で「火気厳禁」、第5類危険物は自己反応性物質で、「火気厳禁」「衝撃注意」となる。 危険物の性質（物性、第7章）以降を学ぶと、より理解が深まるぞ！

🔥 **40** ④ →テーマNo.14

消火設備の所要単位の問題は、甲種危険物取扱者の試験ではよく出題されている分野だ。特に頻出なのが、今回の誤りの選択肢となっている④だ。「危険物は指定数量の10倍を1所要単位」とするんだぞ。確実に覚えておこう。他の選択肢については、以下の2点を覚えておけば、数値そのものを覚える必要はないぞ（似た数値で悩ませる問題は出ていないぞ！）。

・耐火構造であれば、非耐火構造の2倍の延床面積にできる。

・貯蔵所は貯蔵するだけなので、製造所・取扱所より延床面積が1.5倍にできる。

🔥 **41** ⑤ →テーマNo.18&23

第3類危険物のアルキルアルミニウムは、空気や水に触れると発火（自然発火性・禁水性物質）する恐れがあるので、移送に際しては窒素等の不活性ガス中で貯蔵する必要がある危険物だ。仮に発火すると、消火が困難になるため、問題文のような事前措置が必要になるんだ。

🔥 **42** ④ →テーマNo.14

消火設備については、1所要単位の理解と併せて「第〇種は〜」というように、消火設備の区分が即答できるようにしておくといいぞ！ スプリンクラー設備は第2種消火設備で、第3種は粉末や泡、水蒸気や水噴霧、ハロゲンと名称が付くが、全て「〇〇消火設備」となる物が該当するぞ。

🔥 **43** ② →テーマNo.14

製造所等に設置しなければならない警報設備は、以下の5つだ。「自動火災報知設備、非常ベル、拡声装置、消防機関に報知できる電話、警鐘」 よって、赤色回転灯は含まれていないので、②が正解だ。

第2科目

基礎的な物理学及び基礎的な化学

第3章　基礎的な物理学を学ぼう！
第4章　基礎的な化学を学ぼう！

【目標得点】
10点満点中6点以上
※乙4試験を受験して合格した君には、復習的な内容だ！　出題される問題の難易度が、乙4の時よりも難化しているが、公式の展開等のほか、甲種に特有の内容に注意して取り組めば、必ず攻略できるぞ！！

水陣背之

「決死の覚悟で立ち向かえ！」

第3章

基礎的な物理学を学ぼう!

本章では、基礎的な物理学について学習するぞ。乙4のときに比べると問題の難易度が少し上がるイメージだが、試験に出題されやすい内容(熱の移動、静電気など)を中心に基本的内容を把握して、演習問題で計算の過程に慣れるようにすれば、必ず攻略できるぞ!
さあ、気合を入れて取り組むんだ!

アクセスキー **H**
(大文字のエイチ)

物質の状態と比重について知るべし！

このテーマでは、状態変化による名称の違いを中心に、密度と比重の違いを理解しよう！　比重は、液体と気体で比べる物質が変わるが、その点を理解することで、後のテーマが理解しやすくなるぞ！

Step1 図解 ▶ 目に焼き付けろ！

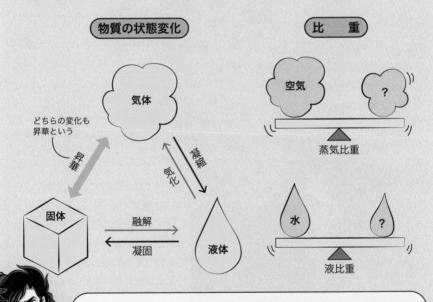

物質の状態変化

比　重

気体

固体

液体

どちらの変化も
昇華という

昇華

気化

凝縮

融解

凝固

空気

？

蒸気比重

水

？

液比重

実際の試験では、用語の意味や定義を問う問題より、このあと解説する密度と比重の違いについての出題が多くなっているんだ。その基礎をこのテーマでしっかり身に付けよう！　日常生活で見られる現象と関連付けると理解しやすくなるぞ！

Step2 解説 爆裂に読み込め！

→ すべての物質は3つのどれかの状態で存在する！

　水を例とすると、固体は氷、液体は水、気体は蒸気（湯気）といった具合だ。この固体、液体、気体を物質の三態という。では、氷が水になるなどの状態変化を起こす要因は何か？　それは、分子間に働く力（分子間力という）の強弱の違いなんだ！

> つまり、分子間の結合の強弱が物質の状態変化を決めているんだ！　固体は分子間の結合が強いが、熱を加えると、液体、気体と、徐々に結合が弱くなっていくんだ。

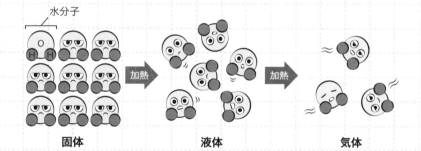

図26-1：状態変化と分子の結合

この気体、液体、固体のそれぞれの状態に変化することを、次のようにいうぞ。

表26-1：状態変化

融解	固体→液体の状態変化
凝固	液体→固体の状態変化
蒸発（気化）	液体→気体の状態変化
凝縮（液化）	気体→液体の状態変化
昇華*	固体⇔気体と、液体を介さない状態変化

※昇華は「凝華」といわれることがあります。

第3章 基礎的な物理学を学ぼう！

● 詰まり具合を表す「密度」と、その比較の「比重」

◆密度

　密度とは、物質の単位体積あたりの質量のことだ。定義を文言通り読むと分かりづらいから、公式を見てみよう。

$$\boxed{公式}\ 密度(g/cm^3)＝質量(g)÷体積(cm^3)$$

　公式中に出てくる単位の「/」は、割り算の分母と分子を分ける線だ。つまり、密度は、分子に物質の質量、分母に体積を入れた値というわけだ。

　簡単にいえば、重さと大きさの関係だな。同じ大きさに切り分けたチーズに例えると、内部に気泡が多い方は、軽いであろうことが直感的に分かるよな。それが密度が低いということだ。

◆比重

　比重とは、「対象となる物質の密度」と「標準となる物質の密度」の比のことだ。比べる指標（割合みたいなもの）なので、密度と違い単位はないぞ！　重要なのは、状態によって標準となる物質が異なることだ！　比較対象が水のときを液比重、空気と比較したときは蒸気比重というんだ。特に蒸気比重の場合、その大小は、分子量の大小で決まるんだ。

「液体の場合には4℃の水を基準（比重1）」とし、「気体の場合には空気を基準（比重1）」とするんだ！　水の温度が4℃とされているのは、水はこのときに密度最大となるからだ。

表26-2：主な物質の比重

物質（液体）	液比重	物質（気体）	蒸気比重
水（4℃のとき）	1.00	空気	1.00
ガソリン	0.65〜0.75	一酸化炭素	0.97
エタノール	0.8	エタノール	1.6
二硫化炭素	1.3	ガソリン	3〜4

図26-2：比重

それぞれ個別の物質の密度や比重の数字を覚える必要はないんだ。重要なのは2つ。
・水は4℃のときに密度最大（質量最大）となり氷は水に浮かぶ
・気体の比重は空気を比較対象（分子量約28.8）としていて、それより重い（大きい）ものは床下に滞留する
これを覚えておくと、このあとの学習が相当楽になるはずだ！！

Step3 暗記 何度も読み返せ！

☐ 固体から液体に変化することを［融解］という。その逆は［凝固］という。

☐ 液体から気体に変化することを［蒸発（気化）］という。その逆は［凝縮（液化）］という。

☐ 液体を介さずに、固体から気体、または気体から固体に変化する現象を［昇華］という。

☐ 物質の状態変化を決める要因は、［分子間に働く力（分子間力）］の強弱による。

☐ 標準の水の比重は1で、［4℃］のときに密度が一番大きい。よって、氷を水中に入れると［水面上に浮かぶ］。

121

気体ってどんなやつ？

このテーマでは、気体の性質について学ぶ。凝固点降下と沸点上昇が発生する原理は、図でイメージできるようにしよう！ 計算問題（法則）を解くための基礎となる分野で、温度はセ氏温度と絶対温度の換算に要注意だ！

Step1 図解 → 目に焼き付けろ！

気圧と沸騰

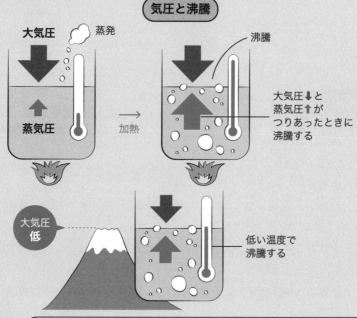

大気圧　　蒸発

蒸気圧

→ 加熱

沸騰

大気圧⬇と蒸気圧⬆がつりあったときに沸騰する

大気圧 低

低い温度で沸騰する

加湿器の水がいつの間にかなくなっているように、水は常温でも自然に蒸発している。これに熱を加えて、大気圧と蒸気圧が等しくなったときに沸騰が発生するんだ。「沸騰≠蒸発」なんだ、間違えるなよ！！

Step2 解説 爆裂に読み込め！

蒸発と沸騰の違いから気体を理解する！

　液体を加熱すると、液体内部で発生する蒸気圧（「気化しようとする圧力」と理解するんだ！）が大気圧と等しくなったときに、沸騰が発生するぞ。このときの温度が沸点だ。一般に、水は地上（1気圧）では100℃（沸点）で沸騰するぞ！

　富士山の山頂（低大気圧下）では、水は約87℃で沸騰するんだ！ということは、圧力を変えれば水の沸点は100℃以上にも以下にもなるってことだ！　これを応用したものが身近にあるぞ！

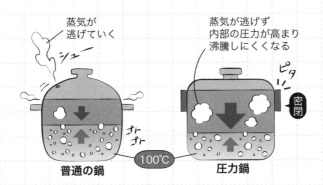

図27-1：気圧と沸点の変化

　加圧することで水を本来の沸点（100℃）以上にしたものが、圧力鍋だ。これによって、より大きなエネルギーを加えることが可能となり、短時間で効率よく調理することを可能にしたんだ！

沸点上昇と凝固点降下を理解する!!

　砂糖や塩（溶質という）が液体に溶けることを溶解というんだ。そして、均

一濃度になった状態の液体を特に溶液、100gの水（溶媒という）に溶かすことができる溶質の最大量を溶解度というんだ。

実際の試験では、用語の意味や定義が問われることはないぞ！
濃度の計算問題が出題される可能性が高いんだ（後述するぞ）。
ここでは、純粋な水と溶液で沸点と凝固点の違いが発生する理由に着目してほしい！

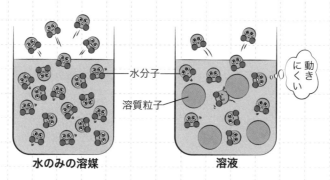

水分子
溶質粒子
動きにくい

水のみの溶媒 **溶液**

図27-2：水分子の移動の自由度

　図を見ると、左の水のみの溶媒内は水分子のみが存在している。ここに熱を加えることで、水分子が自由に移動できるようになる。一方、溶液になると溶質粒子がその移動を邪魔するため、沸騰しにくく固まりにくくなるんだ。

溶質（不純物的なもの）の存在が、凝固点降下と沸点上昇を発生させているんだ！！

温度表記と換算

◆温度とは

「温かい・冷たい」を数値で表したものが温度で、温度表記は、セ氏（摂氏）温度と絶対温度、そして力氏（華氏）温度があるんだ。なお、危険物試験ではセ氏

温度と絶対温度のみ出題されるから、力氏温度について覚える必要はないぞ！

◆「絶対温度⇔セ氏温度」の換算

セ氏温度は、普段我々がよく使う、1気圧のときの水の凝固点を0℃、沸点を100℃とする基準のことだ。一方、絶対温度は、この後の計算問題でも使われる絶対零度（セ氏−273℃）を0K（ケルビン）と表す温度のことだ。

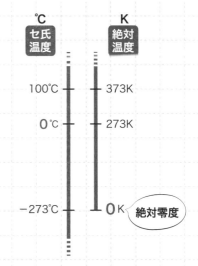

図27-3：セ氏温度と
絶対温度の換算

つまり、セ氏温度0℃が273Kなので、絶対温度＝セ氏温度+273で表すことができるんだ！

◆気体を液化するときのギリギリの温度と圧力、それが「臨界○○」だ！！

想像してくれ！　物質を運ぶとき、同じ物質では液体と気体でどちらが簡単に運べると思う？

図27-4：液体VS気体　どっちが運搬しやすい？

えー…、気体でしょうか？　液体よりも軽そうだから！！

第**3**章　基礎的な物理学を学ぼう！

　なるほどな。では、質問を変えよう。風船に液体と気体を入れた場合はどっちが簡単に持ち運べる？　もし気体だと、風船はふわふわと上空に舞い上がってしまうよな。そう、つまり液体の方が持ち運びは容易なんだ。

> そうなんですね、液化天然ガスってニュースで聞いたことあります！

　その通りだ。天然ガスは気体のまま生産地の中東から日本に運ぶのは大変だから、液化して運搬しているんだ（液化天然ガス：Liquefied Natural Gas）。
　身近な事例で見ると、二酸化炭素消火器の中には、液化した二酸化炭素が充てんされている。この二酸化炭素を液化する場合、圧力を掛ければ必ず液化するかというと、温度も一定値以下にしないと液化することができないんだ。
　このときの一定温度を臨界温度といい、この温度を超えると、いくら加圧しても液化しないんだ。また、臨界温度のときの圧力を臨界圧力といい、臨界温度よりも低い温度であれば、臨界圧力よりも低い圧力で液化するんだ！

> 液化するギリギリの温度とそのときの圧力が、臨界温度・臨界圧力だ！　気体の性質でたまに意味が出題されることもあるので、要チェックだ！

Step3 暗記 何度も読み返せ！

- ☐ 水を1気圧下で加熱したら、[100]℃で沸騰し始めた。このときの温度が [沸点] である。
- ☐ 沸点は、気圧が低い山頂では [低い] 温度、気圧が高い状況下では [高い] 温度となる。
- ☐ 圧力をかけて沸点上昇をさせた身近な例として [圧力鍋] がある。
- ☐ 砂糖水において、砂糖は [溶質]、水は [溶媒]、砂糖水は [溶液] である。
- ☐ 純粋な溶媒に塩を溶かすと、沸点は [上昇] し、凝固点は [降下] する。
- ☐ 気体の計算問題で使用する温度は絶対温度で、セ氏温度＋ [273] で表され、単位"K"は [ケルビン] と読む。
- ☐ 臨界温度で気体を圧縮すると、[臨界圧力] に達したときに完全に液化する。
- ☐ 気体は [臨界温度] より低い温度でないと、液化しない。

気体にはこんな法則があるぞ!

このテーマでは、毎回出題されている気体の計算問題について学ぶぞ。大切なことは、公式の関係性（①何と何についての公式か？ ②何を求める公式か？）を理解して、過去問を繰り返し解くことだ！！

Step1 図解 ➡ 目に焼き付けろ!

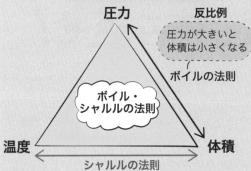

ボイル・シャルルの法則

圧力

反比例

圧力が大きいと体積は小さくなる

ボイルの法則

ボイル・シャルルの法則

温度 ⟷ 体積

シャルルの法則

比例

温度が高くなると体積も大きくなる

『ドルトンの分圧の法則』
$P = P_A + P_B$ （全圧＝分圧の和）

アボガドロの法則
6.02×10^{23} 個 ＝ 22.4L ＝ 1mol

気体の状態方程式
$PV = nRT$
R（8.314：気体定数）

圧力・体積・温度それぞれの関係性は、このあとの解説の図でイメージをつかむんだ！ それを踏まえて図の公式を見ると理解しやすいぞ！

![Step2 解説]爆裂に読み込め！

➡ 圧力、温度、体積の恋の三角関係

　気体が圧力・体積・温度によってどう変化するか、その法則を学ぶぞ！

◆悲しい片思いの気持ち！　ボイルの法則

　「積極的にプッシュしたら、相手の気持ちがトーンダウンした」という反比例体験はないか？　これは気体においても同じ。圧力と体積は反比例の関係にあるんだ。詳しく解説しよう。

　一定の温度下において、一定質量の気体の体積は<u>圧力に反比例</u>（どちらかが大きくなれば、もう一方が小さくなる！）するんだ。これが<u>ボイルの法則</u>だぞ！！

$$\boxed{公式}\ PV = k\ （一定）$$

P：圧力　V：体積　k：一定の値であることを表す記号

　次図のようなピストンをイメージしてほしい。左のピストンのように、体積1、圧力1の状態があるとする。ここに、2倍の圧力をかけたら、その分だけピストン内の空間（体積）が減少していることが分かるはずだ。

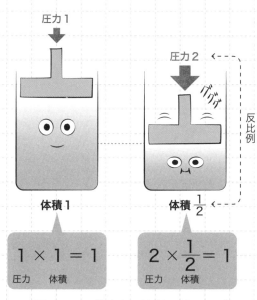

図28-1：ボイルの法則のイメージ

129

圧力が倍になれば、体積は半分になるんだ！　逆もまた然り。体積が倍になれば、圧力が半分になるぞ！　公式「PV＝k」というのは、このことをいっているんだ！

◆燃え上がる両思いの恋心！　シャルルの法則

　カップルが愛を育めば、二人の思いはさらにふくらんでいくことを知っているか？　これは気体においても同じ！　温度と体積の関係は、比例関係にある。一定質量の気体の体積は、一定の圧力下において、<u>1℃の温度上昇につき、0℃のときの体積の1/273だけ増加する</u>（温かくなるほど、体積が大きくなる！）んだ。これがシャルルの法則だ！！

$$\boxed{\text{公式}}\quad \frac{V}{T}=k\,(一定)\qquad (T=273+t)$$

V：体積　　　T：絶対温度　　　　（t：セ氏温度）

　次図を見てほしい。左は温度も何も変化を加えていない状態だ。右は、ここに下から熱を加えていて、これによってピストン内の分子が運動エネルギーを得て、ピストンを押し上げている（体積増加）様子が分かるはずだ！

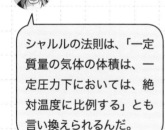

シャルルの法則は、「一定質量の気体の体積は、一定圧力下においては、絶対温度に比例する」とも言い換えられるんだ。

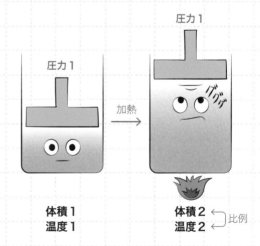

図28-2：シャルルの法則のイメージ

◆男女の恋を表したボイル・シャルルの法則

ここまで、圧力、温度、体積の関係を恋愛に例えてみてきたが、最終法則は、これらの全部入り！　ボイルの法則とシャルルの法則を合体させたのがボイル・シャルルの法則だ。一定質量の気体の体積は、圧力に反比例し、絶対温度に比例するぞ。

$$\boxed{公式}\ \frac{PV}{T}=k（一定）\qquad （T=273+t）$$

P：圧力　　　　V：体積　　　　T：絶対温度　　　　（t：セ氏温度）

公式が3つもあって、使い分けが難しそうです！

ボイル・シャルルの法則は3つの要素だが、「温度一定」とあったらボイルの法則（圧力・体積）、「圧力一定」とあったらシャルルの法則（体積・温度）と考えればいいんだ！

◆恋の三角関係で扱う気体、その名も理想気体

ボイル・シャルルの法則が成立するときの気体を理想気体というんだ。なんだかロマンチックな気体だよな。"理想"というくらいだから、その要件（以下2つ）は現実にはなかなかありえないものといえるぞ。

・分子の大きさが無視できる（存在してねーことになるじゃん！）

・分子間力が十分に小さい（無理じゃね？）

一方、我々が生活しているこの世界で存在する気体は実在気体というぞ。実在気体でも、十分に希薄な場合は分子間力と分子の大きさを無視できるので、理想気体とみなして、ボイル・シャルルの法則を適用することになっているんだ！

理想だけじゃダメなんだ。目の前の勉強も恋も大切にしよう。

問題文では「十分に希薄な気体」と表現されるから、この言葉を見たら「＝理想気体」と考えて解くんだ！

❷ 気体に含まれる分子の量

◆アボカドじゃないぞ。アボガドロの法則

すべての気体は、その種類に関係なく、同温同圧の下で同体積中に同数の分子を含んでいる。これがアボガドロの法則だ。同一粒子を$6.02×10^{23}$個まとめた量を1molと書き、この粒子数をアボガドロ定数というんだ。1molの気体の重さは、分子量に「g」を付けた値に等しく、その体積は標準状態（0℃、1気圧）で22.4Lとなるんだ。

物質量[mol]   粒子数   質量[g]   体積[L]

1mol   = $6.02×10^{23}$ =   分子量g   =   22.4L

◆気体の状態方程式

これまでの法則のすべてを合体したのが、気体の状態方程式だ。R（気体定数）が問題文中に記載されていたら使用するぞ！

$$\boxed{公式}\ PV=nRT=\frac{W}{M}RT$$

n：物質量[mol]   W：質量[g]   M：分子量   R：気体定数[8.314]

❷ それぞれの圧力を足したら、合計（総和）になる!

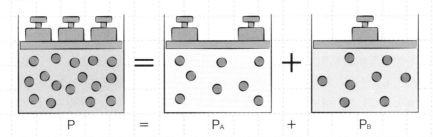

$$P \quad = \quad P_A \quad + \quad P_B$$

図28-3：ドルトンの分圧の法則

図28-3のような2種類の気体AとBが同一容器内に入っているとすると、その混合気体の圧力（全圧という）は、各気体の圧力（分圧という）の和に等しく

なるんだ。これがドルトンの分圧の法則だ。なお、成分気体が3つ以上あれば、C、D…、と続いていくぞ。なお、分圧は各気体の分子数（物質量）に比例するぞ。では、簡単な例題で法則の意味を学んでいくぞ！

> [例題]　水素8.0gとメタン16.0gをある容器に入れたところ、0℃で0.2MPaとなった。各成分気体の分圧はいくらか。

[解法]

　ドルトンの分圧の法則より、全圧0.2MPaは、水素とメタンの分圧の和であることが分かる。ここで、水素の分圧とメタンの分圧を求めることになるが、分圧は混合気体の分子数に比例するので、物質量を求めるんだ。

　水素（H_2）の分子量は2より、8.0gは4mol

　メタン（CH_4）の分子量は16より、16.0gは1mol

　以上より、混合気体における分圧比は4：1となる。容器内の全圧0.2MPaから各成分気体の分圧を求めると、

$$H_2 = 0.2 \times \frac{4}{5} = 0.16 \quad CH_4 = 0.2 \times \frac{1}{5} = 0.04$$

　以上より、水素の分圧：0.16MPa　メタンの分圧：0.04MPa

Step3 暗記 何度も読み返せ！

□ ボイルの法則：一定温度の気体の体積は圧力に［反比例］する。

□ ボイル・シャルルの法則が成立するときの気体を［理想気体］という。実在する気体でも、［分子間力］が限りなく小さく、［分子の大きさ］を無視できる場合は、ボイル・シャルルの法則が適用できる。

□ アボガドロの法則では、1mol当たりの粒子数は［6.02×10^{23}］個、そのときの質量は［分子量］g、体積は標準状態［0℃、1気圧］で［22.4］Lとなる。

□ 混合気体の全圧は、各成分気体の［分圧］の［和］に等しくなる。これを、［ドルトンの分圧の法則］という。

熱にはこんな法則があるぞ!

このテーマでは、熱エネルギーの計算とその移動法について学習するぞ！ 計算問題は、ダイエットでよく聞かれるcal（カロリー）が出てくるぞ！ 熱の移動は、固体・液体・気体の状態によって「伝わりやすさ」がどう変化するか注目してみよう！！

Step1 図解　目に焼き付けろ!

熱の移動法

伝導　　　対流　　　放射（輻射）

あつい〜　　　　　　あたたか〜い

物質の状態と熱伝導率の高低

固体 ＞ 液体 ＞ 気体
高　　　　　　　　低
熱伝導率

> 伝導、対流は固体または液体を介して熱が移動するが、放射は介在物が必要ないんだ（真空でも伝わる！）。

状態変化と潜熱・顕熱

気体

固体　　液体

熱吸収
熱放出

温度

顕熱

沸点　　　顕熱潜熱

融点　　顕熱　潜熱

固体　液体　気体　熱量

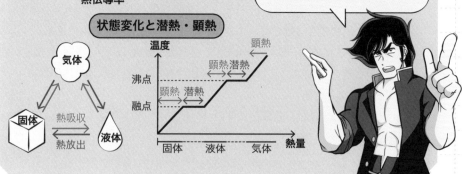

Step2 解説　爆裂に読み込め！

→ カタチあるものほど熱（想い）が伝わる？

物理学の基本現象として、水・重力・電気などは、エネルギー的に高いところから低いところに向かって流れていく。熱についても同様に、高いところから低いところ（高温→低温）へと流れていく。

このとき伝わる熱エネルギーを熱量といい、その単位には、カロリー［cal］とジュール［J］が用いられている。カロリーとジュールには、次のような関係がある。

$$1cal ≒ 4.19J$$

この換算は、暗記してくれ！

◆**熱の移動法**

熱の伝わり方（移動法）には、伝導、対流、放射の3つがある。

（1）伝導

物質内を直接、高温部から低温部に熱が移動する現象を伝導というんだ。例として、取っ手も金属でできたフライパンを火にかけると取っ手も熱くなる現象がそれだぞ！

（2）対流

温度差によって流体（液体または気体）が上昇・下降して熱移動するのが対流だ！　お風呂の中の水が温められて、上下に移動する現象がそれだ！

（3）放射（輻射）

熱線として、熱が空間を伝わり移動する現象を放射というんだ。例として、石油ストーブによって発生した熱が空間を伝わって部屋を暖める現象がそれだぞ！　手をかざすと温かいっていう、あれだ！

◆熱伝導率と比熱

愛している気持ちを伝えるときには、離れた場所から伝えるよりも、プールの中で伝えるよりも、密着して伝えた方が伝わりやすいよな。

これと似て、一般に、「固体＞液体＞気体」のカタチあるモノの順に熱が伝わりやすく、熱伝導率が高いほど、その物質は燃焼しにくいといえるんだ！ この熱の伝わりやすさを熱伝導率というぞ。

> ここでつまずく受験生が結構いるぞ！ 次のように理解するんだ！！

・熱伝導率が高い ＝ 熱が伝わりやすく、すぐにその熱が他に移る
　　　　　　　　＝ 物質内に残らない
　　　　　　　　⇒ 燃焼しにくい
・熱伝導率が低い ＝ 熱が伝わりにくく、その熱が他に移らない
　　　　　　　　＝ 物質内に残り滞熱する
　　　　　　　　⇒ 燃焼しやすい

鉄と木材など、モノによって温まりやすさ（冷えやすさ）は違うよな。物質1gの温度を1K（1℃）上昇させるのに必要な熱量を、その物質の比熱というぞ。比熱が大きい物質ほど、大きなエネルギーが必要となるので、「温まりにくく、冷めにくい」といえるんだ。比熱が大きい代表的な物質は水だぞ。

➡ 熱にまつわる2つの計算法則

◆熱量（温度上昇）は3つの掛け算だ！

それぞれの物質の温度の上がり方は、次の3つ要素で決まるんだ。

・(物質の)種類　　・(物質の)質量　　・加える熱量

このとき、物質が吸収する熱量をQ［J］、比熱をS、物質の質量をm［g］、温度差を⊿T［K］とすると、以下の公式が成立するんだ。

$$Q = S \times m \times \varDelta T$$

Q：熱量　　　　S：比熱　　　　m：質量　　　⊿T：温度差

> この公式は必ず覚えておけ！　比熱の値は、問題文中で示されることが多いが、水の比熱「4.186」は覚えると得だ。

簡単にいえば、その物質を温めるのに必要なエネルギー（熱量）は、温まりやすさ（比熱）と、質量と、何度温めるか（温度差）によって決まる、ということだ。

◆体膨張率の計算

テーマ28でシャルルの法則を学んだが、気体は温度上昇にともなって体積が増加する（熱膨張）。液体についても同様の現象が見られ、これを計算式で表すと、以下のようになるぞ。

熱膨張後の体積 ＝ 膨張前の体積 ＋（膨張前の体積×体膨張率×温度差）

> 体膨張率は物質によって異なるので、ここでは、公式の意味するところを理解してほしいぞ！！

◆潜熱と顕熱の定義とその関係性とは？

物質の状態変化に用いられる熱を、潜熱というぞ。さらなる液化や気化等の状態変化のために費やされる熱のため、温度計で計測することができない（熱を加え続けているのに温度が変わらない！）んだ。

　これに対して、温度上昇に用いられる熱を顕熱というんだ。温度計で計測できる顕著な熱というわけだが、0℃の氷から水が溶けて沸騰し始める直前までの温度ともいえるぞ。図を基に、潜熱と顕熱の違いを理解しよう！

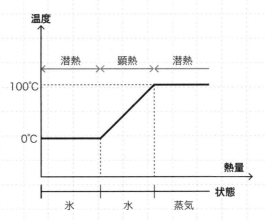

図29-1：潜熱と顕熱（水の場合）

➡ 熱の出入りを断って、変化させたら??

　このテーマの最後は、断熱変化について見ていくぞ。気体が外部と熱のやり取りを行わない状態で行う変化を断熱変化というんだ。
　図を元に説明するぞ。

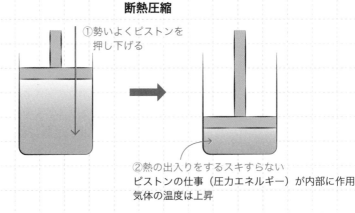

図29-2：断熱圧縮

断熱圧縮

① 勢いよくピストンを押し下げる

② 熱の出入りをするスキすらない

　ピストンの仕事（圧力エネルギー）が内部に作用

　気体の温度は上昇

　図を見ると、左から右にピストンが一気に圧縮されているのが分かるな。このとき、圧縮することで生じる変化を断熱圧縮といい、外部（ピストン）からプラスの仕事（エネルギー）を受け取るので、その分、内部エネルギーが増加して温度も上昇するんだ。

断熱膨張

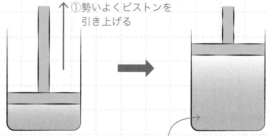

①勢いよくピストンを引き上げる

②熱の出入りなし
ピストンの仕事（圧力エネルギー）が外部に作用
気体の温度は低下

図29-3：断熱膨張

断熱膨張

① 勢いよくピストンを引き上げる

② 熱の出入りなし

　ピストンの仕事（圧力エネルギー）が外部に作用

　気体の温度は低下

　一方、その逆で上図は左から右にピストンが一気に戻されているのが分かるな。このとき、気体が膨張することで生じる変化を断熱膨張といい、外部（ピストン）にピストンの仕事が出ていくことで、内部のエネルギーが消費されて、

温度が低下するんだ。

> 断熱圧縮すると、エネルギーが内部に作用して温度が上昇！　断熱膨張すると、エネルギーが外部に作用して温度が低下！　覚えておきます！！

Step3 暗記　何度も読み返せ！

- ☐ 熱伝導率は、一般に、固体と気体では、[固体] の方が大きい。
- ☐ 熱伝導率の大きい物質と小さい物質で、燃えやすいのは、[小さい物質] である。
- ☐ 真空中でも熱が伝わるのは、[放射] である。
- ☐ 物質1gの温度を1℃上昇させるのに必要な熱量を、その物質の [比熱] という。
- ☐ 物質の温度の上がり方は、物質の種類、物質の [質量] 及び加える [熱量] の3要素で決まる。
- ☐ 温度上昇に用いられる熱を [顕熱]、状態変化に用いられる熱を [潜熱] という。
- ☐ 断熱膨張した気体の温度は [低下] し、断熱圧縮した場合は [上昇] する。

No. 30 /66 電気と湿度にまつわる法則を学習しよう！

このテーマでは、静電気対策の方法と湿度について学習するぞ！　これを学べば、冬場の衣服の脱ぎ着で痛い思いをしないで済むカモ?!　静電気の伝わり方は、熱伝導と同じ！　オームの法則の計算は「エリちゃん」で覚えるんだ!!

Step1 図解　目に焼き付けろ！

静電気対策

静電気は
発生させない！
ためさせない！
↓
「熱伝導と燃焼のしやすさ」の関係と「導伝性と帯電のしやすさ」は似ている！導伝性が悪い方が、帯電しやすい！

第4類危険物（引火性液体）は静電気火花による火災が発生しやすく、その対策は試験で頻出だ！計算問題は、湿度よりもオームの法則が頻出だ!!

湿度の種類

湿度 ─┬─ 相対湿度
　　　└─ 絶対湿度

オームの法則

エリちゃんの図

Step2 解説 爆裂に読み込め！

➡ セーターでパチッと痛い想いをしないためには

　静電気は、主に電気を通さない絶縁体の摩擦（セーターの脱ぎ着等）によって発生するんだ（電気を通す物質にも発生して帯電することはある）。だから一般的に、電気を通しにくい（導電性が低い）物質の方が、通しやすい（導電性が高い）物質よりも、静電気が蓄積されやすいぞ。静電気が発生すると火花放電を起こし、これが原因で着火することもあるので、とても危険だ。

　乙4類危険物（引火性液体）は電気を通しにくい性質（不良導体）のため、静電気が発生しやすい。だから、取扱には注意が必要なんだ！

ここの所がつまずきやすいぞ！　次のように理解するんだ！！

・導電性が高い（電気の良導体）
　＝電気をよく通すため、すぐにその電気が他に伝わる
　⇒物質内に残らない（帯電しない）
・導電性が低い（電気の不良導体）
　＝電気を通しにくいため、その電気が他に伝わらない
　⇒物質内に残ってしまう（帯電する）

◆静電気対策
　冬場のセーターで痛い思いをしたくなかったら、これから解説する静電気対策を参考にしてみてくれ。試験によく出るぞ！

①静電気をできるだけ発生させない！
　⇒危険なものを発生させないのが一番。予防っていうやつだ。
　　（例）摩擦現象の抑制。綿素材の服を着用する、ガソリンの給油はゆっくり行う（流速を下げ、ホース内部でのホースとガソリンの摩擦を減らす）など

②発生した静電気を危険な蓄積状態にしない！

　⇒発生するのは自然現象だからやむなし。ただ、危険な状態にはしないことが重要！

　（例）室内湿度を高くする（75％以上。湿度が高いと静電気が発生しにくく、蓄積しにくい）、接地（アース）する、帯電防止服・導電靴を着用するなど

給油は
ゆっくり

湿度を高く

綿などの服
（帯電防止服）

導電靴

アース

導電塗料を
塗った床

図30-1：静電気対策

第**3**章　基礎的な物理学を学ぼう！

◆静電気の放電によるエネルギーは計算式を理解せよ！

　たくさん眠って休息をとれば、人間もフルパワー（100％）になるが、徹夜続きで寝不足の場合は、調子はイマイチ（40％）なんてこともあるだろう？静電気も同じで、どれだけ絶縁体間で摩擦による電気エネルギーを蓄えているか（貯蔵量）を表したものとして、静電容量という指標があるぞ。

　帯電量をQ、電圧をV、静電容量をC、放電エネルギーをWとしたとき、以下の関係が成立するぞ。

$$Q = CV \qquad W = \frac{1}{2}QV = \frac{1}{2}CV^2$$

帯電量は、静電容量と電圧の積で、放電エネルギーは電圧の2乗に比例するんですね！

静電気の問題は甲種では特に頻出だ！　簡単な等式や関係性を答える問題から、難しいものでは計算問題も出てくるぞ。まずここでは、上記等式とその意味（関係性）の理解を重視してくれよ！

➡ 相対湿度の計算と絶対湿度

テレビの天気予報で、「今日は湿気が多めでムシムシする」といわれることがあるが、空気中に含まれる水蒸気の量による乾燥の度合いを湿度というんだ。湿度は、絶対湿度と相対湿度があって、このうち、1気圧の下で1m³の空気中に含まれる水蒸気量をグラム単位で表したのが絶対湿度で、その最大量を飽和水蒸気量というんだ。

試験に出るのは、実際の水分量ではなく割合の方だ。1m³の空気中に実際に含まれている水蒸気量（質量）と、その温度における飽和水蒸気量との比を％で表したものを相対湿度というぞ。相対湿度は下記の公式で求められるぞ！

$$相対湿度 = \frac{現在の空気中に含まれる水蒸気量(g/m^3)}{その温度における飽和水蒸気量(g/m^3)} \times 100$$

➡ 電気の計算はエリちゃんで覚えろ！

電気の世界では、「電圧・電気抵抗・電流」の関係性を表したオームの法則が頻出だ。それぞれを表す記号は（）内に記載がある、E、R、Iだ。
- ・電圧（E）：電気的な高低差を表す圧力。単位はV（ボルト）
- ・電気抵抗（R）：電気製品に電圧をかけて電流を流すと、家電製品が熱くなるが、そのときに発生している電気的な不可抗力（抵抗力）のこと。単位はΩ（オーム）
- ・電流（I）：ある単位の時間に流れる電気量。単位はA（アンペア）

◆オームの法則

「電圧・電気抵抗・電流」の関係は、次のように表せる。

電圧は、電流と抵抗の積（かけ算）

抵抗は、電圧と電流の商（割り算）

電流は、電圧と抵抗の商（割り算）

第**3**章 基礎的な物理学を学ぼう！

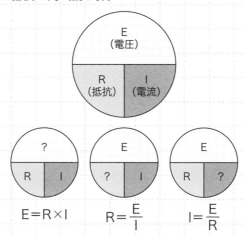

図30-2：オームの法則(エリちゃんの法則)

 オームの法則は「ERI（エリ）ちゃんの法則」と覚えるんだ！！

◆ジュール熱

抵抗のところで触れているが、電気製品に電圧をかけて電流を流すと、家電製品が熱くなる。このとき発生する熱量をジュール熱というんだ。電気の導体に電圧（E）をかけて、t秒間電流（I）を流したときに発生するジュール熱（Q）は、「Q = EIt」で表されるんだ。

$$Q = EIt$$

Q：ジュール熱　　　E：電圧　　　I：電流　　　t：時間(秒)

電圧と電流の積に単位時間（秒）をかけたものがジュール熱だ！

Step3 暗記 何度も読み返せ！

- □ 静電気は、導電性の［低い］物質に帯電しやすい。
- □ 静電気対策の肝は、静電気そのものを発生させないことだが、発生した静電気については、［湿度］を高くしたり、［接地］（アース）するなどして、危険な状態にしないことが重要である。
- □ 電圧は、［抵抗］と［電流］の積で求めることができ、これが［オーム］の法則である。
- □ ジュール熱を求めるには、電圧と電流と［単位時間］（秒）をかけ合わせる。
- □ 静電気に関する以下の等式の［］に適切な数値もしくは記号を入れなさい。

$$Q = [CV] \quad W = [\frac{1}{2}] QV = [\frac{1}{2} CV^2]$$

重要度：🔥🔥🔥

「物質」って、なんだ？

このテーマでは、物質の構成と物理変化・化学変化について学ぶぞ！ 物質の構成は、目に見えない世界だが、図を中心にイメージをつかむことを意識しよう！ 物理変化と化学変化、物質の構成が変わっているのは、どっちかな？

Step1 図解 → 目に焼き付けろ！

物質の分類

```
             物質
    ┌─────────┴─────────┐
   混合物           純物質
                          →
  ガソリンや空気

                    ┌── 単体 ── H₂  O₂  水素や酸素
                    └── 化合物 ── H₂O  CO₂  水や二酸化炭素
```

物質の分類

- 混合物 — ガソリンや空気
- 純物質
  - 単体 — H_2 O_2 水素や酸素
  - 化合物 — H_2O CO_2 水や二酸化炭素

物質の構造（成り立ち）

陽子
中性子 ┐─ 原子核 ┐
電子 ┘   ├─ 原子 ┐
                原子 ┘─ 分子 ┬─ 潮解
                            ├─ 風解
                            ├─ 同位体
                            └─ 同素体

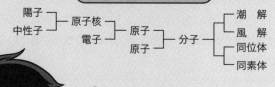

細かいかもしれないが、陽子、中性子、電子の電荷の違いや、同位体と同素体の違いも出題されたことがあるから、この構造図は頭に叩きこめ！

Step2 解説 爆裂に読み込め！

→ 物理変化と化学変化

　熱血漢の俺がスーツを着て紳士的にみせても、俺の合格させたい熱い想いは変わらない。これと同じで、物質そのものの性質は変化しないで、形や体積などの状態のみ変化するのが物理変化だ。とはいえ、髪を刈上げて、袈裟（け さ）を着たら、俺は心もお坊さんになってしまうかもしれないな。こんな具合に、複数の組合せで、元の物質とは異なる性質に変化するのが化学変化だぞ。主な物理変化と化学変化の例を見ておこう。

表31-1：物理変化と化学変化の例

物理変化の例	化学変化の例
・氷が溶けて水になる ・鉛を加熱すると溶ける ・ドライアイスが溶けて蒸気が発生する ・水に砂糖を溶かして砂糖水ができる	・鉄が錆びる ・木炭が燃えて二酸化炭素になる ・水が分解して酸素と水素になる ・ガソリンが燃えて二酸化炭素と蒸気が発生する

　物理変化は物質が固体から液体または気体に変化している様から、状態変化だと分かるな！　一方、化学変化は、2種類以上の物質同士が反応して性状の全く異なる物質ができていることが分かるはずだ！

　物理変化は状態変化だと学習したが、今度は化学変化について見ていくぞ。化学変化には、次の表のようなものがあるぞ。これを見ると、化合と分解は真逆の反応であることが分かるはずだ！！

表31-2：化学変化の種類

化学変化	化合	分解
イメージ	A+B → AB	AB → A+B
反応	複数の物質が化学変化して、異なる性質の物質ができる	1つの物質から複数の新しい物質ができる
例	水素と酸素 → 水	水 → 水素と酸素

化学変化	置換	複分解
イメージ	AB+C → AC+B	AB+CD → AD+BC
反応	化合物の一部が置き換わり、新しい物質ができる	複数の化合物の一部が置き換わり、複数の新しい物質ができる
例	亜硫酸と硫酸 → 水素が発生	食塩と硫酸 → 塩化水素と硫酸ナトリウム

● そもそも、物質ってなんだ？

　物質としての特性を持っている最小単位を分子といい、分子を構成している基本粒子を原子というんだ。例えば、酸素原子はOで表されるが、空気中では酸素はO_2として存在しているぞ。

◆原子の構造

　原子は、正（＋）の電荷を持つ陽子と電荷を持たない中性子からなる原子核を中心として、負（−）の電荷を持つ電子が周りを回っている、という構造だ。

　通常、原子核中の陽子数と周囲に存在する電子の数は等しくなっており、全体としての電荷はゼロになっているんだ。しかし、何らかの要因でこのバランスが崩れることがある。それがイオンなんだ！

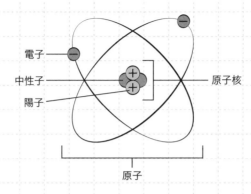

図31-1：原子の構造

◆原子量と分子量

　C（炭素）の質量を12として、これを基準としたときの原子の相対的な質量を原子量というんだ。この原子量を基に計算した、分子の中に含まれる原子量の総和が分子量だ。次表は、試験に出やすい代表的な元素の元素記号と原子量だ。

表31-3：元素記号と原子量

元素	水素	炭素	窒素	酸素	硫黄
元素記号	H	C	N	O	S
原子量	1	12	14	16	32

試験では、問題文中に原子量が記載されていることもあるが、上の表で示した原子量は覚えておくといいぞ！！

なお、分子量については、原子量を合算すれば求められるぞ。
・水(H_2O)の場合：$(1×2)＋16＝18$

水分子は、H原子（原子量1）が2つと、O原子（原子量16）が1つからできているから、それぞれの原子量を足すということか。

→ 物質は大きく3つに分けられる

　物質は、いろいろなものが混ざった混合物（例：空気。空気は窒素や酸素、二酸化炭素等でできている）と、それ以外の純物質に分かれるぞ。そして、純物質は、さらに単体と化合物に分けられる。1種類の元素からなる物質を単体といい、2種類以上の元素からなる物質を化合物というんだ。

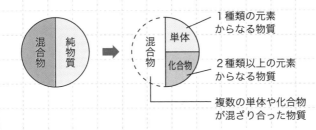

図31-2：物質の分類

→ 化合物が水分を得る・失うで2つの反応がある！

　空気中の水分を吸収してこれに溶ける（ベトベトになる）現象を潮解というんだ。一例として、塩化カルシウム（$CaCl_2$）、水酸化ナトリウム（$NaOH$）等が潮解性の物質だ。それに対し、固体分子中に含まれる水分（結晶水という）を空気中で一部または全部失い、サラサラした粉末状の固体になる現象を風解というんだ。

結晶水を含む物質は、硫酸銅（$CuSO_4・5H_2O$）のように、化学式の後ろに「・○H_2O」と記載されているぞ！

第
3
章

基礎的な物理学を学ぼう！

似た名前だが別物！ 同位体と同素体、異性体

単体は、さらに同素体と同位体に分けることができるんだ。

◆同素体

同じ元素であっても、性質の異なる物質を同素体という。例えば、ダイヤモンドと黒鉛が同素体の関係にある（どちらも炭素「C」で構成されている）。この性質の違いは、分子構造の違い（ダイヤモンドは立体、黒鉛は平面）からきているんだ。

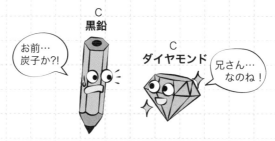

図31-3：同素体のイメージ

一方、同位体は、同一原子番号の同じ物質ではあるが、原子核を構成する中性子数が違うことによって、異なる性質を示すものをいうんだ（例：水素と重水素）。同位体はあまり出題がないので、同素体とこのあと学習する異性体が要チェックだ！！

◆異性体

分子式は同じであるが、性質の異なる化合物を異性体というんだ。

分子式 C_2H_6O では、エチルアルコール（エタノール）とジメチルエーテルの関係がそれだ！

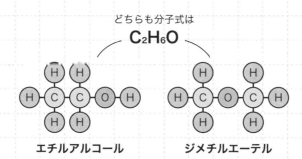

図31-4：異性体の分子構造の比較

Step3 暗記 何度も読み返せ！

- □ ドライアイスが溶けて気化する現象は［物理］変化である。
- □ 原子は、［正］の電荷を持つ陽子と電荷を持たない［中性子］を原子核の中心に据え、周囲が［負］の電荷を持つ電子で構成されている。
- □ 分子式は同じなのに、異なる物質として異なる性質を示すもの同士を［異性体］という。
- □ ガソリンと空気は［混合物］で、水は［化合物］である。
- □ 固体が空気中の水分を吸収してこれに溶ける現象を［潮解］という。

153

No. 32 /66

「濃度」の濃い・薄いの違いって？

このテーマでは、気体と固体の溶媒への溶け具合（溶解度）について学習するぞ。溶解度は温度上昇で変化するわけだが、これは身近な現象で考えると分かりやすいぞ！　濃度の計算は、ある程度パターン化しているので、単位から計算法を覚えるといいぞ！！

Step1 図解 目に焼き付けろ！

溶解
- 砂糖：溶質
- 水：溶媒
- 砂糖水：溶液

溶解度

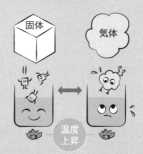

固体　気体

温度上昇

溶解度 **増**　　溶解度 **減**

圧力がかかるほど
気体は溶媒に溶ける（比例）
＝
ヘンリーの法則

3つの濃度計算

質量パーセント　モル　質量モル

コロイド

種類	性質
・疎水コロイド	・凝析　・塩析
・親水コロイド	・透析　・電気泳動
	・ブラウン運動・チンダル現象

溶解度は身近な例で理解しよう。炭酸飲料は、温くなると気が抜けてしまう。また、アイスコーヒーよりホットコーヒーの方が砂糖が溶けやすくなるな。

Step2 解説 爆裂に読み込め！

➡ 水に何かしら溶かしたら？

　Step1図解の、水に砂糖を溶かす様子を見てほしい。液体に他の物質が溶けて均一な状態になることを溶解というんだ。このとき、溶解によってできた均一な液体を溶液というぞ。そして、水のように何かを溶かす液体を溶媒、砂糖や塩のように何かに溶ける物質を溶質というぞ。図の砂糖水を元に見れば、砂糖水は溶液、水は溶媒、砂糖は溶質ということだ！

➡ 固体は加熱、気体は加圧でより溶ける！

　溶媒に対する溶質の溶解合い（溶け具合）を、溶解度というぞ。言葉の定義は知っていて当然で、大事なのはこのあとだ。

　固体の溶解度は、温度が上昇すると増加し、その表し方は、溶媒100gに溶けている溶質のg数で換算するんだ。一方、気体の溶解度は、温度が上昇すると減少するが、「一定温度下における一定量の溶媒に溶ける気体の質量は圧力に比例」するんだ。これをヘンリーの法則というぞ。

> 圧力をかけることで、空間中の気体分子が、溶媒等液体に溶ける質量は増えるから、ヘンリーの法則は成立するといえるな！！

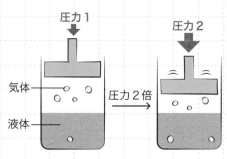

図32-1：ヘンリーの法則

なお、気体の場合、1気圧の溶媒100gに溶けている気体のg数か、気体の体積を標準状態に換算した値で計算するぞ！

➡ 濃度計算の3公式とその使い分け法

溶液に含まれている溶質の割合が、その溶液の濃度になるんだ。溶液濃度の表し方には、次の3つがあるぞ。①何を求めているのか、②問題文中に与えられている数値の単位は何か、この2点を中心に見ると理解が早くなるぞ！！

◆質量（重量）パーセント濃度

溶液の質量に対する溶質の質量割合により計算するぞ。

$$質量（重量）パーセント濃度 \Rightarrow \frac{溶質の質量}{溶液の質量} \times 100$$

$$= \frac{溶質の質量}{溶媒の質量＋溶質の質量} \times 100$$

例えば、100gの砂糖（溶質）を100gの水（溶媒）に、完全に溶かすことを考えてみよう。このとき、溶液は200g（砂糖100g＋水100g）に対して、砂糖が100g溶けているので、質量パーセント濃度は50%となるんだ。

◆モル濃度

1Lの溶液中に含まれる溶質の物質量で表されるぞ。

$$モル濃度[mol／L] = \frac{溶質[mol]}{溶液[L]}$$

例えば、食塩117gを水に完全に溶かして、1Lの食塩水ができたとしよう。このときの食塩水のモル濃度を計算する。ただし、分子量はNa＝23、Cl＝35.5とする。

Naは23g/mol、Clは35.5g/molとなるから、食塩（NaCl）は58.5g/molで表される。事例の117gは2molとなるので、この食塩水のモル濃度は、次のようになるんだ。

$$\frac{溶質[mol]}{溶液[L]} = \frac{2}{1} = 2mol/L$$

> 分母が溶液、分子は溶質のグラム数を、物質量に換算する必要があるんだな！！

◆質量モル濃度

　先ほどのモル濃度のアタマに「質量」がついているが、内容が全くの別物だ。1kgの溶媒中に含まれる溶質の物質量で表されるぞ。

$$質量モル濃度[mol／kg] = \frac{溶質[mol]}{溶媒[kg]}$$

　例えば、食塩58.5gを1kgの水に溶かした食塩水の質量モル濃度は、NaClの分子量58.5より、58.5g/molとなるから、次のようになるんだ。

$$\frac{溶質[mol]}{溶媒[kg]} = \frac{1[mol]}{1[kg]} = 1mol/kg$$

> 分母が溶媒になっているのが、質量モル濃度ってことだな！　この違い、重要だぞ！！

➡ 水への混ざり方が違う！　コロイドの種類と性質を押さえよ！

　ここまで見てきたのは砂糖水や食塩水のように、水中で分子レベル（イオン）の小さな粒子となって溶媒に完全に溶ける場合（真の溶液というぞ）だが、ここからはもう少し粒子の大きな場合について、見ていこう。

第3章　基礎的な物理学を学ぼう！

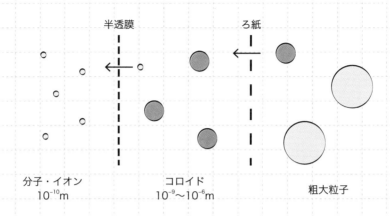

図32-2：溶媒（水）中での粒子の大きさの違い

　水分の中に、別の大きな粒子（10^{-9}mという微細な粒子：**コロイド**粒子とい
うぞ）が溶け込んでいる状態が**コロイド**、コロイド粒子が液体中に分散したも
のが**コロイド溶液**なんだ。主にたんぱく質の粒子を含むもので、流動性のある
ものを**ゾル**（豆乳、せっけん水など）、流動性を失い固化したものを**ゲル**（豆腐
やゼリーなど）があるぞ。

うーん、砂糖水の場合と違いが分からないです。

　イメージ的には、溶質が肉眼で見えるもので、水中で均一に分散したものを
真の溶液（砂糖水）といい、たんぱく質（でんぷんやせっけんなど）等の肉眼
で見られないサイズの粒子が水中に溶け込んでいる状態がコロイド溶液だ。コ
ロイド溶液は、濁っているものが多いぞ。なお、コロイドについては、2つの
分類と6つの性質を理解しておこう！

◆コロイドの性質は、水に馴染むか馴染まないか！！

表32-1．コロイドの性質

親水コロイド	コロイド粒子が親水基（–OHなど）を持ち、水中でその表面に多くの水分子を吸着しているコロイド（例：石鹸やでんぷん　など）
疎水コロイド	親水基を持たず、表面に吸着している水分子が少ないコロイド（例：塩化銀、水酸化鉄　など）

◆コロイドに特有の6つの性質はこれだ

①チンダル現象：コロイド溶液に横から強い光を当てると、光の通路が見えるんだ。コロイド粒子がイオンや分子よりも大きいサイズのため、横からの光を散乱することで発生するんだ。

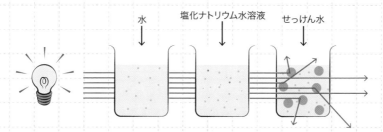

水　　塩化ナトリウム水溶液　　せっけん水

せっけんの粒子が大きいので、光が反射して拡散。光の通路にそって明るく輝くぞ。

図32-3：チンダル現象の観察

②ブラウン運動：非常に小さい粒子を観測できる限外顕微鏡で見ると、コロイド粒子は図32-3のように不規則に動いているんだ。これは、水分子の熱運動によってコロイド粒子に不規則に衝突していることから、絶えず振動していることで生じるんだ。

③透析：コロイド溶液を半透膜製の袋に入れて水中に浸すと、粒子の大きいコロイド粒子は半透膜を通過せずに袋内にとどまるんだ。これを利用して不純物を取り除く方法が透析だ。

糖尿病患者に行う人工透析なんかは、この方法を用いているぞ！

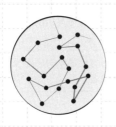

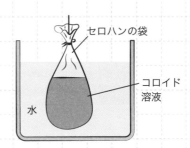

図32-4：ブラウン運動の観察 　　　図32-5：透析の観察

④凝析：疎水コロイドに少量の電解質を入れて、コロイド粒子が沈殿する現象
　のことをいう。

⑤塩析：親水コロイドに多量の電解質を入れて、コロイド粒子が沈殿する現象
　のことをいう。

透析は人工透析で分かるけど、凝析と塩析は混同する受験生が
多いみたいだから、この語呂合わせで覚えてくれ！！

唱えろ！ゴロあわせ

■コロイドの取り過ぎに注意！？

ぎょうざ　に　ソース　少量　掛けた
凝析　　　　　　疎水　　少量

塩分　心配　多量だよ
塩析　親水　多量

⑥電気泳動：コロイド粒子の多くは電気を帯びているので、それを利用して直
　流電圧をかけると、帯電している電気と逆（負の場合陽極、正の場合負極）

の極に向かって移動する現象。

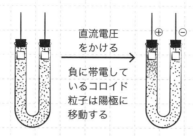

直流電圧
をかける

負に帯電して
いるコロイド
粒子は陽極に
移動する

図32-6：電気泳動

Step3 暗記 何度も読み返せ！

- □ 温度上昇により溶解度が大きくなるのは、[固体]である。
- □ 気体の溶解度は、温度一定下において[圧力]に比例する。これをヘンリーの法則という。
- □ 1Lの溶液中に溶ける溶質の物質量は、[モル濃度]で求めることができ、1kgの溶媒中に溶ける溶質の物質量は[質量モル濃度]で求めることができる。
- □ コロイド溶液に少量電解質を加えたら沈殿した。これは[疎水コロイド]の[凝析]である。
- □ コロイド溶液に光を当てると、光の通路が観測できた。コロイドの粒子がイオンや分子よりも大きいために発生する現象で、[チンダル現象]という。

Kからだぞ! 電子配置とイオンを学べ!

このテーマでは、イオンと電子配置について学習するぞ! テーマ31で学習した物質の内容を更に掘り下げて、電子の収まる場所や上限数、物質はなぜイオンになるのかを見ていこう!

Step1 図解　目に焼き付けろ!

質量数と原子番号

質量数 → $^{4}_{2}\text{He}$
原子番号 →

イオン化

原子（中性）

イオン化
＋の電気を帯びる

イオン化
－の電気を帯びる

電子放出
⊖

＋

陽イオン

⊖　電子吸収

－

陰イオン

電子殻

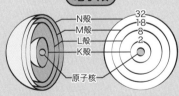

N殻 — 32
M殻 — 18
L殻 — 8
K殻 — 2

原子核

最大収容電子数＝$2 \times n^2$
（K殻：$n=1$、L殻：$n=2$…）

目に見えない電子が、物質内でどのように収容されているのか。電子の授受によってイオンになるのは、なぜか? 物には理由があるんだ! そこんところが重要だ!

Step2 解説　爆裂に読み込め！

→ 元素記号表記の基本は、「足し算」だ！

テーマ31で原子の構造（原子核と電子）について学習してきたが、ここでは元素記号の表示法について、原子番号2のヘリウムを例に見ていくぞ。

図33-1：質量数と原子番号

元素記号の左下の「2」は、原子番号＝陽子の数であり、電気を帯びていない場合には、更に電子の数とも一緒になるということだ。この原子番号は元素ごとに異なるんだ。そして、原子核中の陽子の数と中性子の数を合わせたものを質量数といって、左上に記載するんだ。

> 原子番号＝陽子の数（＝電子の数）
> 質量数＝陽子の数＋中性子の数　　　ですね！！

→ なぜ、物質はイオンになるのか？

どうして原子がイオンになるのか知りたくはないか。よし、教えてやるぞ。原子中に含まれる陽子（＋）の数と電子（－）の数は基本同じで、これによって原子全体の電荷は安定（±0）していることになるんだ。

ところが、電気的には安定していても、物質として安定しているとは限らな

第**3**章　基礎的な物理学を学ぼう！

いんだ。そこで、電子を受け取ったり放出したりする（失う）ことで物質としての安定を保とうとするから、原子はイオンになるんだ。

> 物質としての安定を求めて、電子の授受で原子はイオンになるんですね！

電子を放出（－を失う）して＋に帯びたものを陽イオン、電子を授受（－を得る）して－に帯びたものが陰イオンだ。

➡ 電子はどのように収容されているのか？

原子は、陽子と中性子で構成される原子核を中心に、その周囲を電子が存在する構造となっていて、電子は、原子核の周囲にいくつかの層をなして回転している。この層を電子殻といい、原子核に近い方から順にK殻、L殻、M殻…、というんだ。なお、各電子殻の最大収容電子数は以下の式で表されるぞ。

最大収容電子数＝2×n^2　（K殻：n=1、L殻：n=2…）

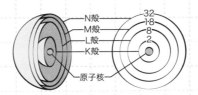

図33-2：電子殻

電子殻がKから始まっているのは特に深い理由はないんだが、電子殻が発見された当初は、まだこれより小さい殻があると考えられていたんだ。今後発見されるであろう殻のため、10個分の猶予を残しておき、アルファベットの11番目のKがあてられたというわけだ。

さあ、本題に戻るぞ。電子殻に収容される電子（－）は、原子核（＋）に強く引き付けられることで、内側のK殻から順に収容されるんだ。原子ごとの各電子殻への電子の収容数を電子配置というんだ。

例えば、原子番号12のマグネシウム（$_{12}$Mg）を例に見てみよう。電気的に

安定しているのだから、原子番号＝電子数だ。つまり、原子内の電子数は12だ。電子配置は、K殻に2個、L殻に8個、M殻に2個という感じになるんだ。

各電子殻に収容される電子数がMAXとなるとき、その物質は最も安定した状態になるぞ。

◆安定を求めて電子は放出・授受される。これが、反応なんだ！

電子殻に電子が収容されている状態で、最も外側の電子殻に収容されている電子を最外殻電子といい、このうち他の原子との化学反応や結合に関与する電子を価電子というんだ。テーマ42で改めて学習するが、価電子の数が同じ元素同士は、性質が似通っている（周期表の縦列：族というぞ）んだ。なお、周期表の18族（希ガスまたは貴ガスというぞ）に属するHeやNeなどの価電子数は0として扱うことを覚えておこう！

つまり、電子の授受によって最外殻電子を最大収容数にすることで安定を得ようとしているんですね！

Step3 暗記 何度も読み返せ！

- □ 「$^{23}_{11}Na$」は、［原子番号］が11のナトリウム元素で、その［陽子］と［電子］の数は11、［中性子］の数は12である。
- □ 電子殻に収容される電子の最大数は［$2 \times n^2$］で求めることができ、M殻の最大収容電子数は、［18］である。
- □ ［最外殻電子］のうち、化学反応に関与する電子を価電子といい、［希ガス］は0として扱う。

第3章 基礎的な物理学を学ぼう！

165

重要度： 🔥🔥🔥

4種類の結合法と その強弱を学べ！

このテーマでは、原子間または分子間に働く結合や引力について学習するぞ！結合の仕方による強弱の違いや序列、化学式の表し方が重要だぞ！　さあ、基礎物理もこれでラストだ、気合入れろよ！！

Step1 図解 → 目に焼き付けろ！

結晶の名称	イオン結晶	共有結合の結晶（共有結晶）	金属結晶	分子結晶
例	NaCl 	C（ダイヤモンド） 	Fe 	CO_2（ドライアイス）
結合力	イオン結合	共有結合	金属結合	分子間力
構成元素	金属＋非金属	非金属	金属	非金属
構成粒子	陽・陰イオン	原子	金属の陽イオン、自由電子	分子

●結合力の強さ
共有結合＞イオン結合＞金属結合＞分子間力

それぞれの結合法における①結合力の強弱の順、②構成元素・粒子、を覚えておくんだ！併せて、主な対象物質も覚えておくとよいぞ！！

Step2 解説 爆裂に読み込め！

➡ 名称と構成、強弱でどう違うのか？

さあ、第3章も本テーマが最後だ。ラストスパートで気合入れろよ！

すべての物質は、原子・分子・イオンという目に見えない小さな粒子で構成されているが、物質間に働く結合する引力（粘着的なもの）・結合を化学結合というんだ。この化学結合を、元素記号を用いて表す方法が化学式（詳細は第4章で）というわけだ。早速4つの結合法について見ていこう！

◆一番強固！　非金属同士の結合なら、共有結合だ！！

原子中に含まれる価電子の一部を互いに共有することでできる結合が、共有結合だ。結合するのは、非金属同士になるから、覚えておくんだ！

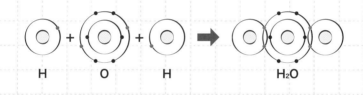

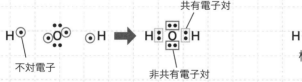

図34-1：共有結合

水分子の結合を基に見ていくぞ。電子配置を見ると、水素はK殻に1個、酸素はL殻に6個となっている。水素はK殻にもう1個、酸素はL殻にもう2個の電子が収容されれば安定した物質になる。そこで、価電子を共有（電子対の共有）することで、電子殻に収容される電子数をそれぞれ最大数の2・8として安定を

得ているんだ。このとき、電子2つで1組（電子対という）という考え方から、単体で存在する電子を不対電子、共有の可否で共有電子対・非共有電子対としているんだ。

図中の「・」で表したものと「線」で表したものは何ですか？

電子対「：」や不対電子「・」で物質の構成を表したものを電子式といい、共有電子対を「－」で表したものが構造式だ。1対の共有電子対による結合を単結合、2対の共有電子対による結合を二重結合、3対の共有電子対による結合を三重結合というぞ。以下、主な単〜三重結合の物質を見ておくんだ。

図34-2：共有結合の物質、分子式と電子式・構造式はこうなる！

◆異なるもの同士が合体！　金属と非金属の結合は、イオン結合だ！

物質としての安定を保つため、電子の授受によって物質はイオンになると前テーマで学習したな。このとき、陽イオンと陰イオンは、互いに静電気的な引力（クーロン力というぞ）で引き合い結合するんだ。この結合が、イオン結合だ。

一般的に金属は陽イオン、非金属は陰イオンになるから、イオン結合は金属と非金属の結合といえるんだ。

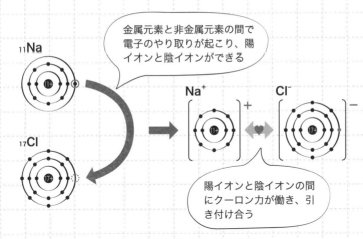

金属元素と非金属元素の間で電子のやり取りが起こり、陽イオンと陰イオンができる

陽イオンと陰イオンの間にクーロン力が働き、引き付け合う

図34-3：クーロン力で結合、「イオン結合」

勘違いする受験生が多いから補足するが、イオン結合は電子の授受にともない電荷を帯びて、この電気的な引力で結合しているから、電子は共有はしていないぞ。最初に学習した共有結合と混同する人が多いから、要注意だ！

◆金属元素同士の結合、それが金属結合だ！

　これまで見てきた2つの結合と異なり、同じ金属同士の結合が金属結合だ。図の銅を基に見ていこう。

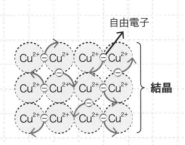

自由電子

結晶

図34-4：金属結合、それは自由電子が主役

169

金属は、多数の原子が規則正しく並んだ構造をしているんだ。このとき、金属原子の価電子は、結合によって重なり合った電子殻を伝わって、自由に移動できる状態（自由電子という）なんだ。これによって、金属は熱や電気をよく通すというわけだ。

> 重なり合った電子殻を伝わって、自由電子が自由に動く接着剤みたいな役割なんですね！

◆分子間に働く緩い結合、それが分子間力だ！

4種類の結合法もこれで最後だ。分子間に働く電磁的な引力を分子間力というんだ。分子間力が強固なほど、分子の運動は鈍く、分子間力が弱いほど、分子運動は盛んになるぞ。

> ということは、固体は分子間力が強く、液体・気体と分子間力は弱くなるってことですか？

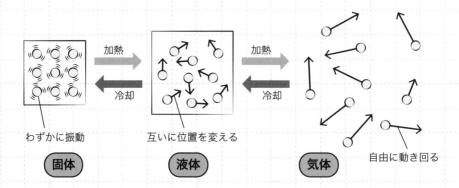

わずかに振動　互いに位置を変える　自由に動き回る

固体　**液体**　**気体**

図34-5：分子間力、強弱は状態変化と同じだ！

良い気づきだ！　その通りだ。その分子間力の強弱を変えるのは、外部からの熱の出入りというわけだ。覚えておこう。なお、最後に、化学結合の結合力の強弱は以下の通りだ。

唱えろ！ゴロあわせ

■結合力の強弱は京都のイオン？

きょうと の イオン で カナ ブン 発見

共有　　>　　イオン　　>　　金属　>　分子間力

→ 化学式を4つの方法で表せ!!

これまで学習してきた、化学結合でできた物質の組成を元素記号で表したものが化学式だ。全部で4つの表し方があるぞ。以下を見ていこう。

表34-1：化学式

組成式	物質を構成する元素を、最も簡単な割合で表したもの。イオン結合性物質は組成式を用いる（例：NaCl）。
分子式	単体または化合物の実際の組成（原子の個数）を表したもの。組成式の整数倍になる。
構造式	分子の中の化学結合（単結合など）について、線をもちいて分子構造を表した化学式のこと。
示性式	原子及び原子団、化合物の特徴となる官能基（反応性のある部分のこと）の組合せを示した式のこと。

いつやるの？　いまだろ!?

表34-2：4つの「式」で表すと…

	組成式	分子式	構造式	示性式
水	H_2O	H_2O	H–O–H の折れ線構造（Oが上、Hが両側）	H_2O
二酸化炭素	CO_2	CO_2	$O=C=O$	CO_2
酢酸	CH_2O	$C_2H_4O_2$	下記構造式参照	CH_3COOH

酢酸の構造式：

$$\begin{array}{c} H \\ | \\ H-C-C-O-H \\ | \quad \| \\ H \quad O \end{array}$$

官能基については、この後の第4章で触れるが、上記の酢酸の場合だと、「COOH」となっているところがカルボキシ基という官能基なんだ。なお、構造式の線が「−」は電子対の単結合、「＝」は二重結合、「≡」は三重結合だ。

Step3 暗記　何度も読み返せ！

□ 非金属同士の強固な結合は［価電子］の共有による［共有結合］である。

□ 陽イオンと陰イオンが電気的引力により結合するのは［イオン結合］で、主な物質として食塩［NaCl］がある。

□ 化学結合を強弱の順に並べると、［共有］結合＞［イオン］結合＞［金属］結合＞［分子間力］の順である。

本章で学んだことを復習だ！ 分からない問題は、テキストに戻って確認するんだ！ 分からないままで、終わらせるなよ！！

(問題)

次の文章の正誤または問いに答えよ。

🔥 **01** 図は水の状態変化を表したものである。矢印のa〜eに該当する語句を答えなさい。

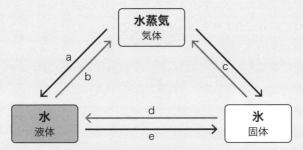

🔥 **02** 氷を0℃の水に変えるために必要な熱を顕熱という。

🔥 **03** 物質1gの温度を1℃〔K〕上昇させるのに必要な熱量を比熱といい、比熱の大きい物質ほど、温まりやすく冷めにくい。

🔥 **04** 原子核中の陽子数を原子番号、原子番号と中性子の数を合わせたものを質量数という。

🔥 **05** 液体は、臨界温度よりも高い温度であれば臨界圧力以下でも液化することができる。

🔥 **06** 熱伝導率が大きい物質は、燃焼しやすい。

🔥 **07** 静電気は異種物体の接触やはく離によって、一方が正、他方が負の電荷を帯びるときに発生する。なお、静電気は低湿度のときに蓄積しやすい。

🔥 **08** 固体分子中に含まれる水分を空気中で一部またはすべて失うのは風解である。

(解答)

🔥 **01** a：凝縮（液化） b：蒸発（気化） c：昇華 d：融解 e：凝固 →テーマNo.26
状態変化の5つの用語は、必ず覚えておこう！

🔥 **02** ✕ →テーマNo.29

氷（固体）→水（液体）へと、状態変化に使われる熱は潜熱だ。

🔥 **03** ✕ →テーマNo.29

前半の記述は正しい。後半、比熱の大きい物質（代表的なものは水）は、他の物質に比べてより大きな熱量を要するから、「温まりにくく冷めにくい」が正解だ。

🔥 **04** ◯ →テーマNo.33

🔥 **05** ✕ →テーマNo.27

臨界温度を超えると、いくら加圧しても液化することはできないぞ。なお、臨界温度のときの圧力を臨界圧力といい、臨界温度よりも低い温度であれば、臨界圧力よりも低い圧力で液化するんだ！

🔥 **06** ✕ →テーマNo.29

熱伝導率が大きい（高い）ということは、熱が伝わりやすく、直ぐにその熱が周りに移ってしまい、物質内に残らないので、燃焼しにくいぞ。間違えないように！

🔥 **07** ◯ →テーマNo.30

静電気の問題は、甲種危険物取扱者の試験では頻出なので、この後に出てくる問題を含め、必ずチェックしておくんだ！

🔥 **08** ◯ →テーマNo.31

反対に、空気中の水分を吸収してこれに溶ける現象を潮解というぞ。

問題

次の文章の正誤または問いに答えよ。

🔥 **09** コロイド溶液中に含まれるコロイド粒子の大きさを利用して、半透膜製の袋に入れて不純物をろ過する方法は、凝析である。

🔥 **10** コロイド溶液の入ったビーカーに横から光を当てると、光の通り道が見える。これは、コロイド粒子は溶液中で不規則な運動をしていることから発生する現象である。

🔥 **11** 一定質量の気体の体積は、圧力に反比例し絶対温度に比例する。

🔥 **12** 電子は、原子核の周囲を電子殻といういくつかの層に分かれて回転運動し、原子核に最も近いA殻から順に電子が収容される。

🔥 **13** 不揮発性の物質が液体に溶け込むと、液体の沸点は降下する。

🔥 **14** 次の文章の空白に当てはまる語句の組み合わせとして、正しいものはどれか。

「疎水コロイドは（A）を持っていないため、その表面に吸着している（B）は少なく、このため、電解質を（C）添加することで、コロイド粒子は沈降する。この現象を（D）という。」

	A	B	C	D
①	親水基	水分子	少量	塩析
②	疎水基	水酸基	多量	塩析
③	疎水基	水分子	少量	凝析
④	親水基	水分子	少量	凝析
⑤	親水基	水酸基	少量	凝析

🔥 **15** 電子殻に収容される電子の最大数についての以下の記述のうち、数値として正しい組合せはどれか。

	K殻	L殻	M殻	N殻
①	2個	4個	18個	30個
②	2個	8個	18個	30個
③	4個	10個	18個	32個
④	2個	8個	18個	32個
⑤	2個	8個	10個	18個

解答

🔥 **09** ✕ →テーマNo.32

説明の方法は「透析」だ。糖尿病患者に用いる人工透析が良い例だぞ。なお、語呂合わせを使って凝析と塩析の違いは確実に覚えておこう！

🔥 **10** ✕ →テーマNo.32

長い説明文の中に、コロイド粒子の性質が2つほど入っているが、間違えないようにしよう。横から光を当てると光の通り道が見えるチンダル現象は、コロイド粒子の大きさが水分子などに比べて大きいことで起こる現象だ。一

方、コロイド粒子が不規則に動くのは**ブラウン**運動の事で、水分子の熱運動によってコロイド粒子に不規則衝突することで起こる現象だ。

🔥11 ○ →テーマNo.28
ボイル・シャルルの法則についての説明だ。定義そのものを問う問題は出題されることが少ないが、定義の意味は必ず頭に入れておくこと！

🔥12 ✕ →テーマNo.33
前半の記述は正しいが、原子核に最も近い電子殻はK殻だ。

🔥13 ✕ →テーマNo.27
水に塩が溶けた食塩水は、0℃で凍らず、100℃で沸騰しないぞ（凝固点降下と沸点上昇）。よって、不揮発性の物質が液体に溶けると、その液体の沸点は上昇するんだ。

🔥14 ④ →テーマNo.32
空白に正解の語句を入れた文章は以下の通りだ。「疎水コロイドは（A親水基）を持っていないため、その表面に吸着している（B水分子）は少なく、このため、電解質を（C少量）添加することで、コロイド粒子は沈降する。この現象を（D凝析）という。」

🔥15 ④ →テーマNo.33
それぞれの電子殻に収容される電子数は、$2 \times n^2$で表される。nは原子核に近い電子殻（K殻）から$1 \cdot 2 \cdot 3$となる。以上より、
K殻：$2 \times 1^2 = 2 \times 1 = 2$　L殻：$2 \times 2^2 = 2 \times 4 = 8$
M殻：$2 \times 3^2 = 2 \times 9 = 18$　N殻：$2 \times 4^2 = 2 \times 16 = 32$

問題

次の問いに答えよ。

🔥16　次のうち、混合物はいくつあるか。

> 水・空気・食塩水・二酸化炭素・酸素・塩化ナトリウム・灯油・軽油
> エチルアルコール・マグネシウム・重油・硫酸

　①1つ　　　②2つ　　　③3つ　　　④4つ　　　⑤5つ

17 次のうち、同素体の関係にないものの組合せはいくつあるか。

・酸素とオゾン　　・濃硫酸と希硫酸　　・赤リンと黄リン
・黒鉛とダイヤモンド　　・エタノールとジメチルエーテル

①1つ　　②2つ　　③3つ　　④4つ　　⑤5つ

18 以下の固体構造に該当する物質名を、下記語群より全て選びなさい。
A：イオン結晶…………（　①　）
B：共有結合の結晶……（　②　）
C：金属結晶……………（　③　）
D：分子結晶……………（　④　）

【語群】
ドライアイス、ダイヤモンド、銅、塩化ナトリウム、水素、鉄、ケイ素

19 静電気についての説明のうち、正しいものはいくつあるか。

A　静電気は、固体に限らず液体でも発生する。
B　静電気は、電気が流れやすい物体ほど発生しやすい。
C　帯電した物体が放電するときのエネルギーの大小は、可燃性ガスの発火には影響しない。
D　静電気の蓄積による火花放電は、しばしば可燃性ガスや粉じんに対して着火源となることがある。
E　静電気が原因で発生した火災には、感電を避けるため、水による消火は禁物である。

①1つ　　②2つ　　③3つ　　④4つ　　⑤5つ

20 0℃、圧力一定の下で、体積Vの気体を加熱した場合、体積が1.5Vになるときの温度は何℃か。

21 2,000Lのドラム缶に20℃のガソリンが満たされている。周囲の温度が上昇して液温が35℃になった場合、ドラム缶からあふれ出す量として最も近い値はどれか。なお、ガソリンの体膨張率は$1.35×10^{-3}$とし、ドラム缶自体の膨張とガソリン蒸発については考えないものとします。
①14L　　②28L　　③41L　　④55L　　⑤70L

第 **3** 章　基礎的な物理学を学ぼう！

⟡22 体積、温度が一定の容器に、酸素0.5molと窒素1molが入っている。このとき、全圧が$9×10^5$Paであるときの、酸素と窒素の分圧として、正しい組合せはどれか。

	酸素の分圧	窒素の分圧
①	$3.0×10^5$Pa	$4.5×10^5$Pa
②	$6.0×10^5$Pa	$3.0×10^5$Pa
③	$4.5×10^5$Pa	$4.5×10^5$Pa
④	$6.0×10^5$Pa	$4.5×10^5$Pa
⑤	$3.0×10^5$Pa	$6.0×10^5$Pa

解答

⟡16　⑤ →テーマNo.31

⑤5つが正解だ。空気（窒素、酸素、二酸化炭素の混合物）、食塩水（水と塩化ナトリウムの混合物）、灯油、軽油、重油（炭化水素の混合物）だ。

⟡17　② →テーマNo.31

②2つが正解だ。エタノールとジメチルエーテルは分子式C_2H_6Oで表される異性体の関係だ。濃硫酸と希硫酸は硫酸の濃度の濃さの違いで、ものは一緒だぞ。

⟡18　①塩化ナトリウム　②ダイヤモンド、水素、ケイ素　③銅、鉄

④ドライアイス →テーマNo.34

結合の違いについては、必ず覚えておくようにしよう！

⟡19　② →テーマNo.30

AとDが正しいので、正解は②2つだ。誤りの選択肢については、以下の通りだ。

B　静電気は、電気が流れやすい物体ほど発生しやすい。

　　　　　　　→にくい

⇒熱と同じで、電気が流れやすい物体は電気が外部に流れ出るため物体には帯電しないぞ。静電気は、電気の不良導体に帯電するんだ。

C　帯電した物体が放電するときのエネルギーの大小は、可燃性ガスの発火には影響しない。

　　　　→する

⇒放電エネルギーが大きいほど可燃性ガスが発火（着火）しやすく、小さいほど発火しにくくなるぞ。エネルギーの大小は影響するんだ。

〔　静電気が原因で発生した火災には、感電を避けるため、水による消火は禁物である。

→燃焼物（状況）によって判断！

⇒「水と電気」は相性の悪い組合せなので、その通りに感じるかもしれないが、いわゆる変圧器のような電気設備由来の火災であれば、感電を避けるために注水消火はNGとなるが、単に静電気が原因の火災という場合は、その燃焼物に適応した消火方法を取ればよいので、杓子定規に水はNGとならないんだ。

🔥 **20** 136.5℃ →テーマNo.28

問題文中に「圧力一定」とあるので、シャルルの法則を用いるぞ。

$$シャルルの法則＝\frac{V（体積）}{T（絶対温度）}＝一定$$

温度変化の前後を通じて一定となるから、加熱前と後のTとVをそれぞれ確認するぞ。温度は、絶対温度に換算することを忘れずに！

　　　（加熱前）　温度：0℃（273K）　体積：V

　　　（加熱後）　温度：T（求める値）　体積：1.5V

上記値をシャルルの法則に入れ、前後を等号で結ぶと、計算は以下の通りとなるぞ。

$$\frac{V}{273}＝\frac{1.5V}{T}$$ 左右両辺共にVがあるので、これは省略できるぞ。

なお、単純にVとなっているが、係数1が省略されていることを忘れないように！

$$\frac{1}{273}＝\frac{1.5}{T}$$ これを、「T＝」の形に変換するぞ。

　　　T＝273×1.5＝409.5K

じゃあ正解は409.5だ！ではないぞ、早まるな！

問題文中には、「何℃か」と記載があるので、絶対温度をセ氏温度に換算する必要があるんだ。

よって、T＝409.5－273＝136.5℃　となるんだ。

🔥 **21**　③ →テーマNo.29

問題文より、ドラム缶にはガソリンが満たされているので、加温によりあふれ出す量は温度上昇による増加体積分のみになるぞ。よって、

増加した体積＝膨張前の体積×体膨張率×温度変化（差）より、

$$=2000×1.35×10^{-3}×(35-20)$$
$$=2000×1.35×10^{-3}×15$$
$$=30000×1.35×10^{-3}$$
$$=30×1.35=40.5L　以上より③が正解。$$

今回は2000Lの容器に入っているガソリンが15℃昇温して2040.5Lになった（40.5Lあふれた）という問題だが、逆に、あふれさせないための容器の大きさを求める問題も過去には出題されているぞ。

○ 22　⑤ →テーマNo.28

問題文より、各成分のモル数（物質量）が分かっているため、モル比（モル分率）を使用して分圧を計算していくぞ。

総モル数は0.5+1=1.5mol　だ。よって、混合気体におけるモル分率の割合は、酸素：窒素＝1：2となるぞ。

ドルトンの分圧の法則より、各成分の分圧は全圧に各成分のモル分率を乗じて求めるので、

酸素の分圧＝$9×10^5×1/3=3×10^5Pa$

窒素の分圧＝$9×10^5×2/3=6×10^5Pa$　と求められるぞ。

第 **4** 章

基礎的な化学を学ぼう!

本章では物質の種類をはじめ、化学の計算問題について学習するぞ。

物理学と異なり、化学は乙4に比べて難易度がグッとUPするんだ。ここでは、「新たに甲種の化学を学ぶ」というつもりで取り組んでほしいぞ。

特徴的な出題傾向が少なく、幅広い分野から出題されているので、取りこぼしのないよう、満遍なく取り組むんだ!

アクセスキー **2**
（数字のに）

No. 35 / 66 化学界の四天王法則

本テーマでは、法則の定義や意味そのものを問う問題は出題されていないが、この法則を理解していないと、後述する化学反応式や熱化学方程式が分からなくなってしまうんだ。学習の基礎となる分野だから、とても重要だ！！

Step1 図解 目に焼き付けろ！

化学反応式と熱化学方程式で最も重要なのは、質量保存の法則だ。これは、反応前後における質量の総和は変わらないという考え方。定比例の法則と倍数比例の法則は、法則の内容を理解しておけばOKだ。アボガドロの法則は、第3章テーマ28の公式を理解しておくべし！！

化学の基本法則

化学

質量保存の法則　定比例の法則　倍数比例の法則　アボガドロの法則

Step2 解説 爆裂に読み込め！

➡ 化学界の四天王（法則）

　まずは、これから学ぶ化学の理解を深めるために、大前提となる化学の4大法則について見ていくぞ！　四天王ともいえる大前提の法則は、質量保存の法則、定比例の法則、倍数比例の法則、アボガドロの法則だ。

◆第1：質量保存の法則

　化学変化において、反応前と反応後における質量の総和は変わらない（等しい）ことを、質量保存の法則（別名：質量保存則）というんだ。例を図で見てみよう。

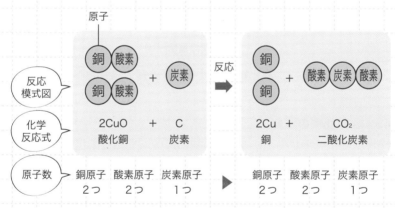

図35-1：酸化銅が炭素で還元された場合の反応模式図と化学反応式

反応模式図を見ると、反応前後で物質は変化している（酸化銅が単体の銅になっている）けど、反応に関わっている物質の原子数は反応前後で変わっていないことが分かるはずだ！　つまり、物質は突然消えたりしないということだ！！

◆第2：定比例の法則

化学変化において、化合物を構成している元素の質量比は、常に一定（原子量・分子量）であることを、定比例の法則というんだ。

次のグラフは、酸化銅ができるときの銅と酸素の結合比率を表したものだ。これを見ると、「銅4gに対して、酸素1gが化合」、「銅8gに対して、酸素2gが化合」している。このことから、「銅：酸素＝4：1」の一定の質量比で化合していることが分かるはずだ！

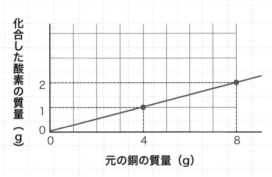

図35-2：酸化銅における酸素と銅の結合比率

◆第3：倍数比例の法則

2種類の元素AとBが化合して、2種類以上の別の化合物を作るとき、これらの化合物の中で一定量の元素Aと化合しているBの量は、簡単な整数比となるんだ。これが、倍数比例の法則だ。例えば、炭素（元素A）と化合している酸素（元素B）の量は、一酸化炭素と二酸化炭素でどう違うか見てみよう。

一酸化炭素（CO）の酸素：16　　二酸化炭素（CO_2）の酸素：32

よって、酸素の結合比率は、「一酸化炭素：二酸化炭素 ＝ 1：2 」となる！簡単な整数比になっているのが分かるだろう。

◆第4：アボガドロの法則

第3章テーマ28ですでに学習しているが、化学の分野としての出題（または計算問題）が考えられるので、再度見ておくぞ。

すべての気体は、同温・同圧の下では、同体積中に同数の分子を含む（ことを表したもの）という法則をアボガドロの法則というんだ。

ちなみに、標準状態（0℃、1気圧）では22.4Lを占め、その分子数は、6.02×10^{23}個となり、その集合を「1mol」と表すんだ。この関係式は超重要だ！！

◆分子量の計算に絡めて、アボガドロの法則を使いこなせ！

テーマ31で原子量について学んできたが、ここでは分子量（分子を構成する元素の原子量の総和のことだ）とアボガドロの法則に絡めた計算問題を見ていこう。

[例題] 硫酸H_2SO_4の分子量を求めなさい。ただし、原子量をH＝1、O＝16、S＝32とする。また、硫酸0.5molは何gに相当するか。

[解答]
・硫酸の分子量＝水素の原子量×2＋硫黄の原子量＋酸素の原子量×4
　　　　　　　＝1×2＋32＋16×4 ＝ 2＋32＋64 ＝ 98
・硫酸の質量＝硫酸の分子量×モル数（mol）＝ 98×0.5 ＝ 49g

気体（二酸化炭素など）の場合、更に標準状態では、1molあたり22.4Lの体積を占めているんだったな。粒子数（6.02×10^{23}）が問われることもあるから、併せて確認しておこう。

今日のこの行動が、明日の成果を作るんだ **185**

Step3 暗記 何度も読み返せ！

□ 化学変化の反応前後で、質量の総和は変わらない。これは、[質量保存の法則] である。

□ アボガドロの法則によれば、標準状態下で気体は、[22.4] Lの体積を占め、このときの粒子数は [6.02×10²³] 個である。この集まりが、[1mol] である。

□ 二酸化炭素1.25molの質量は [55.0] g、このとき標準状態での体積は [28.0] Lである。ただし、C=12、O=16とする。

No. 36 /66 化学反応を式で表せ!

このテーマでは、前テーマで学習した基本法則を前提に、反応式の書き方を学習するぞ!　反応式そのものを答えさせる問題は出題されないが、計算問題等で反応した物質の量や比を計算するには、反応式が書けないと問題が解けないぞ!

Step1 図解　目に焼き付けろ!

化学反応式の書き方

左辺と右辺で原子数が
等しくなるよう、係数を付ける

 物質の
化学式
+

→

+

———————————
左辺（反応前）

———————————
右辺（反応後）

覚えるルールはたったの2つだ!
①質量保存の法則より、反応前後
　の質量の総和は同じだから、左
　辺と右辺の原子数が等しくなる
　よう化学式に係数（1は省略）
　を付ける!
②反応前後で変化した物質のみを
　記載する!　触媒等の変化しな
　い物質は記載しないぞ!

→ 化学式の書き方のルールを覚えよ!!

　化学式や化学反応式を書くときは、次の2つの大切なルールがあるんだ。なお、文中にサラッと出てきた「触媒」とは、反応を促進する物質ではあるが、そのものは反応前後で変化しない物質のことをいうぞ。

　①反応前の物質を左辺、生成（反応後の）物質を右辺にそれぞれ「＋」記号
　　で結び書き、両辺を「→」で結ぶぞ。
　②右辺と左辺でそれぞれの原子数が等しくなるように化学式の前に適切な係
　　数を付けるぞ。このとき、係数は簡単な整数比にする必要があるから、1
　　は省略するんだ。

　では、上記のルールを参考にして、前テーマの質量保存の法則で反応模式図を見た酸化銅の還元を例に、化学反応式を書いてみるぞ。次の4ステップで、理解してくれよな！！

[例] 酸化銅が炭素で還元されて、銅が析出した。

Step1. まずは化学式を元に反応式を書いてみよう。この時点では、係数は気
　　　　 にしなくていいぞ。
　　　　 　酸化銅 [CuO] と炭素 [C] が反応して、銅 [Cu] が析出して二酸
　　　　 化炭素 [CO_2] が発生した。
　　　　 　（係数を無視した反応式）⇒ $CuO+C \rightarrow Cu+CO_2$

Step2. 左辺と右辺の原子数を確認しよう。その上で不足する数の調整に係数
　　　　 を付けるぞ。
　　　　 　（係数を無視した反応式）⇒ $\underline{CuO} + \underline{C} \rightarrow \underline{Cu} + \underline{CO_2}$
　　　　 　　　　　　　　　　　　　　 Cu1 O1　C1　　Cu1　C1O2

原子数が不足するところに係数を付けるといっても、どれから手を付ければいいん、ですか？

単体（本問では銅［Cu］）は最後の調整で係数を付ければいい場合が多いので、まずは化合物（本問では酸化銅［CuO］）を優先に係数を判断するんだ。

Step3. 係数を付けるぞ。本問では左辺のO（酸素）原子が不足しているので、2CuOとするぞ。そうすると、今度は右辺のCu（銅）が不足するので、これを「2Cu」とするんだ。

　　　（係数を調整した反応式）⇒ $2CuO + C \rightarrow 2Cu + CO_2$

Step4. 最後に原子数を右辺と左辺で等しくなっているか確認すればOKだ！

　　　　　　（左辺）　　　　　　　　　　　　（右辺）

銅原子2つ　酸素原子2つ　炭素原子1つ ＝ 銅原子2つ　酸素原子2つ　炭素原子1つ

Step3 暗記 → 何度も読み返せ！

以下の化学式の［　］内に適切な係数を入れなさい。ただし、通常、係数「1」は省略するものだが、本問では、1でも省略せずに記載しなさい。

☐ 水素が燃焼して水が生成した。

　⇒ ［ 2 ］H_2 + ［ 1 ］$O_2 \rightarrow$ ［ 2 ］H_2O

☐ 過酸化水素が分解して酸素が発生した。

　⇒ ［ 2 ］$H_2O_2 \rightarrow$ ［ 2 ］H_2O + ［ 1 ］O_2

☐ 炭素が不完全燃焼して、一酸化炭素が発生した。

　⇒ ［ 2 ］C + ［ 1 ］$O_2 \rightarrow$ ［ 2 ］CO

No. **37** /66　化学反応で生じる熱を式に盛り込め！

このテーマでは、熱化学方程式について学ぶぞ！　簡単にいえば、熱化学方程式とは、前テーマで学習した化学反応によって発生（吸収）した熱量を化学反応式に加えたものだ！　少し数学チックな話が出てくるが、コツを覚えれば難なく解けるようになるぞ！

Step1 図解 → 目に焼き付けろ！

熱化学方程式の書き方

「→」ではなく
「＝」をつかう

物質の化学式　＋　　　＝　　　＋　発生した熱量（J）

左辺（反応前）　　　　　右辺（反応後）

係数が分数になることもある（基準となる物質を1molとするため）

どのようなプロセスをたどっても、反応によって発生する総熱量は同じとなる（ヘスの法則）

＋は、発熱反応
－は、吸熱反応

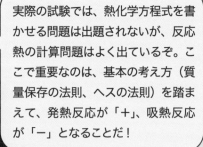

実際の試験では、熱化学方程式を書かせる問題は出題されないが、反応熱の計算問題はよく出ているぞ。ここで重要なのは、基本の考え方（質量保存の法則、ヘスの法則）を踏まえて、発熱反応が「＋」、吸熱反応が「－」となることだ！

Step2 解説 爆裂に読み込め！

● 変化と同時に熱の出入りがある？

　先日、綺麗な女性を見て俺は恋に落ち（変化）、恋の熱（反応）がメラメラ沸いてきたんだ。ところが、その人に彼氏がいると知って（変化）、意気消沈さ（反応）。恋の熱も化学も一緒。何かしらの変化にともなって発生または吸収される熱量がある。これを反応熱という。このとき、熱の発生をともなう反応を、発熱反応、熱の吸収をともなう反応を吸熱反応というんだ。熱化学方程式の書き方は、化学反応式や質量保存の法則を踏まえて、次の3点を押さえておこう！

- 左辺に反応前の物質、右辺に反応後の物質を記載するんだ。当然だが、粒子数は左辺と右辺で同数でないとだめだぞ！（化学反応式＋質量保存の法則）
- 「→」ではなく、「＝」で左辺と右辺を結ぶんだ！（化学反応式とは異なるぞ！）
- 右辺の最後に反応熱を記載するぞ！

　反応熱は、発熱が「＋」、吸熱が「－」になる点はミスしやすい箇所なので要注意だ！　発熱によって出ていった熱を補う（プラスする）ことで、反応における熱の総量が前後で同じだと表しているんだ！

> 熱化学方程式の多くは発熱反応（＋）だが、N（窒素）が関与する反応の場合は、吸熱反応（－）になることが多いぞ。

第4章 基礎的な化学を学ぼう！

人生（勉強）は、苦しいときが登り坂だ

なお、反応熱については、以下5つを覚えておくんだ！！

①完全燃焼の燃焼熱

　燃焼熱とは、物質1molが完全燃焼するときに発生する熱量のことで、左辺にある反応物を基準とした熱量でもあるぞ！

　$C+O_2＝CO_2+394.3kJ$　……（1）

　⇒基準となる物質（炭素［C］）1molが燃焼（酸素［O］と反応）して二酸化炭素が発生するときは、394.3kJの発熱反応、という意味になるぞ！！

②生成物から見た生成熱

　生成熱とは、化合物1molが成分元素の単体から生成されるときに発生・吸収する熱量のことをいうぞ。

　⇒燃焼熱は、左辺にある反応物（炭素C）1molを主軸においた話で、生成熱は、右辺にある生成物（二酸化炭素CO_2）1molを主軸においた熱量というわけだ。

　そうすると、上記記載の熱化学方程式（1）は、炭素を主軸に見れば燃焼熱であり、かつ、二酸化炭素を主軸に見れば生成熱と解釈することができるぞ！！

③生成と真逆の分解熱

　物質1molが分解するときに発生・吸収する熱量のことを、分解熱というぞ。生成熱と分解熱は方向が逆なだけで熱量は等しくなるが、熱の出入りは逆になることに注意しよう！

④「酸＋塩基」の中和熱

　中和熱とは、酸と塩基の中和反応（詳細はテーマ39にて解説）によって発生する熱量のことだ。

$$HClaq＋NaOHaq ＝ H_2O＋NaClaq＋59.6kJ$$

"aq"は、水溶液"aqua"の略だ。「(aq)」と表記されることもある
ぞ！

⑤水に溶かしたら溶解熱

溶解熱とは、物質1molを多量の溶媒中に溶かしたときに発生・吸収する熱量
のことだ。

上記5つの反応熱を総括すると、①〜④は化学変化にともなう反
応熱で、⑤のみ物理変化による反応熱と分かるはずだ！！

➡ どの道を選んでも最終的には同じ！

前テーマでは、化学反応の前後で反応に関わる物質の総量は変わらない（質
量保存の法則）ことを学んだわけだ。このことは、熱量についても同じように
成立する。「物質Aが物質Bになるときに生じる反応熱」は、「物質Aが物質Cを
へて物質Bになるときの反応熱の総和」と等しくなるんだ。つまり、反応熱の
総量は、その段階によらず、一定になるということだ。これをヘスの法則とい
う。

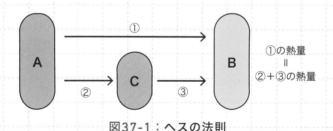

図37-1：ヘスの法則

「質量保存の法則」の熱化学方程式版、それがヘスの法則（総熱
量保存の法則）だ。

第

4

章

基礎的な化学を学ぼう！

193

　では、実際に炭素を例に熱化学方程式を求めてみるぞ。ヘスの法則によれば、次のようになるんだ。

A→C：炭素の不完全燃焼（一酸化炭素）

C→B：一酸化炭素の燃焼熱

A→B：炭素の燃焼熱、二酸化炭素の生成熱

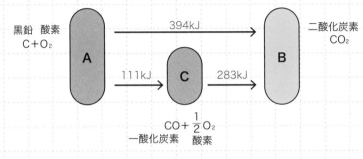

図37-2：炭素にみるヘスの法則

　冒頭の図中にも説明を記載したが、化学反応式と異なり、熱化学方程式の場合は対象となる物質1molあたりの熱量となるから、反応物質の係数が分数になることは問題ないぞ！

> 熱化学方程式と化学反応式の一番の違い、それは、係数が分数になることだ！！

$$A \to C：C（黒鉛）+ \frac{1}{2}O_2（気）= CO（気）+111kJ \quad \cdots\cdots(1)$$

$$C \to B：CO（気）+ \frac{1}{2}O_2（気）= CO_2（気）+283kJ \quad \cdots\cdots(2)$$

（1）＋（2）の連立方程式を解くと……

$$C(黒鉛) + \frac{1}{2}O_2(気) = CO(気) + 111kJ \quad \cdots(1)$$

$$+)\ CO(気) + \frac{1}{2}O_2(気) = CO_2(気) + 283kJ \quad \cdots(2)$$

$$\boxed{A \to B} \quad C \quad + \quad O_2 \quad = CO_2 \quad +394kJ$$

第4章 基礎的な化学を学ぼう！

Step3 暗記 何度も読み返せ！

□ 反応熱は、発熱反応の場合には［＋］、吸熱反応の場合には［−］となる。なお、窒素が関わる反応の多くは吸熱反応である。
□ 反応の前後で総熱量は変わらない。これを［ヘスの法則］という。
□ 5種類ある反応熱の中で、唯一の物理変化による反応熱は、［溶解熱］である。

No. 38 /66 化学反応の速度を変える、「4つの要素」とは?

このテーマでは、化学反応における反応速度とバランス（平衡）について学習するぞ。反応速度は、4つの要素でどのように変化するのか。4つの要素を変化させることで、平衡はどのように変化をして元に戻そうとするか。頭の中で化学反応式と4要素を思い描きながら見ていくんだ！！

Step1 図解 目に焼き付けろ!

化学平衡

$$X + Y \underset{V_2}{\overset{V_1}{\rightleftarrows}} XY + 熱量$$

反応速度

正反応の反応速度 V_1

$V_1 = V_2$
平衡状態

逆反応の反応速度 V_2

時 間

反応速度に影響を与える4要素

① 触媒　活性化エネルギーで反応速度は速くなるが反応熱は不変

増加　②濃度　減少

減 ← ③圧力 → 増

吸熱 ← ④温度 → 発熱

加熱　冷却

見た目には不変であっても、実は同一の速さで変化していて目に見えない！　そんな化学平衡は、並走する電車の速度感に似ているな！　化学平衡にある反応経路に変化を与えると、その変化を打ち消す方向に作用する。それを意識して取り組んでくれ！！

Step2 解説 爆裂に読み込め！

➡ 人生いろいろ、反応速度もいろいろだ!

電車には、各駅停車もあれば目的地まで一気に行ける特急電車もあるように、異なる速さのものが存在するよな。化学反応も同じで、例えばロケットエンジンの発射（燃焼）の様な瞬間的なものから、時間の経過で金属（鉄）が徐々に錆びる現象まで、同じ「酸化」という現象でも、反応速度は異なってくるんだ。

 勉強は地道に取り組んで徐々に力を付け、試験開始の合図と共に持てる力を一気に発揮する！　反応速度と勉強の関係も似ているかも…。

ゴホン、早速本題だ。

$$X + Y \underset{V_2}{\overset{V_1}{\rightleftharpoons}} XY + 熱量$$

正反応 — V_1　逆反応 — V_2

左辺から右辺へ「→」に進む反応を正反応、逆に右辺から左辺へ「←」に進む反応を逆反応といい、正逆の反応が同時に進行する反応を可逆反応といい、左辺と右辺を「両矢印」で結ぶぞ。

可逆反応では、正反応と逆反応の速さが等しくなり、見かけ上の変化がない状態になるんだ。この状態を化学平衡というぞ。ただし、見かけは変化していないように見えても、内部では正反応と逆反応が同時に進行しているんだ。

 正反応と逆反応が同じ速度で起こるから、全体としては変化しているようには見えない。まるで陣地を一定速度で往来する状況に似ていますね！

同数の往来があれば、A地とB地の総数は変わらない。

図38-1：化学平衡のイメージ

なお、可逆反応と異なり一方向にしか進まない反応を不可逆反応というぞ。

➡ 反応速度を支配する4つの要素とその特徴は？？

「リバウンドを制するものがゲームを制する」

人気アニメのお決まりのフレーズだ。これから学習する反応速度を支配する4つの要素を制することが、化学平衡の問題を制する一番重要なポイントになるぞ。料理を一例に考えると、冷たい油で肉に火を入れることはできないが、温度を上げて高温の油にすれば、一気にカラッと揚物ができるように、反応速度を変える4つの要素を見ていくぞ。

①濃度

濃度が高いほど、同一空間のなかで粒子同士の衝突機会が増えて反応機会が増加するぞ（濃度が濃い＝密度濃い、渋滞みたいなイメージだな！）

②圧力

圧力を加えるほど、粒子の運動が激しくなり粒子同士の衝突回数が増え反応が促進される（狭くなって密度が濃くなり、衝突するんだな！）

③温度

温度が高いほど、粒子の運動が激しくなって粒子同士の衝突が増えて反応機会が増加するぞ（粒子の運動エネルギーが盛んになって、衝突するんだな！）

④触媒

　化学反応において反応物よりも少量で、それ自身は変化せず、化学反応を促進する物質のことを触媒という。触媒が化学反応を促進させるのは、活性化エネルギーを下げる働きがあるからなんだ。

　灯油を燃焼させる場合、マッチやライターのような熱源（点火源）が必要だ。

　化学反応を起こさせるには、最初に一定以上のエネルギーが必要となり、このエネルギーが活性化エネルギーなんだ。

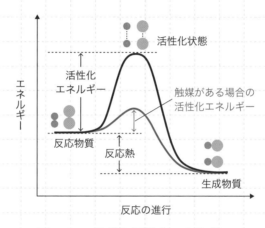

図38-2：触媒と活性化エネルギー

　図を見ると、触媒がない状態（黒線）だと大きな活性化エネルギーを与えないと生成物質に変化していないが、触媒がある状態（赤線）だと、少ない活性化エネルギーで生成物質を作り出せることが分かるはずだ。

より少ないエネルギーで効率よく反応を起こせる物質が触媒なんですね！

触媒を加えると反応速度は大きくなるが、反応の結果生じる熱（反応熱）は変わらないので気を付けてくれよ！触媒の役割は、反応に必要な活性化エネルギーを下げて反応しやすくすることだ！

→ バランス（平衡）が崩れると、それを元に戻そうとするんだ!

このテーマの最後は、化学平衡の状態にある反応系統に変化を加えるとどのように変化するか見ていくぞ。

以後は、窒素と水素、アンモニア間の可逆反応を元に説明していくぞ。

$$N_2 + 3H_2 \rightleftarrows 2NH_3 + 92kJ$$

アンモニアの生成が正反応、アンモニアの分解が逆反応ですね！両方の反応速度が等しくなったとき、濃度変化はなくなって見かけ上は変化がない状態になる。これが化学平衡ですね！

上記のような可逆反応が平衡状態にあるときに、触媒以外の反応速度を支配する3要素（濃度、圧力、温度）を変えると、その<u>変化を打ち消す方向に平衡が移動</u>するんだ。これを、**ル・シャトリエの原理**というんだ。

変化を打ち消す方向に平衡が移動！？ 意味が分からない…。

ここは試験でも頻出なので、先ほどの窒素と水素の可逆反応を例に、各反応条件についてどう変化するのか、見ていくぞ。<u>真逆のことが起こる</u>ということを意識してほしい！ It's 天邪鬼（あまのじゃく）！

①濃度

窒素と水素の可逆反応が平衡状態にあるときに、そこに窒素N_2を加えると、その**増加を打ち消す**（減らす）方向に平衡が移動するんだ。

つまり、窒素N_2が反応（減少）する右向き（正反応）に平衡が移動し、そこで新たな平衡状態となるんだ。

②圧力

平衡状態にある可逆反応に圧力を加えると、分子密度が高くなるので、その**圧力を減少させる方向**、すなわち気体の分子数（粒子数またはmol数）を減少

させる方向に平衡が移動するんだ。

　反応系の粒子数を見ると、左辺が1＋3＝4、右辺が2なので、分子数が減少する正反応（右向き）に平衡が移動するぞ。

逆に減圧すると、圧力を上昇させる方向（気体分子数を増加させる方向）に平衡が移動するぞ。つまり「左（逆反応）」だ！

③温度

　可逆反応の式を見ると右辺に「＋」があるので、正反応は発熱反応だ。

　この反応系統に熱を加えると、その熱を下げる方向、つまり、吸熱反応（左、逆反応）に平衡が移動するぞ。逆に温度を下げると、発熱反応（右、正反応）に平衡が移動するんだ。

変化を打ち消す方向、つまり逆に作用することで新しい平衡（バランス）を取ろうとするんですね！

なお、例外として「$H_2 + I_2 \Leftrightarrow 2HI$」のような左右共に分子数が同じ（2）となる場合は、圧力を変化させても平衡は移動しないんだ！

Step3 暗記 → 何度も読み返せ！

☐ 図のような反応式では、左辺から右辺への反応を［正反応］、右辺から左辺への反応を［逆反応］といい、正逆の反応が同時に進行する反応を可逆反応という。なお、可逆反応と異なり一方向にしか進まない反応を［不可逆反応］という。

$$X + Y \overset{V_1}{\underset{V_2}{\rightleftarrows}} XY + 熱量$$

☐ 触媒を加えることで化学反応の速度は速くなるが、それは触媒が［活性化エネルギー］を［下げる］働きがあるからである。なお、触媒の有無に関係なく［反応熱］の大きさは変化しない。

☐ 次の式は平衡状態にある。変化を加えたときどのように変化するか。

「$2SO_2 + O_2 \Leftrightarrow 2SO_3$」
(1) 酸素を加える：［正反応（左→右）］に平衡が移動する。
(2) 温度一定にして圧力を加える：［正反応（左→右）］に平衡が移動する。

酸っぱいは「酸」、苦いは「塩基」だ!

このテーマでは、酸と塩基の違いを学ぶぞ。次のテーマで学ぶpHの計算問題の前知識を習得するんだ。酸と塩基の反応はバランス（どっちが多い？同じ？）によって、生じる塩の性質が異なってくるぞ。

Step1 図解 → 目に焼き付けろ！

酸性と塩基性

中性の溶液中では、H^+とOH$^-$は等しい濃度割合で存在しているんだ。このバランスが崩れると、酸性または塩基性となるんだ。

リトマス紙
青→赤   赤→青

H^+
水素イオンが
発生している

OH$^-$
水酸化物イオンが
発生している

H^+ OH$^-$

酸性   塩基（アルカリ）性

似たようなことを、テーマ31の「原子の構造」で触れたのを覚えているか？ 忘れた人は確認しよう、「イオン」がそれだ！！

水素イオン指数

pH

0 1 2 3 4 5 6 ⑦ 8 9 10 11 12 13 14

強 ← 酸性 中性 塩基性 → 強

イオン濃度

H^+ OH$^-$

Step2 解説 爆裂に読み込め！

➡ なぜイオンになるんだ？

原子は本来、＋の電荷を持つ陽子の数と−の電荷を持つ電子の数が同じで、全体としての電荷はゼロとなっていて安定しているものなんだ。ところが、何かしらの理由でこのバランスが崩れて電子を受け取ったり失ったりすることで、全体としての電荷のバランスが崩れたものがイオンなんだ。＋の電荷を持つものを**陽イオン**、−の電荷を持つものを**陰イオン**というぞ。

どうなると、陽イオンと陰イオンになるんですか？

電気的にはプラスマイナスゼロの状態がよい場合もあるが、物質として電子を受け取ったり放出したりする(失う)方が安定するようなときに、陽イオンと陰イオンに分かれるんだ。このことを**電離**といい、水溶液中で陽イオンと陰イオンに電離する物質を**電解質**、電解質が水溶液中で電離している割合を**電離度**というぞ。電離度が高い物質ほど、酸や塩基が強いということになるんだ。

つまり、酸・塩基の強弱は、濃度の強弱ではなく、電離度の違いというわけですね！

なお、酸性・塩基性を決めるのは、H^+とOH^-の割合だ。水溶液中でH^+（水素イオン）を放出したり、他の物質に与えたりする物質を**酸**といい、水溶液中でOH^-（水酸化物イオン）を放出したり、水素イオンを受け取る物質を**塩基**というんだ。

中学の理科では、「アルカリ性」として学んだ人もいるかもしれないが、化学の世界では、「塩基性」という言葉で表現するんだ。

表39-1：酸性と塩基性の特徴

酸性	塩基性
・青色リトマス紙を赤くする	・赤色リトマス紙を青くする
・水溶液中でH$^+$を放出する	・水溶液中でOH$^-$を放出する
・pHが7より小さい	・pHが7より大きい
・金属を溶かす	・フェノールフタレインを赤くする
・メチルオレンジが赤→黄に変色	・指で触れるとヌルヌルする

唱えろ！**ゴロあわせ**

■リトマス試験紙の色の変化はサンタと信号？

赤い　サンタ　が　青　で　歩くよ
青→赤　　　酸性　　　　　赤→青　　　アルカリ（塩基）

リトマス紙

➡ 中和：酸＋塩基→水＋塩

酸に塩基を加えたり、逆に塩基に酸を加えると、次のように反応するぞ。

$$HCl＋NaOH → NaCl＋H_2O$$
$$H_2SO_4＋2NaOH → Na_2SO_4＋2H_2O$$

この反応式中のNaClやNa$_2$SO$_4$のように酸と塩基が反応してできる物質を塩（えん）といい、酸と塩基が反応して塩と水ができる反応を**中和**というんだ。

なお、中和によって生じた塩を再度水に反応させると、その水溶液の液性が弱酸性または弱塩基性になることがあるんだ（**加水分解**というぞ）。生じた塩の液性には、次の種類があるんだ。

表39-2：加水分解によって生じた塩の液性

強酸＋強塩基	水溶液は中性（例：$HCl + NaOH \rightarrow NaCl + H_2O$）
強酸＋弱塩基	水溶液は弱酸性（例：$HCl + NH_3 \rightarrow NH_4Cl$）
弱酸＋強塩基	水溶液は弱塩基性（例：$CH_3COOH + NaOH \rightarrow CH_3COONa + H_2O$）

> 反応する酸と塩基の強弱の組合せによって、加水分解した水溶液の液性が決まるんですね！

　その通りだ。なお、水を生じない中和反応（塩化アンモニウムなど）もあるし、弱酸＋弱塩基の組合せのように、液性が一概にいえないものもあるんだ。まずはこの表で加水分解溶液の液性を頭に入れておこう！

水素イオン指数（pH）

　水溶液の酸性・塩基性の強弱は、電離度の強弱によると前項で見たが、その度合いは、pH（水素イオン指数）という基準で表されるぞ。pHは0〜14の数値で表され、pH＝7のときに中性（このときのH^+とOH^-は同数存在）となり、H^+が増えてpH＜7で酸性、OH^-が増えてpH＞7で塩基性となるんだ。

　主な物質のpH表と代表的な酸・塩基について一覧にしたぞ。

図39-1：身近な溶液のpH値

表39-3：代表的な酸と塩基

	強酸	中くらいの酸	弱酸	強塩基	弱塩基
1価	塩酸、塩素酸、ヨウ化水素酸	亜塩素酸	酢酸、次亜塩素酸	水酸化ナトリウム、水酸化カリウム	アンモニア
2価	硫酸	亜硫酸	炭酸、硫化水素、シュウ酸	水酸化カルシウム、水酸化バリウム	水酸化銅（Ⅱ）
3価		リン酸	ホウ酸		水酸化アルミニウム

第4章 基礎的な化学を学ぼう！

Step3 暗記 何度も読み返せ！

□ 物質が溶液中でイオンに分かれることを［電離］といい、電離度の［高い］物質ほど、酸性・塩基性が強いことになる。

□ 酸性物質の特徴として、［青］色リトマス紙を［赤］色に変える。

□ 酸と塩基が反応してできる物質を［塩］といい、［塩］と水ができるこの反応は［中和］という。

□ 強酸と強塩基の中和反応によって生じた塩を水に溶かしたときの液性は［中性］である。なお、加水分解溶液の液性が弱酸性になるときは、［強］酸と［弱］塩基の中和反応によって生じた塩の加水分解である。

□ 酸性溶液に［メチルオレンジ］を加えると、［赤］→［黄］に変色し、塩基性溶液にフェノールフタレインを数滴入れると、溶液の色が［赤色］となる。

No. 40 /66　pHを制する者は、化学を制する!

このテーマでは、pHの計算問題と規定度について学習するぞ。前テーマで学習した内容を基本にして、計算問題はパターンで解けるから、解法パターンに慣れるようにしよう!

Step1 図解　目に焼き付けろ!

酸か塩基かを決めるのは「バランス」だ!

	$[H^+]$	$[OH^-]$	$=1 \times 10^{-14}$
中性…	1×10^{-7}	1×10^{-7}	pH＝7は中性
H^+が多いと…	1×10^{-3}	1×10^{-11}	pH＝3は酸性
OH^-が多いと…	1×10^{-11}	1×10^{-3}	pH＝11は塩基性

⇒pH＜7は酸性　pH＝7は中性　pH＞7は塩基性

酸性が大きい ⟶ pHの値は小さくなる
（水素イオン濃度が大きい）

覚えておこう!　pH＋pOH＝14

水素イオンと水酸化物イオンの濃度の積は、常に $[10^{-14}]$ なんだ。このバランスが崩れることで酸性・塩基性を示すというわけだ。複雑に見える計算問題も解法パターンがあるから、それを頭に叩き込め!

Step2 解説 爆裂に読み込め！

→ pHの計算方法（簡単に解くコツ）

水溶液の酸性・塩基性の度合いを表すのに用いられるのが、pH（水素イオン指数）だ。pHは、「ペーハー」または「ピーエッチ」と読み、次の式で求められるぞ。

$$pH = -\log[H^+] = \log\frac{1}{[H^+]}$$

$[H^+]$ は、水素イオン濃度を表している。中性のpHは7だから、このときの水素イオン濃度は上の式に当てはめると、10^{-7}だと分かるはずだ。

$$pH = -\log 10^{-7} = -(-7)\times\log 10 = 7$$

（「$\log 10 = 1$」は必ず覚えておこう！）

よって、$[H^+] = 10^{\blacklozenge}$となるときの、◆に該当する部分の数値がpHの値になると分かるはずだ。ただし、これは水溶液中で100％電離していることを前提としているので、問題文中に電離度の記載があった場合にはそれを考慮する必要があるぞ！！

では、簡単な例題でpHの計算をやってみるぞ。

［例題］以下の①②のpHを求めなさい。ただし、電離度は1とする。
①0.001mol／Lの塩酸のpH
②0.01mol／Lの水酸化ナトリウム水溶液のpH

第4章 基礎的な化学を学ぼう！

諦めたら、そこで試合終了なんだ！

［解説］

①塩酸は、水溶液中で次のように電離するぞ。

$$HCl \rightarrow H^+ + Cl^-$$

電離度が1なので、塩酸と水素イオンの濃度は同じになる。

$$[H^+] = 0.001mol／L = 10^{-3}mol／L$$

電離度が1の場合のpHは、$10^{-\blacklozenge}$ の「◆」となるから、pH＝3となる。

> 電離度1の酸性物質のpHは計算がシンプルで分かりやすいな！！
> 塩基性物質のpHは少し手間がかかるから、気を付けて続きを見
> ていこう。

②水酸化ナトリウムは、水溶液中で次のように電離するぞ。

$$NaOH \rightarrow Na^+ + OH^-$$

電離度が1なので、水酸化ナトリウムと水酸化物イオンの濃度は同じになる。

$$[OH^-] = 0.01mol／L = 10^{-2}mol／L$$

ここで早とちりしてはダメ。上記はOH⁻の濃度だから、これをH⁺の濃度に変換する必要があるぞ。

pH＝7（中性）のとき、水素イオン濃度は10^{-7}で、このときの水酸化物イオンの濃度も10^{-7}と同じになることを念頭に、以下の通り求めることができるぞ。

pHは、0〜14の間の数値になるから、$[H^+] \times [OH^-] = 10^{-14}$ となるんだ。

$$pH = -\log[H^+] = -\log\frac{10^{-14}}{[OH^-]} = -\log\frac{10^{-14}}{10^{-2}} = -\log 10^{-12} = 12$$

よって、pH＝12となる。

酸性物質の場合、電離度1のときはシンプルに$10^{-\blacklozenge}$の「◆」の値となるんだ。塩基性物質の場合にはH^+の濃度に変換して計算するぞ。

◆電離度が1以下の計算はこう解け！

　電解質が水溶液中で完全にイオン（電離度＝1だ）になっていれば、前述のシンプルな計算問題となるが、弱酸性・弱塩基性のように、電離度が1より小さい場合には、電離度を考慮する必要があるぞ。でも、解き方は同じだ。

[例題]　以下のpHを求めよ。
　　　　①0.010mol/Lの酢酸（電離度0.01）のpH
　　　　②$10^{-4}$mol/Lの水酸化カルシウムのpH（電離度0.8、$\log 1.6 = 0.204$とする、小数点以下第2位を四捨五入せよ）

[解説]
①酢酸は、水溶液中で次のように電離するぞ。
　　　$CH_3COOH \Leftrightarrow CH_3COO^- + H^+$
　このとき、完全に電離すれば、酢酸濃度＝水素イオン濃度で計算は楽だが、電離度を考慮するときは、酢酸濃度×電離度で計算する。
　　　$[H^+] = 0.010 \times 0.01 = 1.0 \times 10^{-4}$
　よって、水素イオン濃度は、$-\log[H^+] = -\log 10^{-4} = 4$

②水酸化カルシウムは、水溶液中で次のように電離する。
　　　$Ca(OH)_2 \Leftrightarrow Ca^{2+} + 2OH^-$
　電離度を乗じることは当然として、本問の水酸化カルシウムは、2価の塩基なので、価数を乗じることを忘れないでおこう。よって、
　　　$[OH^-] = 10^{-4} \times 0.8 \times 2.0 = 1.6 \times 10^{-4}$
　よって、
　　　$-\log[OH^-] = -\log(1.6 \times 10^{-4})$
　　　$4 - \log 1.6 = 4 - 0.204 = 3.796$

第4章 基礎的な化学を学ぼう！

　ここまでの計算で、およそ3.8としたいところだが、水酸化カルシウムは2価の塩基であることは冒頭で記載した通り。pHは、7を中性として7以下を酸性、7以上を塩基性としているので、ここで求められた数値は、$[OH^-]$の濃度であることに留意しよう。

　求めるのは、$[H^+]$の濃度である。ここで、pHの関係性として、$[H^+] \times [OH^-] = 10^{-14}$という関係性から、pHは0～14の相関関係にあるので、pH $= 14 - 3.796 = 10.204$となり、10.2が正解となる。

電離度が1より小さい場合、酸・塩基が弱くなるので、電離度1のときよりもpHの値が酸性の場合は大きくなるし、塩基性の場合には小さくなるぞ！！

電離度を考慮する水素イオン濃度の計算の勘所は、$10^{-\diamondsuit}$となる「◇」の部分の整数から、与えられた「$\log\square =$」の数値を差引くことです。苦手とする人が多いけど、頻出なので覚えておきましょう！

➡ 濃度と液体の容量の掛け算、それが当量と規定濃度!!

　H^+またはOH^- 1molに相当する酸または塩基性物質の量（質量またはmol）を、その酸または塩基のグラム当量というんだ。もし、酸と塩基のグラム当量数が等しいとき、「$H^+ + OH^- \rightarrow H_2O$」と過不足なく反応して、中和するんだ。

酸と塩基のグラム当量数が等しいときは、酸と塩基が過不足なく反応して、中和するってことですね。

　なお、溶液1L中の溶質のグラム当量で表した濃度を規定濃度（N）といって、以下の式で表すぞ。

NV＝N´V´　（N・N´：規定濃度、V・V´：容量<mL>）

規定濃度と容量の掛け算だが、酸性・塩基性物質の価数を考慮
することを忘れないようにな！

Step3 暗記 何度も読み返せ！

□ pHの計算問題では、電離度が［1］の酸性物質の場合、「10^{-4}」の
　［4］の値がそのままpHの値となる。なお、塩基性物質の場合は、
　［14–4］がpHの値となる。
□ 酸と塩基の［グラム当量数］が等しく過不足なく反応、［中和］した
　ときの溶液の液性は、［中性］である。

大の仲良し!?
酸化と還元を学べ!

このテーマでは、酸化・還元反応の定義について見ていくぞ！ テーマ36で学習した化学反応式もからめた分野で、多くの受験生は酸素結合の有無で酸化を定義しているが、この他水素と電子の授受を基準とする場合もあるんだ。

Step1 図解 ▶ 目に焼き付けろ!

酸化と還元

酸化

還元

酸化・還元はいつも同時に起きている

増 ⬆

 酸素数
酸化数

減 ⬇

減 ⬇

 水素数
電子数

増 ⬆

水素と電子の増減は、酸化と還元で同じなんだ。酸素数を基準に酸化と還元を覚えている場合は、その逆が水素と電子の増減になっているぞ！

Step2 解説 爆裂に読み込め！

→ 羨まし過ぎるぞ、ずーっと一緒だなんて…

俺の想いを受けとめてくれる、素敵な女性とずーっと一緒にいたいんだ！！
おっと失礼、心の声が。本題に入るぞ。

酸素を基準に考えたとき、物質が酸素と化合することを酸化といい、物質が酸素を失うことを還元というんだ。このことは分かっているかもしれないが、水素と電子を基準に考えると、酸素とは基準が逆になるんだ。

物質が水素または電子を失うことを酸化といい、物質が水素または電子と結合することを還元というんだ。

【酸化反応の例】

- 炭素が燃焼して二酸化炭素になる（酸素との化合）：$C + O_2 \rightarrow CO_2$
- 硫化水素が塩素で酸化されて硫黄（きしゅつ）が析出（硫黄が水素を失う）：
  $H_2S + Cl_2 \rightarrow S + 2HCl$

【還元反応の例】

- 酸化銅（Ⅱ）が水素で還元されて銅が析出（酸素の放出）：
  $CuO + H_2 \rightarrow Cu + H_2O$
- 硫黄が水素で還元されて硫化水素が発生（水素との結合）：$S + H_2 \rightarrow H_2S$

> 化学反応の世界では、酸化と還元は「必ず」同時発生している現象なので、表裏一体のものとして覚えておくんだ！！

◆電子の授受を数値で表したもの、それが「酸化数」だ！

pHの計算問題に並んでよく出題されるのが、酸化数の計算だ。原子やイオンが、どれだけ電子を失ったか（得たか）を表す数が酸化数だ。反応前後で比較して、酸化数が増加していれば酸化、減少すれば還元されていることになるぞ。なお、酸化数を決めるときの以下のルールを覚えておこう！

第 **4** 章 基礎的な化学を学ぼう！

【酸化数決定のルール】

①単体の原子の酸化数、電気的に中性の化合物の構成物質の酸化数の総和は0だ。

②単原子イオンの場合においては、そのイオン価がそのまま酸化数となるぞ。

③化合物中の酸素原子は−2、水素原子は＋1となる。ただし、過酸化物におけるそれは、−1、＋1とする。

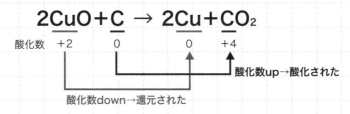

図41-1：酸化銅の還元反応を酸化数で見る

酸化数決定のルールで見ると、酸化銅中の銅（＋2）から単体の銅（0）となり、酸化数減少（還元）していることが分かるよな。一方で、単体の炭素（0）が二酸化炭素となり、炭素の酸化数が（＋4）と増加しているので、酸化していることが分かるはずだ。

「酸化と還元は同時に起こる」。いつも一緒とは、このことをいうんですね！

表41-1：酸化と還元のまとめ

	酸素・酸化数	水素	電子
酸化	増加	減少	
還元	減少	増加	

➡ 混同注意！　酸化剤と還元剤

酸化還元反応において、反応相手を酸化する物質を酸化剤、一方、反応相手を還元する物質を還元剤というんだ。

「反応相手を酸化する」ということは、酸化剤は他の物質に酸素を渡す物質ってことだな！　逆に、還元剤は、反応相手から酸素を奪う物質といえるぞ！！

表41-2：代表的な酸化剤と還元剤

酸化剤	酸素O_2、オゾンO_3、過酸化水素H_2O_2、過マンガン酸カリウム$KMnO_4$など
還元剤	水素H_2、一酸化炭素CO、硫化水素H_2S、硫黄S、ナトリウムNaなど

過酸化水素は第6類、過マンガン酸カリウムは第1類、硫黄は2類、ナトリウムは第3類の危険物ですね！

物質によっては、酸化剤にも還元剤にもなる物質があるんだ。試験でよく出ているのが、「硫酸酸性溶液中で」というフレーズで、これが出てきた場合、ほぼ酸化剤と理解してほしい！！

Step3 暗記　何度も読み返せ！

- ☐ 酸化とは、物質が［酸素］と結合することである。また、［水素］または［電子］を失う反応も酸化である。
- ☐ 還元とは、物質が［水素］または［電子］と結合する反応であり、［酸素］を失う反応も還元である。
- ☐ 酸化と還元は［同時］に発生しており、相手物質を酸化するものを［酸化剤］、相手物質を還元するものを［還元剤］という。

第4章　基礎的な化学を学ぼう！

217

周期表の「縦」と「横」の関係を学べ！

このテーマでは、性質ごとに元素を並べた周期表について学習するぞ。細かい内容は次テーマ以降で見ていくが、ここでは周期表の構成と大まかな括りに注意して学習しよう！

Step1 図解 目に焼き付けろ！

周期表

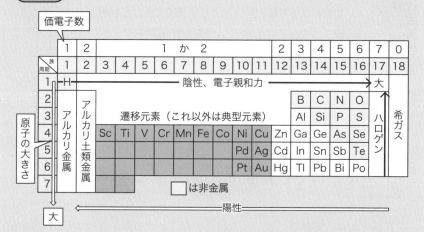

ここでは、周期表の概観を理解することを意識するんだ。「○族が〜〜」という感じだ。細かい内容は順に学習するぞ。概観と構成を理解しよう！

Step2 解説 爆裂に読み込め！

➡ 同じ性質のものを「縦」、少しずつの変化は「横」だ！

冒頭の図に記載したように、物質を構成する基本単位である元素を、それぞれが持つ物理的または化学的性質が似たもの同士が並ぶように決められた規則に従って配列した表が周期表だ。「周期律表」や「元素周期表」などとも呼ばれるぞ。

こ、この謎アルファベットがたくさん並んだ表を全部覚えるんですか？　く、苦しすぎて無理です…。

そう慌てるな！　高校時代の化学の授業では周期表を覚えたかもしれないが、ここは甲種危険物取扱者になるための勉強だから、試験に頻出の重要ポイントに絞って、以下を覚えておくんだ！

◆周期表の構成「縦：族、横：周期」

周期表の縦の列を族（属）といい、1〜18まであるぞ。横の列は周期といい、1〜7まであるんだ。特に大事なのは「族」で、特定の族には、固有の名称があり、その名称と性質が試験で頻出ということだ。ここでは、名称を頭に入れておくんだ！

表42-1：覚えておきたい周期表の「族」4つはコレだ！

アルカリ金属	周期表の1族に属する元素群
アルカリ土類金属	周期表の2族に属する元素群
ハロゲン	周期表の17族に属する元素群
希ガス	周期表の18族に属する元素群

第4章　基礎的な化学を学ぼう！

219

◆分類：典型と遷移　違いは電子の収まりだ！

　周期表の3〜11族の元素を遷移元素といい、それ以外を典型元素というんだ。両者の違いは以下の表で見ていこう！

表42-2：違いに注目！「元素の」典型と遷移

典型元素		遷移元素
非金属と一部の金属	構成元素	金属
族番号の下1桁	価電子（最外殻電子）数	1か2
縦（同族）で似る	似た性質の並び	横（隣り合う周期）で似る

　テーマ33で電子配置について学習した通り、通常であれば電子はK殻から順に配置されるのだが、遷移元素はこのルールに従わないんだ。原子の特徴は主に価電子（一番外側の電子数）で決まるから、遷移元素は順番に入らないせいで典型元素とは違う性質を見せるというわけだ。ちなみに典型元素は順番に入っていくので価電子数が予想できるんだ。

> 価電子数は族（原子表の縦）によって一定で、大よそ族番号の下1桁の数値なんですね！

◆その他の特徴は、これを押さえておけ！！

　その他の性質は以下4つ押さえておこう！　覚えるよりも、なぜそうなのか？物質の成り立ちをイメージすると、理解できるはずだ！！

表42-3：周期表から読み解く4つの特徴

電気陰性度	原子が電子を引き寄せる力が陰性度。原子が陰イオンになる際に放出するエネルギーが電子親和力。共に周期表の右上にいくほど大。
電子親和力	
原子の大きさ（原子半径）	周期表の左下へいくほど大。
イオンへのなりやすさ（陽・陰）	原子から電子を取り去るのに必要なエネルギーをイオン化エネルギーという。周期表では、左下へいくほどイオン化エネルギーが小となり、陽イオンになりやすい。右上へいくほど電子親和力が大となり、陰イオンになりやすい。

テーマ31で学習した物質の構造から、原子核は＋に帯電しているから、その近くに存在する電子ほど、原子核（＋）と−で引き合うわけだから、電子が放出されづらい（電気的引力が大きい）と分かるはずだ。

つまり、原子番号の大きい1族（左下）ほど、陽イオンになりやすく、原子番号の小さい17族（右上）ほど、陰イオンになりやすいってことですね！

Step3 暗記　何度も読み返せ！

- ☐ 周期表において1族・2族及び12族から18族までの元素を［典型元素］、3族から11族までの元素を［遷移元素］という。
- ☐ 周期表の1族は［アルカリ金属］といい、［イオン化エネルギー］が小さく陽イオンになりやすい。
- ☐ 周期表の17族は［ハロゲン］といい、［電気陰性度］と［電子親和力］が大きく、陰イオンになりやすい。

重要度：🔥🔥🔥

語呂合わせで覚えろ！無機化合物の特徴を学べ！

このテーマでは、金属・非金属の特性を学ぶぞ！　一般的特性と、族（グループ）ごとの特徴を見ていくが、ありがたいことに簡単な語呂合わせで覚えられるんだ！これまでサラッと見てきたイオンについても触れているぞ。要チェックだ！！

Step1 図解　目に焼き付けろ！

【金属と非金属の分類】

金属（陽イオン）
- （1価）アルカリ金属
- （2価）アルカリ土類金属

非金属
- （1価陰イオン）ハロゲン
- （安定）希ガス

【イオン化】

元素は全部で100種類以上あるけど、試験に出るのはごく一部の特徴的な物質だ。それぞれの物質名は、語呂合わせで絶対に暗記してくれよ！！

原子（中性）

イオン化
＋の電気を帯びる

イオン化
－の電気を帯びる

電子放出　⊖ → ＋ 　**陽イオン**

電子吸収　⊖ → － 　**陰イオン**

Step2 解説 爆裂に読み込め！

➡ 金属の一般的特性

書いてある事は普通のことばかりだが、ここからたまに出題されているぞ。
侮るなかれ！

- 常温で固体、特有の金属光沢を持つ。
- 熱や電気の良導体。
- 酸に溶けるものが多く、陽イオンになりやすい。
- 融点が高く、比重も大きい。
- 展性（たたくと広がる）と延性（引っ張ると伸びる）に富んでいる。

ただし、金属の種類によっては、以下のような例外もあるので注意しよう。
「原則ある所に例外あり」っていうやつだ！

- 常温で液体の金属（Hg）もある。
- 燃えるもの（Mg、K）も存在する。

比重が4以上のものを重金属、4以下のものを軽金属というんだ。

◆アルカリ金属

次に挙げるのが、アルカリ金属だ。酸に溶けて、1価の陽イオンになるぞ。

Li（リチウム）、Na（ナトリウム）、K（カリウム）
Rb（ルビジウム）、Cs（セシウム）、Fr（フランシウム）

第4章　基礎的な化学を学ぼう！

唱えろ! ゴロあわせ

■セレブな母（かあちゃん）がフランス旅行?!

リッチなカーちゃん、ルビー
Li　Na　K　　　　　Rb

セシめて、フランすへ
Cs　　　　Fr

◆アルカリ土類金属

次に挙げるのが、アルカリ土類金属だ。土中に含まれる物質が多いから、「土類」っていうんだ。酸に溶けて、2価の陽イオンになるぞ。

Be（ベリリウム）、Mg（マグネシウム）、Ca（カルシウム）
Sr（ストロンチウム）、Ba（バリウム）、Ra（ラジウム）

唱えろ! ゴロあわせ

■スターの輝き？　城とバラがまぶしい!!

ビームがマグ(まぶ)しい、
Be　　Mg

キャッスルとバ・ラ
Ca　　Sr　　Ba　Ra

◆物質によって異なる、炎色反応は覚えるしかない！！

アルカリ金属やアルカリ土類金属を含む試料溶液を白金線の先端につけて炎の中に入れると、それぞれの元素特有の色に炎が発色する現象（炎色反応）を観察することができるぞ。これを利用したものが、夏の風物詩の花火というわけだ！　下記のうち、語呂合わせにも出てくる7種類は確実に覚えておこう！

表43-1：主な金属とその炎色反応（色）の区分

Li	Na	K	Rb	Cs	Ca	Sr	Ra	Cu
赤	黄	淡紫	赤紫	青	橙	深紅	淡緑	緑

唱えろ！ゴロあわせ

■小さな村なのに、助け合い（援助：炎色）がないだと？

リアカー	無き	K村	動力	馬力	借りんと	するもくれない

赤 リチウム　ナトリウム 黄 カリウム 紫 銅 緑 バリウム 緑 カルシウム 橙 ストロンチウム 紅

K村

➡ 非金属の特性

◆ハロゲン

　次に掲げる周期表の17族に属するものが**ハロゲン**で、1価の陰イオンになるぞ。ハロゲンの単体は全て二原子分子で存在し、反応性が高く酸化剤として作用するぞ。

F_2（フッ素）、Cl_2（塩素）、Br_2（臭素）
I_2（ヨウ素）、At_2（アスタチン）

唱えろ！ゴロあわせ

■ハロー！ 色っぽいでしょ?!

フックラ、ブラジャー、私に
F   Cl   Br   I

合ってる？
At

にあう…？
ふくらなの

◆希ガス

「希少なガス」だから、**希ガス**というんだ。不活性のため、ほとんど反応しない安定した（イオンにならない）物質群だぞ。

He（ヘリウム）、Ne（ネオン）、Ar（アルゴン）
Kr（クリプトン）、Xe（キセノン）、Rn（ラドン）

優先して覚えるべきは、アルカリ金属、アルカリ土類金属、ハロゲンだ！ 希ガスはそういう物質があるんだなーっていう程度でいいぞ！

唱えろ！ゴロあわせ

■あわてんぼうのサンタが走るだと？

変だ   ねー   ある   クリスマス   で
He   Ne   Ar   Kr

奇跡   のラン（走）
Xe   Rn

第 **4** 章　基礎的な化学を学ぼう！

Step3 暗記 何度も読み返せ！

- ☐ 金属は常温で［固体］の状態だが、［水銀］のように常温で液体のものも存在する。
- ☐ 比重が4以上の金属を［重金属］、4以下の金属を［軽金属］という。
- ☐ ［アルカリ金属］は、酸に溶けて［1］価の陽イオンになる。
- ☐ ［アルカリ土類金属］は、酸に溶けて［2］価の陽イオンになる。
- ☐ ハロゲンは、［1］価の陰イオンになる。
- ☐ 周期表の17族に属する［ハロゲン］は、反応性が［高く］、［二原子分子］で存在する。
- ☐ 周期表の18族に属する［希ガス］は、不活性のため、安定した物質である。

イオン化傾向を学ぶと、電池も腐食も分かる!?

このテーマでは、イオン化傾向について学習するぞ。金属のイオンへのなりやすさを順番にしたものだが、これが分かると、電池の原理や防食加工も理解できるんだ。身近なものを化学する。それがイオン化傾向だ!

Step1 図解 目に焼き付けろ!

イオン化列

イオンのなりやすさ　大 ←　　　→ 小

| 金属 | K | Ca | Na | Mg | Al | Zn | Fe | Ni | Sn | Pb | (H₂) | Cu | Hg | Ag | Pt | Au |

K カリウム / Ca カルシウム / Na ナトリウム / Mg マグネシウム / Al アルミニウム / Zn 亜鉛 / Fe 鉄 / Ni ニッケル / Sn スズ / Pb 鉛 / (H₂) 水素 / Cu 銅 / Hg 水銀 / Ag 銀 / Pt 白金 / Au 金

犠牲になる金属→

腐食から守りたい金属→

素地まで届く傷（ピンホール）

亜鉛

鉄

トタン

雨水など

亜鉛が優先的に腐食され、素地は保護される

亜鉛

鉄

イオン化傾向は亜鉛＞鉄

イオン化傾向の大小（反応性）を利用した身近なものが、メッキ（防食）や電池なんだ。身近な生活の中に、イオン化傾向はあるんだ!

Step2 解説 爆裂に読み込め！

→ イオン化傾向が分かると、化学が面白くなる!?

世の中の勉強というものが退屈でつまらないという話の原因は、自分の身の回りには関連のないものと思い込んでいたり、実例を交えた身近な話ではなかったりすることが原因だと俺は思うんだ。だからこそ、身近なものを例に分かりやすく教える、俺のような熱血漢が今の世の中には必要なんだ！！

何、俺の心の熱い炎をメラメラ感じただと？よし、その思いにこたえるからついてこい！

◆金属のイオン化傾向

金属原子の多くが酸に溶けて、水溶液中では陽イオンの状態で存在しているが、この陽イオンへのなりやすさを**イオン化傾向**というんだ。イオン化傾向の順番に金属を並べたものを**イオン化列**というぞ！

図44-1：イオン化列

唱えろ！ゴロあわせ

■借りたものは必ず返そうね！

この語呂合わせを覚えるんですね、何かこう、身近なものに置き換えて話を聞きたいです！！

そうだな、試験でも身近な例が出題されているから、以下の2つを見ていこう。

◆金属を腐食から守る「メッキ」は、イオン化傾向の大小を利用するんだ！

アクセサリーや建物の屋根など、あらゆるところでメッキという方法がとられているが、これは、金属同士の化学的な性質（イオン化傾向の差異）を利用したものだ。

被覆する金属は、元の金属よりも**イオン化傾向が高いもの**を選定する必要があるんだ。

まず、「イオンになりやすい＝金属が溶けだす＝腐食しやすい」という関係がある。これを踏まえて、「犠牲になる金属」と「腐食から守りたい金属」におけるイオン化傾向の差が重要なんだ。次の図を比較して見てほしい！

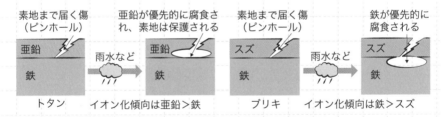

図44-2：イオン化傾向と腐食の関係

図左（トタン）のように鉄に亜鉛をメッキして保護すれば、イオン化傾向の高い亜鉛が優先的に腐食されるから、鉄が腐食から守られるというわけだ。

逆じゃダメだからな！

◆**イオン化傾向の差異を利用して電気を得る、それが電池だ！！**

　身の回りにある、あらゆるものに電池が使用されているよな。スマホからパソコン、自動車よ〜ど、我々の周りには電池があふれているんだ。その電池も、イオン化傾向の差異を利用しているんだ。

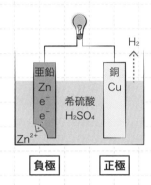

図44-3：電池のおこり「ボルタの電池」

　図のように、希硫酸（H_2SO_4）の入った容器に亜鉛板（Zn）と銅板（Cu）を浸して電球をつなぐと、イオン化傾向の大きな亜鉛板から亜鉛イオンが希硫酸中に溶け出して亜鉛板に電子が残るんだ。この電子が電線中を通って銅板側に移動し、希硫酸中の水素イオンと結合して水素（H_2）となるんだ。

　この図の原理で発生する電池（イオン化傾向の大きい金属を負極に、小さい金属を正極にする）をボルタの電池といい、電池の元祖といわれるものなんだ。

　少し脱線すると、このボルタの電池は使い始めこそ問題ないが、使用を続けると正極に発生した水素が正極付近にたまって、以降の水素化（電子との結合）が阻害されて起電力が低下し、安定的な電力供給が不可能だったため、実用化されなかったんだ。

化学の進歩の途上、人類発展の歴史ですね！

そうだ。つまり、電気の流れは負極の亜鉛板から正極の銅板への電子の流れだと分かるはずだ。なお、このボルタの電池や市販のアルカリ電池のように一度使用したら再利用できない電池を一次電池といい、充電することで繰り返し使用できる電池を二次電池というんだ。

 あれ、でも電気って＋（正極）から−（負極）に流れるって、習ったような…、これって逆じゃないですか？

良い気づきだ。結論を言うと、本来の電気の流れは電子の流れと同じで、本質的には−から＋に流れるぞ。ただ、電子という存在が発見されていない昔の化学の世界では、よく分からないけど何かが（仮に「電気が」）流れているっぽいということで、プラス（＋）からマイナス（−）に電気が流れるという決まり事に長い間なっていたんだ。その後の化学の進展で、電気は、自由電子 [e^-]の流れであると分かり、マイナス（−）からプラス（＋）に流れると分かったんだ。電気を中心とした考えは、通常は「＋」→「−」で考え、自由電子的な局面に遭遇した場合には、逆になると覚えておこう！

さあ、最後は二次電池を見ていこう。車のバッテリー等に使用される鉛蓄電池を例に見ていくぞ。

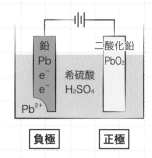

図44-4：充電して何度でも使える鉛蓄電池

　これは、電解液に希硫酸（H_2SO_4）、負極に鉛（Pb）、正極に二酸化鉛（PbO_2）を用いたものだ。電池を使用（放電）すると、負極の鉛が溶け出して鉛イオンと希硫酸が反応して電極表面が硫酸鉛（$PbSO_4$）となり、正極は希硫酸由来の水素イオンと二酸化鉛と自由電子が反応して、水と硫酸鉛（$PbSO_4$）になるんだ。なお、鉛蓄電池は二次電池なので、放電とは逆反応の充電をすることで、再度反応前と同じ状態（再利用できる状態）に戻るぞ。

放電→

$$Pb + 2H_2SO_4 + PbO_2 \Leftrightarrow PbSO_4 + 2H_2O + PbSO_4$$

←充電

負極　　　電解液　　　　正極　　　　負極　　　電解液　　　　正極

図44-5：鉛蓄電池における放電と充電の反応

　この他、蓄電池について知っておくべき内容は以下の通りだ。
①蓄電池の容量は、アンペア時［Ah］で表す。
②蓄電池は使用せずに保存しておくだけで、残存容量が低下してくる（いわゆるバッテリー上がり）。

Step3 暗記　何度も読み返せ！

□ 金属を腐食から守るメッキは、腐食から守りたい金属の表面に、イオン化傾向の［高い］金属を被膜する方法である。
□ イオン化傾向の差異を利用して、電気を取り出す装置を［電池］といい、一度使用した後に再利用できるものを特に［二次電池］という。
□ より起電力の大きい電池を作るには、［イオン化傾向］の差が［大きく］なるような金属板の組合せを使用するとよい。
□ 電気の流れは［＋］から［－］に流れると定義されるが、自由電子の流れは［－］から［＋］となる。

重要度：🔥🔥💧

有機化合物の特徴と「官能基」を学べ！

このテーマでは、有機化合物について学習するぞ。基本は炭化水素基＋官能基の構造だ。官能基によって性質が異なるが、有機化合物と無機化合物の違いも試験では頻出だぞ！！

Step1 図解 目に焼き付けろ！

有機化合物の分類

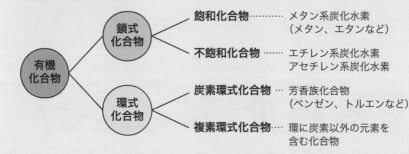

鎖式化合物の例
（メタン）

環式化合物の例
（ベンゼン）

有機化合物の結合が、一直線（鎖状）になっているものを鎖式化合物というんだ。その化合物内の結合部に不飽和結合がある場合を不飽和化合物というぞ。

Step2 解説 → 爆裂に読み込め！

→ 特徴：無機⇔有機

炭素と水素を主体とした化合物を**有機化合物**というんだ。単純な酸化物（二酸化炭素や一酸化炭素）や、炭酸塩（炭酸カルシウム、炭酸ナトリウムなど）は除かれるぞ。

有機化合物は、化合物内の炭素原子の結合の仕方で分類することができるが、試験にはそこまで細かい内容は出題されないぞ！

なお、有機化合物以外の物質を**無機化合物**というんだ。有機化合物と無機化合物の違い（特徴）は次の通りだ。

表45-1：有機化合物と無機化合物の違い

	有機化合物	無機化合物
成分	炭素、水素、酸素、窒素等からなる	すべての元素からなる
融点と沸点	沸点・融点は低い	低いものも高いものもある
溶解性	一般に水に溶けにくい	一般に水に溶けやすい
可燃性	燃えやすい	燃えにくい
反応速度	遅いものが多い	速いものが多い
通電性	一般に電気を通さない	電気を通すものが多い

有機化合物の性質は、化合物に含まれる特定の型の原子の集まりによって決まってくる。それぞれの有機化合物を特性付けている原子の集まりを、**官能基**というぞ。

名称を問う問題は出題されていないから、細かく覚えなくていいが、それぞれの有機化合物の概要をざっくり理解することを意識しよう。

第**4**章 基礎的な化学を学ぼう！

表45-2：官能基による有機化合物の分類

有機化合物	官能基の特徴
炭化水素類	炭素と水素のみで構成される化合物
アルコール類	炭化水素のHがヒドロキシ基（-OH）で置き換えられた化合物
フェノール	ベンゼン環に結合するHがヒドロキシ基（-OH）で置き換えられた化合物
アルデヒド	アルデヒド基（-CHO）をもつ化合物
ケトン	カルボニル基（ケトン基＞CO）の両端に炭化水素基が結合した化合物
エーテル	酸素原子（-O-）に2個の炭化水素基が結合した化合物
カルボン酸	カルボキシ基（-COOH）をもつ化合物

➡ 有機化合物に起こる5つの化学反応は、これだ!!

　有機化合物に起こる化学反応を見ていこう。この分野は、この後のテーマで詳細を解説するが、頻出なのでまずは概要を頭にとどめておくんだ！

表45-3：覚えておきたい、有機化合物の化学反応5つ

置換	有機化合物中の原子または原子団を、他の原子または原子団に置き換える反応。 $CH_4＋Cl_2→CH_3Cl＋HCl$（ハロゲン化） $C_6H_6＋HNO_3→C_6H_5NO_2＋H_2O$（ニトロ化）
酸化	炭素と水素からなる有機化合物を燃焼すると、二酸化炭素と水が生成する。 $CH_4＋2O_2→CO_2＋2H_2O$
還元	有機化合物の還元反応の場合、酸素を奪うのではなく、水素付加が行われる。 $C_6H_5NO_2＋6[H]→C_6H_5NH_2＋2H_2O$ （ニトロベンゼンからアニリンの生成）

加水分解	有機化合物中の官能基に水分子を付加することで、異なる2つの物質を精製する反応。 $CH_3COOC_2H_5 + H_2O \rightarrow CH_3COOH + C_2H_5OH$ （エステル＋水→カルボン酸＋アルコール類） $CH_3COOC_2H_5 + NaOH \rightarrow CH_3COONa + C_2H_5OH$ アルカリによる加水分解を、特にけん化という。
縮　合	有機化合物中に含まれる官能基同士が反応する際に、水分子が取れることで結合し、別の物質を生成する反応。 $CH_3COOH + C_2H_5OH \rightarrow CH_3COOC_2H_5 + H_2O$

縮合と加水分解は真逆の反応「縮合⇔加水分解」になっていますね！

その通り、良い気づきだ。酸化⇔還元と同じ構成になっていることに気を付けてほしいぞ。この他、以下の点はこの後のテーマで学習するが、ここで概要を頭に入れておくと、学習の理解がより深まるはずだ！

🔵 有機化合物の反応で知っトクな反応は、これだ!!

　前知識として、ヒドロキシ基の結合している炭素に、水素が2つ以上結合しているアルコール類が、第1級アルコール、これが1つになると第2級アルコールになるぞ。

①第1級アルコール類を順次酸化させると、以下のように変化するぞ。

第1級アルコール類　→　アルデヒド類　→　カルボン酸

例）　　エタノール　→　アセトアルデヒド　→　酢酸

②第2級アルコール類を酸化させると、以下のように変化するぞ。

第2級アルコール類　→　ケトン類

例）　　2-プロパノール　→　アセトン

第4章 基礎的な化学を学ぼう！

237

③加水分解・縮合の関係から、こうなっていると理解できる！

加水分解

エステル ＋ 水 → カルボン酸 ＋ アルコール類

縮合

図45-1：加水分解⇔縮合、何が反応して何ができる？

　ヒドロキシ基の結合する炭素に水素が1つもないものを第3級アルコールといって、酸化されにくいという特徴があるぞ。

➡ 有機化合物に生じる双子のような関係、それが異性体だ!

　第3章のテーマ31で学習した異性体について、有機化合物でも同じことが成立するぞ。炭化水素基による複雑な構造となる有機化合物では、同じ分子式で異なる構造を持つものが存在するんだ。

同じ分子式で、異なる物質。双子みたいですね。

そのイメージはよいぞ！　なお、異性体には、大きく3つの種類があるぞ。

①構造異性体…結合の仕方により、別の物質となるもの。
　例）C_3H_8Oの場合

1-プロパノール　　　　2-プロパノール

$$H-C-C-C-OH \quad H-C-C-C-H$$

図45-2：−OH基の結合位置によるアルコールの異性体

238

　同じ分子式でも、比べると炭化水素に結合するヒドロキシ基の位置が違うことが分かるよな。1番左（右でも一緒だ）に結合しているものが1−プロパノールといい、中央の炭素に結合している方が2−プロパノールだ。なお、1−プロパノールは第1級アルコール、2−プロパノールは第2級アルコールに該当するぞ。

　ということは、1プロパノールはアルデヒド→カルボン酸と変化し、2−プロパノールはケトンになるってことですね！

　お、いい気づきだ！　この後のテーマでみっちり学習するが、今のうちにそれを頭に入れておくと、理解が深まるはずだ！

②位置異性体…結合する官能基の位置関係が異なるもの。

<!-- figure: 位置異性体の構造式（メチル基の結合位置が異なる3種） -->

図45-3：位置異性体

　図を見ると、メチル基（–CH₃）の結合位置が異なっていることが分かるはずだ。なお、化学における数のカウントはギリシャ語を用いるんだ。

表45-4：ギリシャ語の数え方

数	1	2	3	4	…
呼び方	モノ	ジ	トリ	テトラ	…

　メチル基が2つなので、「ジメチル」ってことですね！　数値は、メチル基の結合する炭素の場所を表しているんですね！！

第**4**章

基礎的な化学を学ぼう！

239

③幾何異性体…炭素間二重結合に対して、立体配置が異なるもの。

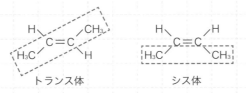

トランス体　　　　　　　シス体

図45-4：幾何異性体

　図は、ブテン（C_4H_8）の構造図だ。これを見ると、炭素に結合するメチル基の結合位置が、同一方向のもの（図右：シス体）と、横断したもの（図左：トランス体）になっていることが分かるはずだ。

試験に出題されやすいのは、圧倒的に①と②だ。幾何異性体は、「そういうものがあるんだ〜」程度の理解にとどめておいてOKだ！

Step3 暗記　何度も読み返せ！

- □ 炭素と水素を主体とした化合物を［有機化合物］といい、［単純な酸化物］と［炭酸塩］は含まない。
- □ 有機化合物の化学的な性質は、炭化水素基に結合する［官能基］が特有の化学的性質を示している。
- □ 無機化合物と比較して、有機化合物の融点・沸点は［低く］、電気の［不良導体］である。
- □ ［カルボン酸］と［アルコール類］を脱水縮合させると、エステルが生じる。

No. 46 /66 アルコールを順次酸化させると、どう変化するのか!?

このテーマでは、アルコール類の酸化反応及びその結果生じる生成物について学習するぞ。前テーマで学習した内容を更に掘り下げて見ていくが、アルコールの等級ごとに酸化反応によって、何が生成するかが重要ポイントだ！！

Step1 図解 目に焼き付けろ！

第1級アルコール

$$
\begin{array}{ccc}
\underset{\overset{\displaystyle H}{|}}{R^1 - C - OH} & \xrightarrow{\;\;\text{アルデヒド類}\;\;} & R^1 - \underset{\overset{\displaystyle \|}{O}}{C} - H & \xrightarrow{\;\;\text{カルボン酸}\;\;} & R^1 - \underset{\overset{\displaystyle \|}{O}}{C} - OH
\end{array}
$$

$$
\begin{array}{c}
\quad H \\
\quad | \\
R^1 - C - OH \\
\quad | \\
\quad H
\end{array}
\;\longrightarrow\;
\begin{array}{c}
\text{アルデヒド類} \\
\\
R^1 - C - H \\
\quad \| \\
\quad O
\end{array}
\;\longrightarrow\;
\begin{array}{c}
\text{カルボン酸} \\
\\
R^1 - C - OH \\
\quad \| \\
\quad O
\end{array}
$$

第2級アルコール

$$
\begin{array}{c}
\quad R^2 \\
\quad | \\
R^1 - C - OH \\
\quad | \\
\quad H
\end{array}
\;\longrightarrow\;
\begin{array}{c}
\text{ケトン類} \\
\\
R^1 - C - R^2 \\
\quad \| \\
\quad O
\end{array}
$$

第3級アルコール

$$
\begin{array}{c}
\quad R^2 \\
\quad | \\
R^1 - C - OH \\
\quad | \\
\quad R^3
\end{array}
$$

酸化されにくい

対象となるアルコール類が酸化反応によってどのように物質変化していくのか。化学反応に関与する官能基の変化と結合の仕方に注目して見ていくぞ！

Step2 解説 爆裂に読み込め!

→ アルコール類の酸化反応、パターンは2つだ!!

　人間、やった後悔よりもやらなかった後悔を引きずるモノだ。好きな人に告白しておけばよかった…、青春時代の甘い思い出。後悔は先に立たない。だから、俺はお前と一緒にがっつり学んで、一発合格させるから、完全燃焼目指すぞ。おりゃー！！

> ロマンチストなのか、暑っ苦しいのか、この人のことがよく分からない。

　何？燃焼の仕方が知りたいだと。いいだろう。先ほどの俺と同じように、酸素とがっつり反応（燃焼）する場合を完全燃焼といい、酸素との反応が中途半端な燃焼を不完全燃焼というんだ。有機化合物が完全燃焼するとき、構成する炭化水素基（水素・炭素）が反応することで、二酸化炭素と水が生じるんだ。以下メタノールとエタノールで見ていくぞ。

◆第1級アルコールの燃焼
［メタノールの完全燃焼］

$$2CH_3OH + 3O_2 \rightarrow 2CO_2 + 4H_2O$$

　ところが、不完全燃焼すると、メタノールはホルムアルデヒドになり、更に酸化されるとギ酸となるんだ。

［メタノールの不完全燃焼、ホルムアルデヒドの燃焼］

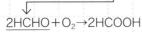

$$2CH_3OH + O_2 \rightarrow 2HCHO + 2H_2O$$

$$2HCHO + O_2 \rightarrow 2HCOOH$$

メタノール→ホルムアルデヒド→ギ酸と変化するんですね！

　ホルムアルデヒドは、ホルマリン漬けに使う液体で、ギ酸と共に防腐剤や消毒剤として用いられている身近なものなんだ！

[エタノールの完全燃焼]

$$C_2H_5OH + 3O_2 \rightarrow 2CO_2 + 3H_2O$$

　メタノール同様、エタノールも不完全燃焼するとアセトアルデヒドになり、更に酸化されると酢酸となるんだ。

[エタノールの不完全燃焼、アセトアルデヒドの燃焼]

$$2C_2H_5OH + O_2 \rightarrow \underline{2CH_3CHO} + 2H_2O$$
$$\underline{2CH_3CHO} + O_2 \rightarrow 2CH_3COOH$$

エタノール→アセトアルデヒド→酢酸と変化するんですね！

　アセトアルデヒドは、二日酔いで頭が痛い経験をした人は分かるかもしれないが、悪酔いのもとで、酢酸は濃度を薄くした（3％程度）ものが、食酢になるんだ。身近なものと分かると、理解が深まるはずだ！！

◆**第2級アルコールの燃焼は少し変わるんだ！**

　次に第2級アルコールの燃焼を見ていこう。

[プロパノールの完全燃焼]

$$2C_3H_7OH + 9O_2 \rightarrow 6CO_2 + 8H_2O$$

　今度は不完全燃焼を見ていこう。1－プロパノールの場合は第1級アルコール

第
4
章

基礎的な化学を学ぼう！

の燃焼に準じて、アルデヒドとカルボン酸が発生するわけだが、2-プロパノールの場合は、少し話が変わってくるんだ。

[2-プロパノールの不完全燃焼]

$$CH_3—CH—CH_3 \longrightarrow CH_3—C—CH_3$$
$$\begin{array}{c} | \\ OH \end{array} \qquad \begin{array}{c} 酸化 \\ O_2 \end{array} \qquad \begin{array}{c} || \\ O \end{array}$$
$$\text{2-プロパノール} \qquad\qquad\qquad \text{アセトン}$$

$$2CH_3CH(OH)CH_3+O_2 \rightarrow 2CH_3(CO)CH_3+2H_2O$$

> 第2級アルコール→ケトン類と変化するんですね！ アセトンを見ると、メチル基2つとケトン基なので、ジメチルケトンともいうのかな？

お、いいこと言うじゃないか。確かに、命名法からすればその通りだが、慣習の上ではアセトンと呼ばれているので、ジメチルケトンという命名の考え方だけ、頭の片隅に入れておけばOKだぞ。

さあ、ここまで見てきたアルコール類の燃焼についてまとめたものが以下の表だ。コレが完璧に分かったとき、君は酸化反応を極めたことになるぞ！

表46-1：アルコール類の燃焼で何ができる？

		アルコール類	アルデヒド類	カルボン酸
第1級アルコール	炭素数1	メタノール CH_3OH	ホルムアルデヒド $HCHO$	ギ酸 $HCOOH$
	炭素数2	エタノール C_2H_5OH	アセトアルデヒド CH_3CHO	酢酸 CH_3COOH
	炭素数3	1-プロパノール $CH_3CH_2CH_2OH$	プロピオンアルデヒド CH_3CH_2CHO	プロピオン酸 CH_3CH_2COOH

		アルコール類	ケトン類
第2級アルコール	炭素数3	2-プロパノール $CH_3CH(OH)CH_3$	アセトン $CH_3(CO)CH_3$

この他、アルコール類は、結合するヒドロキシ基の数に応じて1個なら1価アルコール、2個なら2価アルコールという感じになり、数が多いものを多価アルコールというぞ。

第4章 基礎的な化学を学ぼう！

Step3 暗記 何度も読み返せ！

☐ 第1級アルコールとは、[ヒドロキシ基]に結合する炭素に結合する水素が[2以上]のアルコール類のことである。第2級アルコールの場合、その数が[1]となり、ゼロとなるものを[第3級アルコール]という。

☐ 第1級アルコールを順次酸化させると、[アルデヒド類]を経由して[カルボン酸]になる。

☐ エタノールを順次酸化させると、[アセトアルデヒド]を経由して、食酢のもとである[酢酸]となる。

☐ 2-プロパノールを酸化させると、[アセトン]が生成し、それ以上は反応しない。

重要度：🔥🔥🔥

アルコールを脱水すると、何ができる??

このテーマではアルコールを脱水して得られる2種類の物質について見ていくぞ。低温だと分子間、より高温にすると分子内で脱水するが、その結果何が生成するか。結合の仕方にも注目して見ていくと、理解が深まるぞ！

Step1 図解 目に焼き付けろ！

分子間脱水

エーテルの生成

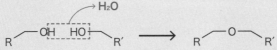

分子内脱水

アルケンの生成

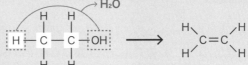

目に見えない世界で、どのように脱水が起こっているのか。この後の図を交えながらしっかりイメージをつかむんだ！　なお、分子間脱水で得られるエーテルとアルコールは異性体の関係になることを押さえておくといいぞ！（テーマ31参照）

Step2 解説 爆裂に読み込め！

➡ 脱水反応は方法により、2種類あるぞ！

　夏場の暑い日に身体が脱水したら必要なのは水分補給だが、化学の世界では生成したい物質を得るために、水分子を失う反応（脱水反応）を意図して起こすことがあるんだ。以下、2種類の脱水反応を見ていこう。

①分子間脱水：テーマ45で学習した縮合反応の一種で、アルコールと濃硫酸の混合物を加熱（130℃程度）すると、分子間脱水が起こり、**ジエチルエーテル**が生成するんだ。

●反応式　$2CH_3\text{-}CH_2\text{-}OH \longrightarrow CH_3\text{-}CH_2\text{-}O\text{-}CH_2\text{-}CH_3 + H_2O$

●考え方

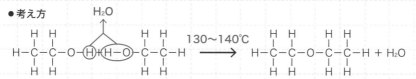

図47-1：分子間脱水

②分子内脱水：分子間脱水よりもさらに高温（170℃）にすると、分子内脱水が起こり、エタノールから**エチレン**が生成するんだ。

●反応式　$CH_3\text{-}CH_2\text{-}OH \longrightarrow CH_2\text{=}CH_2 + H_2O$

●考え方

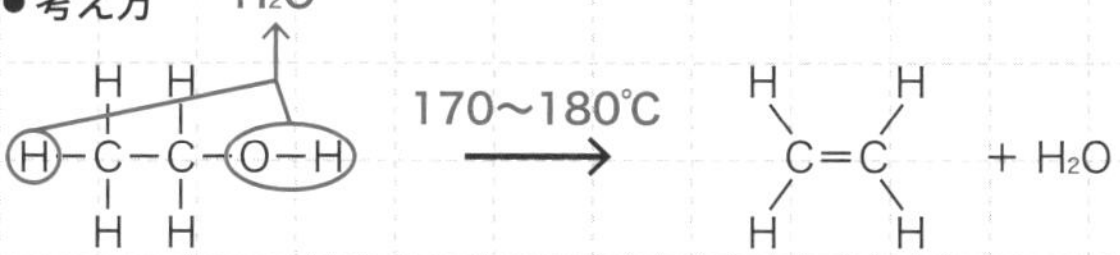

図47-2：分子内脱水

　炭化水素基の中に単結合しかないものを**アルカン**、二重結合があるものを**アルケン**、三重結合があるものを**アルキン**というんだ。

アルカン　　　　　　　　アルケン　　　　　　　アルキン

$$H-\overset{\overset{\displaystyle H}{|}}{\underset{\underset{\displaystyle H}{|}}{C}}-\overset{\overset{\displaystyle H}{|}}{\underset{\underset{\displaystyle H}{|}}{C}}-H \quad \xrightarrow{-2H} \quad \overset{\overset{\displaystyle H}{|}}{\underset{\underset{\displaystyle H}{|}}{C}}=\overset{\overset{\displaystyle H}{|}}{\underset{\underset{\displaystyle H}{|}}{C} } \quad \xrightarrow{-2H} \quad H-C\equiv C-H$$

エタン　　　　　　　　　エチレン　　　　　　　アセチレン

全部単結合　　　　　　　C=Cを1つ　　　　　　C≡Cを1つ

C_nH_{2n+2}　　　　　　　　C_nH_{2n}　　　　　　　　C_nH_{2n-2}

図47-3：アルカン、アルケン、アルキン

> アルコール類を分子間脱水するとエーテルが得られ、さらに高温にして分子内脱水するとアルケンが生成されるんですね！

→ つながり続けて、小さいものが大きくなるんだ!!

　これまで学習してきた物質は、分子量が100以下のものばかりだが、ここでは分子量が10000以上の高分子化合物について学習していくぞ。主に、プラスチックや合成繊維、合成ゴム等に分類されていて、我々の生活に身近なものなんだ。

　高分子化合物は、簡単な構造を持つ分子量の小さな化合物（分子）が次々と結合して、分子量の大きな別の化合物（高分子）になるんだ。分子量の小さい分子を単量体（モノマー）、単量体が多数結合した分子を重合体（ポリマー）といい、この一連の反応を重合というんだ。

> 先ほど学習したエタノールの分子内脱水でエチレンが得られたけど、これが重合すると、ポリエチレンになるってことですか？

　素晴らしい！その通りだ。以後はプラスチック（樹脂）について見ていくぞ。
　エチレンのような二重結合を持つ単量体が付加反応によって結びつく付加重合によってポリエチレンとなるぞ。なお、「ポリ○○」となる物質は、加熱すると軟化し、冷やすと再度硬化する性質があり、これを熱可塑性といい、熱可塑

性樹脂としては、ポリエチレン以外にも、ポリスチレン、ポリ塩化ビニルなどがあるぞ。

反対に、加熱して硬化すると、再度加熱しても軟化しない性質を熱硬化性といい、熱硬化性樹脂としてフェノール樹脂、尿素樹脂、エポキシ樹脂などがあるぞ。

第**4**章 基礎的な化学を学ぼう！

Step3 暗記 何度も読み返せ！

□ エタノールに濃硫酸を加えて130℃に加熱すると［分子間脱水］が起こり、［ジエチルエーテル］が生成する。このとき生成する物質は、［水］に溶けにくく、特有の芳香と［麻酔性］がある。

□ エタノールと濃硫酸を加えた混合物を［170］℃に加熱すると分子内脱水が起こり、［エチレン］が生成する。なお、エチレンは分子内に二重結合を有するが、単結合のみの炭化水素を、特に［アルカン］という。

□ メタノールを分子間脱水すると、［ジメチルエーテル］が得られた。これと構造異性体になるのは、［エタノール］である。

□ エチレンを［付加重合］させると、ポリエチレンが生成する。ポリエチレンは、［熱可塑性］樹脂の1種である。

重要度：🔥🔥🔥

亀の甲羅の形、芳香族を学べ！

このテーマでは、ベンゼン環を持つ芳香族について学習するぞ。化学の学習もこのテーマで最後だ。覚えることは多いが、これまでの学習＋ベンゼン環で理解できる分野だ。気合入れてくれ！！

Step1 図解 目に焼き付けろ！

ベンゼン環

ベンゼン（C_6H_6）

略記号

この六角形の形をした環状の物質がベンゼンで、ベンゼン環を持つ物質を芳香族というんだ。基本は略記号が書ければOKだ。ベンゼン環の水素原子を何に置き換えた物質か。そこんトコロに注目して学習するぞ！

ベンゼン環のH原子を他の原子または原子団に置き換えた化合物が頻出！

①炭化水素に置き換えた芳香族
②官能基に置き換えた芳香族

爆裂に読み込め！

→ 亀の甲羅の形、ベンゼン環は水素原子を置換した物質に注目せよ！

さあ、第4章も本テーマが最後だ、ラストスパートで気合入れろよ！

亀の甲羅に似た6角形（ベンゼン環）を持つ化合物を芳香族化合物というんだ。冒頭の図に記載した通り、炭素と水素の複雑な結合を毎回記載していたら面倒だから、6角形の略記号を用いて表すことが多いぞ。

試験では、ベンゼンそのものの特徴を問われることもあるが、ベンゼン環の水素原子を他の原子または原子団に置換した化合物について、問われているんだ。以下順に見ていこう。

①そのままor炭化水素基に置き換えた芳香族

ベンゼン環の水素原子を炭化水素基（メチル基など）に置き換えたものが該当するぞ。

表48-1：シンプル！ベンゼン環＋炭化水素基

物質名	構造式	特徴
ベンゼン C_6H_6		・芳香臭のある無色の液体（有毒） ・揮発性があり、水に不溶だが、有機溶媒に可溶
トルエン $C_6H_5CH_3$		・ベンゼンの水素原子1基をメチル基に置換したもの ・ベンゼンに似た性質 ・塗装用シンナーの主成分
キシレン $C_6H_4(CH_3)_2$	 o-キシレン　m-キシレン　p-キシレン	・ベンゼンの水素原子2基をメチル基に置換したもの ・結合位置により、3種類の位置異性体 ・テーマ45参照

第**4**章　基礎的な化学を学ぼう！

②官能基に置き換えた芳香族

　先ほどはメチル基等の炭化水素基に置換した芳香族をみてきたが、ここではテーマ45で学習した官能基に置換した芳香族を見ていこう。

表48-2：特徴的！ベンゼン環＋官能基ほか

物質名	構造式	特徴
フェノール C_6H_5OH	OH	ベンゼン環にヒドロキシ基（–OH）が結合した化合物をフェノール類という。水にわずかに溶けて、弱酸性を示す。
クロロベンゼン C_6H_5Cl	Cl	ベンゼンの水素原子が塩素に置換（塩素化）された化合物。他のハロゲンに置換される反応をハロゲン化という。
ニトロベンゼン $C_6H_5NO_2$	NO_2	ベンゼンの水素原子がニトロ基（–NO$_2$）に置換された化合物。ニトロ化という。
安息香酸 C_6H_5COOH	COOH	ベンゼン環の水素原子をカルボン酸に置換したものを芳香族カルボン酸という。昇華性のある無色の結晶で、水にわずかに溶けて弱酸性を示す。香料として用いられている。
サリチル酸 $C_6H_4(OH)COOH$	OH COOH	芳香族カルボン酸で、分子中に–OHと–COOHを持っているため、カルボン酸とフェノール類の両方の性質を有する。鎮痛剤などに使用される。

物質名	構造式	特徴
アニリン $C_6H_5NH_2$		アンモニアの水素原子を炭化水素基で置き換えた化合物をアミンといい、芳香族炭化水素基と結合したものを芳香族アミンといい、塩基性を示す。 特異な臭気を有する無色の油状液体で、有毒。水に不溶だが、有機溶媒に可溶。
ピクリン酸 $C_6H_2(OH)-(NO_2)_3$ TNT $C_6H_2(CH_3)-(NO_2)_3$		芳香族フェノールのニトロ化合物で、2,4,6-トリニトロフェノールのことを指す。水溶液は強酸性、不安定で爆発性の可燃物であることから、かつては火薬としても用いられた。なお、ピクリン酸の-OHをメチル基に置換したものが、TNT（トリニトロトルエン）であり、こちらは爆薬の原料として現在も使用されている。

第4章　基礎的な化学を学ぼう！

Step3 暗記　何度も読み返せ！

□ ベンゼン環を持つ有機化合物を［芳香族化合物］といい、ベンゼンの水素原子1つをメチル基で置換したものは［トルエン］、2つ置換したものが［キシレン］で、結合位置により3種類の［位置異性体］が存在する。

□ ベンゼン環にカルボン酸が結合したものを［芳香族カルボン酸］といい、消炎剤に用いられる［サリチル酸］や［香料］として用いられている安息香酸がある。

□ トルエンの水素原子3つを［ニトロ基］で置換したものがTNTで、爆薬の原料である。なお、TNTのメチル基を［ヒドロキシ基］で置換したものが、ピクリン酸である。

燃えろ！ 演習問題

本章で学んだことを復習だ！ 分からない問題は、テキストに戻って確認するんだ！ 分からないままで、終わらせるなよ！！

問題

次の文章の正誤を述べよ。

🔥**01** 他の物質に水素を与える性質のあるものを酸化剤という。

🔥**02** 化学変化において、反応前後で物質の質量総和が変わらないのは、質量不変の法則である。

🔥**03** アボガドロの法則によれば、すべての気体は同温・同圧の下で同体積中に同数の分子を含んでいる。

🔥**04** 反応熱の大きさは、反応物質と生成物質が同じであれば、反応経路が異なっても総量は変わらない。

🔥**05** 酸は赤色のリトマス紙を青色にし、塩基は青色のリトマス紙を赤色にする。

🔥**06** アルカリ性の溶液にフェノールフタレインを数滴入れると赤から黄色に変色する。

🔥**07** イオン化傾向が最も小さい金属は銀である。

🔥**08** イオン化傾向が大きい物質は、水溶液に溶けにくく、イオンになりにくい。

🔥**09** pH＝7で中性のとき、水素イオンと水酸化物イオンは同数存在している。

🔥**10** 可逆反応が平衡状態にあるとき、その反応系の温度を一定にして圧力を加えた場合、平衡は圧力が増加する方向に移動する。

🔥**11** アルカリ金属は周期表の1族に属し、1価の陰イオンになる。

🔥**12** 電気の流れは「＋→−」だが、電子の流れは「−→＋」である。

🔥**13** 第1級アルコールを酸化させると、ケトン類を経由して、最終的にカルボン酸となる。なお、第3級アルコール類は反応しにくい。

解答

🔥**01** ✕ →テーマNo.41

水素を与えるのは、酸化剤ではなく還元剤だ。酸素を与える物質が酸化剤だ。

🔥**02** ✕ →テーマNo.35

質量保存の法則が正解だ。

🔥 **03** ⭕ →テーマNo.35

🔥 **04** ⭕ →テーマNo.37

🔥 **05** ❌ →テーマNo.39

「赤いサンタ（青色→赤色：酸性）が青で歩くよ（赤色→青色：アルカリ性）リトマス紙」 この語呂合わせで覚えるんだ！ 本問は、色が逆になっているぞ。

🔥 **06** ❌ →テーマNo.39

記載の色の変化をするのは、酸性溶液中にメチルオレンジを滴下した場合だ。フェノールフタレインは、透明→赤色に変化するぞ。

🔥 **07** ❌ →テーマNo.44

語呂合わせを見れば、最小は金（Au）と分かるはずだ。

🔥 **08** ❌ →テーマNo.44

イオン化傾向が大きい物質ほど、溶けやすくイオンになりやすいぞ！

🔥 **09** ⭕ →テーマNo.40

🔥 **10** ❌ →テーマNo.38

圧力を加えると、その圧力上昇を減少させる方向（＝反応系におけるmol数を減少させる方向）に平衡が移動するぞ。

🔥 **11** ❌ →テーマNo.42＆43

前半は正しい。後半、1価の陽イオンになるぞ。

🔥 **12** ⭕ →テーマNo.44

🔥 **13** ❌ →テーマNo.46

第1級アルコールは、酸化させるとアルデヒドを経由してカルボン酸になるぞ。第3級アルコールは記載の通りだ。

第
4
章

基礎的な化学を学ぼう！

問題

次の文章の正誤または問いに答えよ。

🔥 **14** カルボン酸とアルコールが縮合して生じる化合物をエステルという。

🔥 **15** ベンゼン環を有する有機化合物を芳香族化合物といい、ベンゼンの水素原子をメチル基で置換したものがフェノールで、水溶液は弱酸性を示す。

🔥 **16** エチレンが縮合重合してできる高分子化合物がポリエチレンである。以下の化学反応式を書きなさい。

🔥17 塩化ナトリウムと硫酸が反応して、硫酸ナトリウムと塩化水素が発生した。

🔥18 エタノールを完全燃焼させたら、水と二酸化炭素が発生した。

🔥19 次の有機化合物に関する説明のうち、誤っているものはいくつあるか。

> A 無機化合物に比べて融点や沸点が低い。
> B 300℃を超える高温では分解するものが多い。
> C 有機溶媒によく溶けるものが多い。
> D 水によく溶けるものが多い。
> E 構成元素は炭素、水素、酸素、窒素、硫黄等、元素の種類は少ない。

①1つ　　②2つ　　③3つ　　④4つ　　⑤5つ

🔥20 次の文章のA〜Dに当てはまる語句等の組合せはどれか。

「希硫酸中に亜鉛板と銅板を立て、これを銅線で結んだ。電流は（A）の方向に流れ、電子は銅線の中を（B）の方向に流れる。このとき、亜鉛板では（C）反応、銅板では（D）反応が起こっている。」

	A	B	C	D
①	Cu→Zn	Zn→Cu	還元	酸化
②	Zn→Cu	Cu→Zn	酸化	還元
③	Cu→Zn	Zn→Cu	酸化	酸化
④	Zn→Cu	Cu→Zn	還元	酸化
⑤	Cu→Zn	Zn→Cu	酸化	還元

解答

🔥14 ◯ →テーマNo.45

🔥15 ✕ →テーマNo.45&48

ベンゼンの水素原子を水酸基（−OH）で置換したものが、フェノールだ。メチル基置換はトルエンになるぞ。間違えないように！

🔥16 ✕ →テーマNo.47

付加重合が正しいぞ。なお、縮合重合は、2つの単量体から水のような簡単な分子が取れる縮合反応によって次々に結びついていく重合反応だ。

🔥17&18 ◯ →テーマNo.36

正解は下記の通り。まずは問題17から。反応物質は、塩化ナトリウムNaClと硫酸H_2SO_4で、生成物質が硫酸ナトリウムNa_2SO_4と塩化水素HClだ。まずは反応式を書いてみよう。

$$NaCl + H_2SO_4 \rightarrow Na_2SO_4 + HCl$$

左辺と右辺の原子数を比較すると、左辺のNaが少ないので、係数を2NaClとする。そうすると、今度は右辺のClが少ないので、これを2HClとする。そうすると完成だ。

$$\underline{2NaCl + H_2SO_4 \rightarrow Na_2SO_4 + 2HCl}$$

次に問題18だ。反応物質はエタノールC_2H_6Oと酸素O_2（完全燃焼）で、生成物質は水H_2Oと二酸化炭素CO_2だ。これを先ず反応式で表すと次のようになるぞ。

$$C_2H_6O + O_2 \rightarrow H_2O + CO_2$$

左辺と右辺の原子数を比較すると、右辺のHが4つとCが1つ不足するので、それぞれの係数を3、2として反応式を作るぞ。

$$C_2H_6O + O_2 \rightarrow 3H_2O + 2CO_2$$

今度は酸素の数を見ると、右が7つに対して左は3つだ。酸素O_2の係数を3とすれば、全ての係数がそろうぞ。

$$\underline{C_2H_6O + 3O_2 \rightarrow 3H_2O + 2CO_2}$$

> 係数をそろえるときは、酸素のような単一原子でできている物質を最後の係数調整に使用すると、判別しやすいぞ！

🔥 **19** ① →テーマNo.45

有機化合物は、有機溶媒にはよく溶けるが水には溶けにくいものが多いぞ（水酸基を持つものや、カルボン酸は溶けやすいが例外）。
よって、誤っているものは1つなので①が正解だ。

🔥 **20** ⑤ →テーマNo.44

本問はボルタの電池についての問題だ。イオン化傾向の異なる金属を水溶液に浸して電線接続すると、イオン化傾向の大きい金属（Zn）がZn^{2+}となって水溶液中に溶け出し、それによって放出された電子が電線を通ってイオン化傾向の小さい金属（Cu）に移動するぞ。

つまり、電子は亜鉛→銅の向きに移動するが、電流はその逆で、銅→亜鉛へと流れることになるぞ。酸化・還元について電子の授受を基準とする場合は、酸素の結合と逆になるので、電子の喪失（酸素と結合）が酸化となり、亜鉛板が酸化になるぞ。組合せを間違えないように選べば、正解は⑤と分かるはずだ！

問題

次の問いに答えよ。

🔥**21** 次のうち、化学変化に該当しないものはどれか。

① 水素と酸素が反応して水になった。

② ガソリンが燃えて二酸化炭素と水蒸気になった。

③ 塩酸に亜鉛を加えたら水素が発生した。

④ ガソリンが流動して静電気が発生した。

⑤ 紙に濃硫酸を掛けたら触れた箇所が黒くなった。

🔥**22** 反応速度について、次のうち誤っているものはいくつあるか。

A 反応温度が高いほど、反応速度も速くなる。

B 触媒を加えると反応速度が速くなるのは、活性化エネルギーを大きくさせる作用があるからである。

C 溶液濃度が高いほど、反応速度も大きくなる。

D 触媒は反応速度を変化させる働きがあるが、触媒そのものは変化しない。

E 活性化エネルギーが大きいほど、反応速度は大きくなる。

---

①1つ　　②2つ　　③3つ　　④4つ　　⑤5つ

🔥23 次の官能基の名称と構造（化学式）、主な物質名の組合せとして、誤っているものはどれか。

	構造	名称	主な物質名
①	–CHO–	アルデヒド基	アセトアルデヒド
②	–OH	ヒドロキシ基	フェノール
③	–NO₂	ニトロ基	アニリン
④	–COOH	カルボキシ基	酢酸、ギ酸
⑤	–O–	エーテル基	ジエチルエーテル

🔥24 アルコールに関する記述のうち、正しいものはいくつあるか。

A 分子内にヒドロキシ基が1個の物を1価アルコールという。
B アルコールとエーテルは構造異性体の関係にあり、エタノールの構造異性体として、ジメチルエーテルがある。
C 分子内にヒドロキシ基が2個以上あるものを多価アルコールという。
D 分子内に炭素数の多いアルコールを高級アルコールという。
E アルコールは、脂肪族炭化水素（アルカン）の水素原子をヒドロキシ基で置換した化合物である。

①1つ　　　②2つ　　　③3つ　　　④4つ　　　⑤5つ

解答

🔥21 ④ →テーマNo.31

テーマ31は物理学の内容だが、化学の問題としての出題も考えられる隣接テーマなので、ここで取り上げたぞ。改めて確認すると、複数の原子の組合せによって元の物質とは異なる性質に変化するのが化学変化だ。本問では、④以外は全て化学変化だ。④はガソリンの摩擦によって静電気が発生しただけで、ガソリンそのものは変わっていないぞ。

🔥22 ② →テーマNo.38

化学反応を起こさせるために必要な最小エネルギーが活性化エネルギーだ。つまり、大きな活性化エネルギーが必要ということは、それだけ大きなエネルギーを与えないと反応が起こらないことになるので、むしろ反応速度は遅

くなるんだ。この活性化エネルギーを低くすることで、反応速度を早くする
働きがあるのが、触媒だ。

以上より、BとEが誤っているので選択肢②が正解だ。A、C、Dは正しい記
述なので、そのまま覚えておこう！！

🔥 **23** ③ →テーマNo.45〜48

③はニトロ基で、構造と名称は正しいぞ。物質名のアニリンは、アミノ基
（–NH$_2$）を有する物質だ。ニトロ基を有する物質としては、ニトロベンゼ
ンや、ピクリン酸、トリニトロトルエンなどがあるぞ。

🔥 **24** ⑤ →テーマNo.45＆46

A〜Eは全て正しい記述だ。このまま覚えておこう！

第3科目

危険物の性質並びにその火災予防及び消火の方法

【目標得点】

20点満点中12点以上

※最も出題範囲が広いのがこの第3科目だ。試験で出題されやすいポイントには傾向があるので、そこには集中して。ただし、苦手を作らぬよう、満遍なく取り組むんだ！！

世界平和

「今は自分のために頑張ればよい。でも、この勉強で得た資格を使って仕事をすることになれば、
それは、社会（みんな）のためになるんだ！」

第 **5** 章

燃焼・消火に関する
基礎理論を学ぼう!

本章では、燃焼・消火に関する基礎
理論を学習するぞ。燃焼の発生する3
要素は、全てが同時にそろうことで
燃焼継続するから、消火するにはど
うすればいいか?
これが考えるポイントだ。なお、乙4
と違って、消火剤の特徴と適応可否
も出題されているので、併せて確認
するんだ!
燃焼範囲の計算問題はパターンを身
に付けてクリアしよう!

アクセスキー **4**
(数字のよん)

「燃える」って、どういうこと？

このテーマでは、燃焼するために必要な条件について学習するぞ。酸化反応が光と熱をともなって急激に進行することを燃焼というが、この燃焼が継続するために必要な3要素が何かをイメージしながら読み進めると理解しやすいぞ。

Step1 図解 目に焼き付けろ！

燃焼

O_2 酸素 → 発光 発熱
CO_2 二酸化炭素
C 炭
$C+O_2→CO_2$
酸化
発光 発熱

CO_2 → CO 一酸化炭素
酸素を失う還元

燃焼の3要素

可燃物 　 酸素供給源 O_2 　 熱源（点火源）

3要素は常に一緒、三位一体ということだ。3つが同時にそろうことで、ものは燃焼するんだ！！

Step2 解説 爆裂に読み込め！

→ モノはなぜ燃えるのか？

そこに可燃物・酸素供給源・熱源の3つが同時に存在しているから燃えるんだ！

なお、酸化反応が急激に進行して、著しい発熱と発光をともなう現象を燃焼というんだ。燃焼が起こるためには、可燃物・酸素供給源・熱源（点火源）の3つが同時に存在することが必要なんだ。これを、燃焼の3要素というぞ！

> つまり、3つの要素が同時にそろわないと燃焼は継続しないから、消火するには、このうちのどれか1つを取り除けばいいってことだ！　この後のテーマ51で消火の方法と消火薬剤について触れるから、そこで燃える要件と逆になっていることを確認するんだ！

→ 完全燃焼と不完全燃焼

人間、やった後悔よりもやらなかった後悔を引きずるモノだ。好きな子に好きと言えなかった青春時代。中途半端は後悔のもとだ。俺はお前と一緒にがっつり学んで、一発合格してもらいたいから完全燃焼するぞ、うぉりゃー！！

こんな感じで、酸素とがっつり反応（燃焼）する場合を完全燃焼といい、酸素との反応が中途半端な燃焼を不完全燃焼というんだ。

有機化合物が完全燃焼すると、炭素はすべて二酸化炭素になるが、不完全燃焼の場合は、二酸化炭素の他に一酸化炭素も発生するぞ。

> 不完全燃焼で発生する一酸化炭素は窒息性があって、吸い込むと中毒症状を引き起こし、最悪の場合には死に至るぞ。

第5章　燃焼・消火に関する基礎理論を学ぼう！

【完全燃焼の例】

・エチルアルコールの完全燃焼：$C_2H_5OH + 3O_2 \rightarrow 2CO_2 + 3H_2O$

・二硫化炭素の完全燃焼：$CS_2 + 3O_2 \rightarrow 2SO_2 + CO_2$

【不完全燃焼の例】

・炭素の不完全燃焼：$2C + O_2 \rightarrow 2CO$

　この他、燃焼の仕方によって、以下のように分類することもできるぞ。君が最初に取得した第4類危険物は引火性液体で、その燃焼は蒸発燃焼だったな！

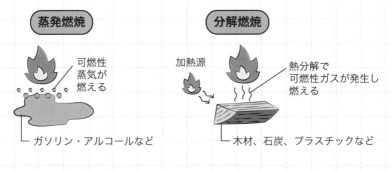

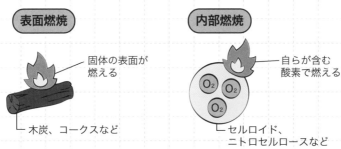

図49-1：燃焼の種類

表49-1：燃焼の種類と特徴

状態	名称	特徴
気体	定常燃焼 （バーナー燃焼）	プロパンガス等の燃焼
	非定常燃焼 （爆発燃焼）	可燃性気体と空気が混合し、密閉空間中で点火すると発生する、爆発的な燃焼
液体	蒸発燃焼	液面から蒸発した可燃性蒸気と空気が混合した燃焼
固体	表面燃焼	可燃性固体の表面が酸素と反応する燃焼（次第に内部に燃焼が進む）
	分解燃焼	可燃物が熱分解されて発生した可燃性ガスによる燃焼
	蒸発燃焼	固体が気化するときの蒸気による燃焼（ナフタリンや硫黄など）
	内部燃焼	自らの物質内に含んでいる酸素と反応する燃焼

第5章　燃焼・消火に関する基礎理論を学ぼう！

Step3 暗記 何度も読み返せ！

- □ 熱と光の発生をともない、急激に進行する酸化反応を［燃焼］という。
- □ 燃焼が継続するには、燃焼の3要素が同時にそろう必要がある。これは、［可燃物］・酸素供給源・［点火源（熱源）］の3つのことである。
- □ 酸素が十分な条件下での燃焼を［完全燃焼］といい、不足する条件下では不完全燃焼となる。このとき発生する［一酸化炭素］は、窒息性があって有毒である。
- □ 第4類危険物の燃焼は［蒸発燃焼］で、液面から発生した［可燃性蒸気］と空気の混合気体が燃焼する。

重要度：🔥🔥🔥

何℃になったら燃える？

このテーマでは、第4類危険物（引火性液体）の燃焼範囲について学習する！
引火点と発火点の違いに気を付けて見ていくぞ！　計算問題は、乙4よりは出題
は少ないが慣れるしかない。問題を繰り返し解きまくれ！！

Step1 図解　目に焼き付けろ！

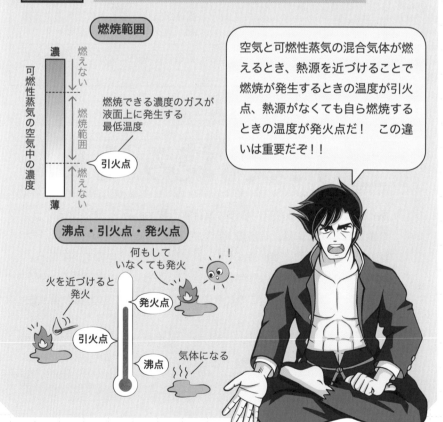

燃焼範囲

可燃性蒸気の空気中の濃度（濃⇔薄）

燃えない／燃焼範囲／燃えない

燃焼できる濃度のガスが
液面上に発生する
最低温度
→ 引火点

空気と可燃性蒸気の混合気体が燃
えるとき、熱源を近づけることで
燃焼が発生するときの温度が引火
点、熱源がなくても自ら燃焼する
ときの温度が発火点だ！　この違
いは重要だぞ！！

沸点・引火点・発火点

何もして
いなくても発火

火を近づけると
発火

発火点

引火点

沸点　気体になる

Step2 解説 ▶ 爆裂に読み込め！

➔ 適量：ほどほどが大事

合格に向けての勉強は俺と一緒にがっつりやるが、モノが燃えるときの酸素濃度は、がっつりでも中途半端でもダメなんだ。

> 酸素は多すぎても少なすぎても燃焼しないから、適量である必要があるのね。

その通りだ。燃え始める可燃性蒸気と空気の混合割合の範囲を燃焼範囲（爆発範囲）というぞ。

燃焼範囲の中で、高濃度の方を燃焼（爆発）上限界、低濃度の方を燃焼（爆発）下限界という。当然だが、燃焼下限界の値が低く、その範囲が広いほど、燃えやすく危険な物質といえるんだ。

> 燃焼範囲の計算問題は、甲種では乙4ほど出題されていないため以下の公式を確認しておこう！

$$\text{vol\%} = \frac{\text{可燃性蒸気の容量}}{\text{混合気体の容量}} \times 100$$

ガソリンのような可燃性液体は常に表面から気化して、液面付近には可燃性蒸気が漂っているんだ。液温が上がると、ある温度で可燃性蒸気と空気の混合率が、燃焼範囲に突入するわけだが、このときの最低温度を引火点というんだ。空気中で可燃性物質を加熱したときに、炎や火花を近づけなくても、自ら発火して燃焼を始める最低温度を発火点というぞ！

第5章　燃焼・消火に関する基礎理論を学ぼう！

引火点と発火点の違い、それは、熱源の有無といえるな！ 引火点は熱源で点火されることで燃焼を始める温度のことだが、発火点は熱源がなくても、自ら燃え始める温度のことだ。別物だから、間違えるなよ！！

➡ 自然発火は優しい人が突然キレるのと一緒だ!

一見おとなしそうな人が、突然声を上げてブチギレて、周囲の人がびっくりすることがあるよな。そういう人は、いろいろなことが積み重なって、ある日突然「プチン」となるわけだ。

自然発火も同じで、常温の空気中で物質が自然に発熱、その熱が長時間蓄積されて発火点に達して燃焼を起こす現象のことだ。

キレるのも、自然発火も、積み重ねが原因なんですね。とはいえ、燃えやすいものと燃えにくいものの違いって何があるんですか？

物質の燃焼には、燃焼しやすい状態や性質がある。燃えやすさの違いはこれに関係があるぞ。

表50-1：燃焼しやすくなる条件

燃焼しやすい状態	・粉末状や霧状など、空気との接触面積（酸化表面積）が大きい状態 ・周囲もしくは物質そのものの温度が高い状態 ・乾燥している状態
燃焼しやすい物質	・低温で気化して可燃性蒸気を発生する物質 ・酸化しやすい物質 ・熱伝導率が低く、熱をため込みやすい物質 ・比熱が小さく、少熱量で温度上昇する物質 ・引火点、発火点が低い物質 ・燃焼範囲の下限が低く、その範囲が広い物質

➡ 一緒にしたらダメな、犬猿の仲

酸化と還元はいつも同時に起こっている仲良しコンビだったけど、一緒にいるとケンカをしてしまう組合せって、人間だけじゃなくて化学の世界でもあるんだ。混ぜたり一緒にしたりすると、発火や爆発、有毒ガスが発生する物質の組合せがある。こういった恐れがあることを混合危険というんだ。代表的なものは、次の4つ。

・酸化性物質と還元性物質
・爆発性物質が生成される組合せ
・アルカリ金属と水（接触禁止という意味で）
・トイレ用洗剤にある酸性洗剤と塩素系洗剤（有毒ガス発生）

意外と身近に多くあるから、一度探してみよう！！

Step3 暗記　何度も読み返せ！

□ 燃焼が発生する可燃性蒸気と空気の混合割合を［燃焼範囲］という。
□ 火を近づけると燃焼を始めるときの温度を［引火点］、熱源がなくても燃焼を始めるときの温度を［発火点］という。
□ 燃焼しやすい物質の特徴として、［酸化表面積］が大きい状態、周囲もしくは物質そのものの温度が［高い］状態、［乾燥］している状態などがある。
□ 一般に、燃焼範囲の下限が［低く］、その範囲が［広い］物質ほど、危険性が高いといえる。

第5章　燃焼・消火に関する基礎理論を学ぼう！

271

火を消すには？

このテーマでは、消火法についての理論を学ぶぞ！　結論としては燃焼の逆になっているから、燃焼の理論を思い出しながら取り組もう！　併せて、消火器の分類と「消火の3+1要素」が重要で、化学の知識も織り交ぜながら見ていくと、理解が深まるはずだ！

Step1 図解 目に焼き付けろ！

「燃焼の3要素」と「消火の3+1要素」

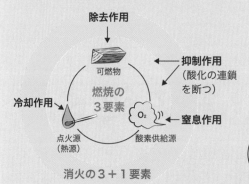

除去作用

可燃物

燃焼の3要素

抑制作用（酸化の連鎖を断つ）

冷却作用

点火源（熱源）

窒息作用

酸素供給源

消火の3+1要素

消火器の分類

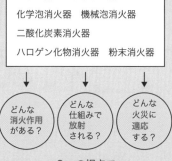

水消火器　強化液消火器
化学泡消火器　機械泡消火器
二酸化炭素消火器
ハロゲン化物消火器　粉末消火器

どんな消火作用がある？

どんな仕組みで放射される？

どんな火災に適応する？

3つの視点で分類できるようにする！

このテーマで学習する消火器の分類は、「①消火作用による分類　②放射方法による分類　③適応火災による分類」だ。

Step2 解説 爆裂に読み込め！

→ ものが燃えるには、3つの要素がそろわないとダメなんだ！

　皆を合格に導く熱血指導と情熱講義、そして繰り返しの重要性。この3つがそろったのが、漢・国松というわけだ！

　冗談はさておき、本題だ。

　燃焼とは、著しい発熱と発光をともなって急激に進行する酸化反応のことだ。この燃焼が起こるには、可燃物・酸素供給源・点火源（熱源）の3つが同時に存在することが必要で、この燃焼に必要な3つの要素を燃焼の3要素というんだ。

> つまり、どれか1つでも欠けると燃焼は継続しないということですか？

　お、鋭いな。その調子だ！

　「3要素のすべてが同時にそろって燃焼する」ということは、逆説的に考えれば、「どれか1つでも欠けると、燃焼は止まる（継続しない）」ということだ。

　燃焼の3要素ごとに対応する消火法（可燃物⇒除去作用、点火源⇒冷却作用、酸素供給源→窒息作用）を消火の3要素というんだ。この他、燃焼を化学的に抑制する方法（抑制作用）も含めて、消火の3＋1要素（4要素）ということもあるぞ。

> （この人の暑っ苦しいハートの炎も少し鎮められないかな…。）

　俺の情熱ハートの火を消したいと思っただろう。よし、消火法を教えてやる。

◆俺のハートを奪ってみろ！「除去作用」

　可燃物を取り除くことによって消火するのが除去消火だ。たとえば、森林火災で周囲の樹木を伐採したり、ガスの元栓を閉める方法がそれだ。

何事も最初が難しく、徐々に簡単になっていくぞ！

◆俺のハートから熱を奪え！「冷却作用」

　<u>熱源から熱を奪う</u>ことで、引火点または発火点未満の温度にして燃焼の継続を遮断するのが冷却消火だ。広く利用されているのは水で、噴霧して燃焼物にかけることによって、気化した水蒸気による窒息作用もあるんだ。

◆俺のハートを閉じ込めてシャットアウト！「窒息作用」

　<u>酸素供給を断つ</u>ことで消火する方法が、窒息消火だ。理屈としては、空気中に含まれる21%の酸素濃度が14%以下になると燃焼は継続しないので、これによって消火するんだ。

◆俺のハートにブレーキをかけろ！「抑制作用」

　燃焼という酸化反応を、<u>化学的に遅らせたり止めたり</u>するのが抑制消火だ。このとき、一定の化学反応を促進する物質で自らは変化しないものを触媒といい、その逆（進行を遅らせる）なので、負触媒作用ともいわれるぞ。

表51-1：消火器ごとの消火作用

消火器の種類	冷却作用	窒息作用	抑制作用
水消火器	○	-	-
強化液消火器	○	-	○
化学泡消火器	○	○	-
機械泡消火器	○	○	-
二酸化炭素消火器	○	○	-
ハロゲン化物消火器	-（物により○）	○	○
粉末消火器	-（物により○）	○	○

　しかーし！　俺のハートの炎は簡単には消させないぞ。さて、消火作用で消火器を分類したのが上の表だ。どの消火器にどのような消火作用があるか。試験では、これがよく出題されているぞ！　複数の消火作用があるものを中心に、要チェックだ！！

➡ 消火薬剤の放射方法は2種類のみ！

今度は消火器の中に充てんされている薬剤の放射方法（放射圧力源）の違いで見ていくぞ。これについては2種類しかないが、試験ではよく出てくるんだ。

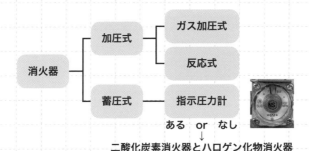

図51-1：消火器の放射方法の種類

加圧式は、①消火器内部に加圧用ガス容器を内蔵するガス加圧式と、②化学反応を利用した反応式の2種類に分けられるんだ。違いの分かる受験生が押さえておきたいのは、反応式は化学泡消火器のみという点だ。

一方の蓄圧式は、①消火器本体容器内に圧縮した窒素ガスを充てんしたものと、②消火薬剤自体を圧縮充てんしたものに分けることができるんだ。前者は充てん圧力値を確認する指示圧力計が装着されているが、後者はそれがないのが特徴で、二酸化炭素消火器とハロン1301消火器がそれだ。

表51-2：加圧式と蓄圧式の比較

	蓄圧式	加圧式
構造	常時0.98MPa以下でガス充圧	放出時に加圧用ガス容器で加圧
圧力源	窒素（N_2）	二酸化炭素（CO_2）または窒素
日常点検	指示圧力計の数値で確認	容器等の外観観察で確認
放出時圧力と状態	0.7～0.98MPaで均一	瞬間的に1.2MPa程度まで圧力上昇し、加圧直後が最大放出圧力
使用感（難易）	レバーを軽く握る	加圧用ガス容器の破封に多少の力が必要
放射の一時中断	全機種可能	一部可能（できないものがある）

➡ 適応火災による分類

火災はA（普通）、B（油）、C（電気）に分けられるが、それぞれの消火器の適否は以下の通りだ。

表51-3：消火器と適応火災　　※○：適、－：不適

消火器の種類	A（普通）火災	B（油）火災	C（電気）火災
水消火器（棒状）	○	－	－
水消火器（霧状）	○	－	○
強化液消火器（棒状）	○	－	－
強化液消火器（霧状）	○	○	○
化学泡消火器	○	○	－
機械泡消火器	○	○	－
二酸化炭素消火器	－	○	○
ハロゲン化物消火器	－（物により○）	○	○
粉末消火器(リン酸塩類等)	○	○	○
粉末消火器(炭酸水素塩類)	－	○	○

Step3 暗記　何度も読み返せ！

□ 燃焼を遮断するには、燃焼の3要素のうち [どれか1つ] を取り除けばよい。

□ 蓄圧式の消火器には [指示圧力計] が装着されているが、ハロン1301消火器と [二酸化炭素消火器] には装着されていない。

□ 加圧式の消火器は、ガス加圧式と反応式で分類され、[化学泡消火器] は、唯一の反応式である。

□ 熱源から熱を奪うのは [冷却] 消火、酸素供給を遮断するのは [窒息] 消火である。なお、可燃物を取り除くのは [除去] 消火で、一例として、ガスの元栓を締めたり、[森林火災で周囲の樹木を伐採する] 等の方法がある。

□ 火災はA [普通] 火災、B [油] 火災、C [電気] 火災に分けられ、水を使って消火する場合、棒状放射は [A（普通）] 火災のみ、霧状放射は [A（普通）] 火災と [C（電気）] 火災に適応する。

燃えろ！ 演習問題

本章で学んだことを復習だ！ 分からない問題は、テキストに戻って確認するんだ！ 分からないままで終わらせるなよ！！

問題

次の文章の正誤を述べよ。

🔥 **01** 燃焼の3要素とは、可燃物、酸素供給源及び熱源をいい、このうち1つでも欠けると、燃焼は継続しない。

🔥 **02** 液体が燃焼するということは、液体そのものが燃焼していることである。

🔥 **03** 除去消火とは、燃焼に必要な酸素を除去する消火法である。

🔥 **04** 熱伝導率の大きい物質ほど燃えやすい。

🔥 **05** 燃焼している可燃物を消火するためには、燃焼の3要素のうち2要素を取り除けばよい。

🔥 **06** 水は比熱が大きく気化熱も大きいので、冷却効果が大きい。

🔥 **07** 内部（自己反応性）物質の火災の消火方法は、窒息消火が効果的である。

🔥 **08** 燃焼は熱と光の発生をともなう急激な酸化反応である。

🔥 **09** 全ての可燃物は、完全燃焼すると二酸化炭素を生じる。なお、二酸化炭素は燃えない。

解答

🔥 **01** ⭕ →テーマNo.51

酸素供給源は空気、熱源は点火源として火、可燃物は燃えるもの（紙や木材、石炭など）と理解してくれればOKだ。

🔥 **02** ❌ →テーマNo.51&52

液体そのものが燃焼するのではなく、液体表面から発生する引火性蒸気と空気との混合蒸気が燃焼するんだ。燃焼するときの混合割合が、燃焼範囲といわれる数値になるぞ。

🔥 **03** ❌ →テーマNo.53

可燃物を取り除くのが除去消火だ、酸素を取り除く（遮断）するのは、窒息消火だ。間違えないように！！

🔥 **04** ❌ →テーマNo.29&52

これは間違える受験生が多い問題だ。熱伝導率が小さいと、熱が外部に伝導せずにたまっていく。これが蓄積することで、やがて自然発火するわけだから、熱伝導率の小さい物質ほど燃えやすいといえるぞ！

🔥 **05** ✕ →テーマNo.53

問題1の解説にもあるが、燃焼の3要素のうち、どれか1つを取り除けば消火できるぞ！

🔥 **06** ◯ →テーマNo.53

🔥 **07** ✕ →テーマNo.53

自己反応性物質（第5類危険物）は、物質内部に酸素を含んでいるため、窒息消火で外部の酸素を遮断しても、消火効果がないんだ。一度燃え出したら消火が困難。扱いに気を付けるべし！

🔥 **08** ◯ →テーマNo.51

🔥 **09** ◯ →テーマNo.51

炭素が不完全燃焼すると一酸化炭素、これが燃えて二酸化炭素というルートもあるが、二酸化炭素が燃えない理由（これ以上酸素と結合しないから）は試験に出題されたこともあるので、覚えておこう！

（問題）

次の問いに答えよ。

🔥 **10** 次のA、B、Cの組合せのうち、燃焼の3要素がそろっているのはどれか。

選択肢	A	B	C
①	鉄粉	酸素	光
②	酢酸	空気	静電気火花
③	二硫化炭素	二酸化炭素	裸火（炎）
④	プロパン	窒素	衝撃火花
⑤	ネオン	空気	気化熱

🔥**11** 燃焼に関する以下の説明のうち、正しいものはいくつあるか。

> A 全ての可燃物は、完全燃焼すると二酸化炭素を生じる。
> B 石油類は主に蒸発により発生した蒸気が燃焼する。
> C 可燃性液体でも表面燃焼するものがある。
> D 固体の燃焼は全て表面燃焼である。
> E 分解燃焼のうち、その物質が含有する酸素により燃焼するものを
>   自己燃焼または内部燃焼という。

①1つ　　　②2つ　　　③3つ　　　④4つ　　　⑤5つ

🔥**12** ガソリンの燃焼範囲は1.4〜7.6容量％である。このガソリン蒸気500mlに対して空気を次の割合で混合したときに、引火しないものはどれか。正しいものを選びなさい。

①12.5L　　②25.5L　　③8.15L　　④2.05L　　⑤30.1L

解答

🔥**10** ② →テーマNo.51

Aは可燃物、Bは酸素供給源、Cは熱源のグループだ。3要素がそろっているのは、②のみだ。他の選択肢については、以下の通り。

グループA：ネオンは希ガスで不活性のため可燃物ではない。

グループB：二酸化炭素と窒素は酸素供給源ではない。

グループC：光と気化熱は熱源ではない。

🔥**11** ③ →テーマNo.51

正しい記述は、A、B、Eの3つだ。誤りの選択肢は、以下の通り。

C可燃性液体でも表面燃焼するものがある。

はない

⇒表面燃焼は固体に特有の燃焼であり、可燃性（引火性）液体の燃焼は蒸発燃焼だ。

D固体の燃焼は全て表面燃焼である。

全てではない。

⇒表面燃焼の他に、分解燃焼や一部ではあるが蒸発燃焼もあるぞ。

🔥 **12** ④ →テーマNo.52

ガソリンの混合蒸気が燃えるのは、空気との混合割合が1.4〜7.6容量％の
ときであることは問題文の通りだ。そこで、求める空気量をALとして計算
するぞ。ガソリンの蒸気量500mlは0.5Lとなる点に気を付けよう。

まずは下限値（1.4）から。ガソリンの蒸気量0.5Lに対して、混合気体の容
量は、（0.5＋A）となる。この百分率を解けばよいというわけだ。

$$\frac{0.5}{0.5+A} \times 100 = 1.4$$

分母にある0.5＋Aを左右両辺に掛けて、分数状態を直すと、

$0.5 \times 100 = 1.4 \ (0.5+A)$

$50 = 0.7 + 1.4A \quad 1.4A = 49.3$

$$A = \frac{49.3}{1.4} ≒ 35.2L \quad となる。$$

空気量が35.2Lを超えると、混合蒸気は燃えないと分かる。

同様に、今度は上限値で計算する。

$$\frac{0.5}{0.5+A} \times 100 = 7.6$$

分母にある0.5＋Aを左右両辺に掛けて、分数状態を直すと、

$0.5 \times 100 = 7.6 \ (0.5+A)$

$50 = 3.8 + 7.6A \quad 7.6A = 46.2$

$$A = \frac{46.2}{7.6} ≒ 6.079L \quad となる。$$

空気量が約6.08Lを下回ると、混合蒸気は燃えないと分かります。

以上から、500mlのガソリンと混合する空気量が、6.08〜35.2Lの範囲内に
あるとき、混合蒸気は燃えることが分かるぞ。

この範囲内にない場合、その混合蒸気は燃えないんだ。

選択肢を見ると、④2.05Lだけこの範囲にないのでこれが正解と分かる。

燃焼範囲の下限値のときに空気量が最大で上限値のときに空気量が最小と、
逆になるのがややこしいという受験生は結構いるんだ。

でも考えてほしい！空気とガソリンの混合蒸気が燃えるわけだが、そもそも
燃焼の根源はガソリンの蒸気だ。燃焼範囲の下限とは、ガソリンの蒸気が少
なくて空気濃度が高い場合（空気量が多い）にあたり、燃焼範囲の上限はガ
ソリン濃度が濃い（空気量が少ない）場合となるんだ。

（問題）

次の問いに答えよ。

🔥13 消火について、次のうち誤っているものはいくつあるか。

A 燃焼物の温度を下げて、発火点以下にすれば消火することができる。

B 電気火災の消火にあたり、たとえ霧状放射であっても注水消火はNGである。

C セルロイドなど、自己燃焼をする物質に窒息効果による消火は不適当である。

D 熱源から熱を除去して消火する方法を除去消火という。

E 二酸化炭素は空気より重く安定した不燃性の気体で窒息効果があり、気体自体に毒性もないので、狭い空間でも安心して使用できる。

①1つ ②2つ ③3つ ④4つ ⑤5つ

🔥14 次の消火剤のうち油火災の消火に不適応なものはいくつあるか。

霧状の強化液、二酸化炭素消火剤、霧状の水、棒状の強化液、ハロゲン化物消火剤、粉末消火剤

①1つ ②2つ ③3つ ④4つ ⑤5つ

🔥15 次の表は、消火器とその主な消火効果を表したものである。
正しいものはいくつあるか。

選択肢	消火器	消火効果
A	泡消火器	冷却効果、抑制効果
B	強化液消火器（霧状）	冷却効果、抑制効果
C	二酸化炭素消火器	窒息効果
D	ハロゲン化物消火器	窒息効果、抑制効果
E	粉末消火器	冷却効果、窒息効果

①1つ ②2つ ③3つ ④4つ ⑤5つ

第5章 燃焼・消火に関する基礎理論を学ぼう！

🔥13 ④ →テーマNo.53

正しい記述は、Cのみだ。他の選択肢は以下の通り。

A 燃焼物の温度を下げて、~~発火点~~以下にすれば消火することができる。
⇒引火点が正解だ。

B 電気火災の消火にあたり、たとえ霧状放射であっても注水消火は~~NG~~である。⇒霧状放射であれば電気火災はOK。NGなのは油火災だ！

D 熱源から熱を除去して消火する方法を除去消火という。

冷却

E 二酸化炭素は空気より重く安定した不燃性の気体で窒息効果があり、気体自体に毒性もないので、狭い空間でも~~安心して使用できる~~。

使用NGだ！

⇒二酸化炭素の性質（前半）は正しいが、狭い空間で使用すると窒息効果で人が窒息する危険性があるので、狭い空間では使用NGだ。

🔥14 ② →テーマNo.53

油火災に不適応な消火剤は、棒状の水と強化液、霧状の水（水は絶対NG）の3つあるが、本問の選択肢を見ると、「霧状の水、棒状の強化液」の記載があるので、②2つが正解だ。

🔥15 ③ →テーマNo.53

B～Dが正しい記述だ。誤りの選択肢については、以下の通り。

A 泡消火器は、液体を含む泡による冷却効果と泡で包み込むことによる窒息効果で消火するぞ。

E 粉末消火器は、抑制効果と窒息効果で消火するぞ。

第 **6** 章

危険物の性質に関する基礎理論を学ぼう!

本章では、危険物(第1類〜第6類)の性質に関する基礎を学習するぞ。
「共通する性状等に関する問題」を解く上で必須の知識だ。なお、出題範囲が最も広いが、出題されやすい物質とそうでない物質、6つある類のうち、得点しやすい類とそうでない類が明確なので、学習に取り組む上で効率的に進めていく方法も俺が伝授するからな! さあ、俺について来い!!

アクセスキー **a**
(小文字のエー)

No. 52 /66

6つの危険物の分類と特徴を「ざっくり」学ぼう！

このテーマでは、危険物の分類と特徴について学習するぞ。第1類〜第6類までの6種類に分類され、同類の危険物の性質は共通しているんだ。なお、各類の性質はここでざっくりと見てくれればOKだ！

Step1 図解 目に焼き付けろ！

危険物の分類	性質	状態
第1類	酸化性	固体
第2類	可燃性	固体
第3類	自然発火性、禁水性	固体または液体
第4類	引火性	液体
第5類	自己反応性	固体または液体
第6類	酸化性	液体

類ごとの性質は法令でも触れているが、同時貯蔵の可否等を中心に類間の相性や特徴を、ココでは「ざっくり」理解してくれればOKだ！なお、細かい定義（固体、固体または液体、液体）の違いには、くれぐれも気を付けてくれよ！

Step2 解説 ▶ 爆裂に読み込め！

➡ 6つの危険物の分類を見ていくぞ！

　君が取得を目指す「甲種危険物取扱者」は、全ての危険物を扱える超優秀！ スペシャリストな資格だ。全ての危険物を扱うには、当然全ての危険物を知っていなければダメだから、これからすべての危険物について見ていくわけだ。

　とはいえ、いきなり個別の危険物を一つ一つ見ていくのは効率が悪い！ そこで、ここでは各類の危険物について、その概要をチェックしていくぞ。

表52-1：類ごとの危険物の概要物

危険物の分類	取扱に必要な免状	性質	状態	主な物品
第1類	乙種1類	酸化性	固体	塩素酸塩類、過塩素酸塩類、無機過酸化物、亜塩素酸塩類など
第2類	乙種2類	可燃性	固体	硫化リン、赤リン、硫黄、鉄粉、金属粉、マグネシウムなど
第3類	乙種3類	自然発火性、禁水性	固体または液体	カリウム、ナトリウム、アルキルアルミニウム、黄リンなど
第4類	乙種4類	引火性	液体	ガソリン、アルコール類、灯油、軽油、重油、動植物油類など
第5類	乙種5類	自己反応性	固体または液体	有機過酸化物、硝酸エステル類、ニトロ化合物など
第6類	乙種6類	酸化性	液体	過塩素酸、過酸化水素、硝酸など

（甲種は全類共通）

　法令分野でも触れたが、「気体」の危険物は存在しないぞ！「固体」、「固体または液体」、「液体」はそれぞれ別物だ！ 第1・2類は固体のみ、第4・6類は液体のみ、第3・5類は固体と液体の両方が存在するぞ！ 定義は厳密に覚えておくんだ！！

◆酸化性とは？（第1、6類）

熱や衝撃が加わると酸素を放出して、他の物質の燃焼（酸化）を助けてしまう性質のことを酸化性というぞ。自分自身は燃えない（不燃性）が、可燃性の物質に混ざると酸素供給源となって可燃物を激しく燃やし、爆発を起こす危険な物質だ。テーマ41で見た、酸化剤の性質と一緒だ！

図52-1：酸化性

図52-2：可燃性

◆可燃性とは？（第2類）

着火しやすく、比較的低温（40℃未満）で引火する性質のことを可燃性というんだ。酸化剤などの酸素供給源と一緒にすると危険な物質といえるんだ。テーマ41で見た、還元剤の性質と一緒だ！

◆自然発火性・禁水性とは？（第3類）

空気に触れると自然発火するのが自然発火性、水に触れると発火したり可燃性ガスを発生するのが禁水性だ。多くは両方の性質を有しているが、自然発火性のみ有しているものも存在する。

◆引火性とは？（第4類）

他からの加熱によって、引火・発火しやすい性質のことを引火性というんだ。乙4の試験勉強で既に学んでいるから復習と思って見てくれ！

図52-3：引火性

図52-4：自己反応性

◆自己反応性とは？（第5類）

　加熱や衝撃、摩擦などによって分解して酸素を放出し、その酸素で自分自身が酸化して大量の熱を発生し、爆発的に燃焼する性質を自己反応性というんだ。物質内部に酸素を含有しているから、窒息消火（外部からの酸素供給を遮断する消火方法）は効果がないんだ！

→ 類ごとに危険物の性質（概要）を見ていくぞ！

　それでは、以後第1類～第6類の危険物について類ごとに概要を見ていくぞ。

◆第1類：酸素を与えるが、自らは燃えない！

　物質内部に酸素原子が含まれていて、他の物質に酸素を供給する酸化剤の役割をする。自らは燃えないから、不燃性の酸化性固体ともいえるな。第2類の可燃物と混合すると、熱・衝撃・摩擦などによって激しい燃焼を引き起こすから、同時保管はNGだ。

表52-2：第1類危険物の特徴

主な品名・物品名	塩素酸カリウム、塩素酸ナトリウム、過塩素酸カリウム、過塩素酸ナトリウムなど
特性	多くは無色の結晶か白色の粉末で、一般に不燃性の酸化性固体で、強酸化剤となり、激しい燃焼を引き起こす
火災予防法	衝撃・摩擦を与えない。火気・加熱及び酸化されやすい物質との接触を避ける
消火方法	一般には大量の水による冷却消火で分解温度以下に下げる方法が有効。ただし、アルカリ金属の過酸化物は水と反応するため、乾燥砂、粉末消火剤等を用いた窒息消火が有効

◆第2類：酸素を奪って燃える！

　他の物質から酸素を受け取る還元剤で、燃えやすい可燃性の固体が第2類だ。比較的低温で引火しやすい物質が含まれているから、第1、6類との混載は厳禁だ！

表52-3：第2類危険物の特徴

主な品名・物品名	硫黄、亜鉛粉、赤リン、三硫化リン、五硫化リン　など
特性	比較的低温で着火し、燃焼速度が速い。燃焼時に有毒ガスを発生するものもあり、粉末状のモノが粉塵爆発を起こしやすい
火災予防法	酸化剤（第1、6類）との接触、混合及び炎、火花等の接近・加熱を避ける。物質によっては、水や酸との接触を避ける必要がある。静電気の蓄積にも注意する
消火方法	水と接触して発火したり有毒ガスを発生させる物質には、乾燥砂などで窒息消火が有効

◆第3類：空気・水との接触NG！

　空気にさらされることにより自然発火する危険性を有するもの（自然発火性）または、水と接触して発火、もしくは可燃性ガスを発生させるもの（禁水性）が第3類だ。多くの物質は、この両方の性質を有しているが、黄リンは自然発火性のみ有しているんだ。

表52-4：第3類危険物の特徴

主な品名・物品名	カリウム、ナトリウム、黄リンなど
特性	ほとんどの物質が、自然発火性及び禁水性の両方の危険性を持っている
火災予防法	自然発火性物質は、炎・火花等の接触、禁水性物質は水との接触を避ける
消火方法	水や泡などの水系消火剤はNGのため、一般には、炭酸水素塩類の粉末消火剤が有効

◆第4類：引火しやすい液体、街中で一番見かけるぞ！

　第4類危険物は、引火性液体だ。既に取得している資格だと思うが、復習と思い再度挑戦しよう！　個別の性質や特徴は第10章で見ていくから、ここではざっくりと概要を思い出しておくんだ！

表52-5：第4類危険物の特徴

主な品名・物品名	特殊引火物、アルコール類、石油類、動植物油類
特性	引火する危険性が大きく、水には溶けにくいものが多い。発火点が低いものもある。発生した蒸気の比重は、すべて1より大きく、危険物の液比重は多くが1より小さい。ただし、一部の物質は1より大きいものも存在する
火災予防法	炎、火花、高温体との接触・加熱を避けると共に、みだりに蒸気を発生させない。静電気除去に留意する
消火方法	基本的には空気遮断による窒息消火が有効

◆第5類：メラメラと勝手に反応！

　物質自体が可燃物でありながら、物質内部に酸素原子を含んでおり、可燃物と酸素供給源を一緒にしているため、勝手に反応がどんどん進行するのが第5類だ。

表52-6：第5類危険物の特徴

主な品名・物品名	硝酸メチル、硝酸エチル、ニトログリセリン、セルロイド類、TNTなど
特性	燃えやすく、燃焼速度が速い。加熱・衝撃・摩擦等により発火し、爆発するものが多い
火災予防法	火気または加熱を避けると共に、衝撃・摩擦等を避ける
消火方法	大量の水で冷却消火、または泡消火剤が有効だが、爆発的に反応し燃焼速度も速いため、消火は極めて困難

◆第6類：第1類の液体版！

　第6類危険物は、不燃性の酸化性液体だ。物質そのものは燃焼しないが、混在する他の可燃物の燃焼を促進する性質を有しているんだ。

　第1類が酸化性固体だから、その液体版のようなものだ（もちろん物質は違うが……）。

第**6**章

危険物の性質に関する基礎理論を学ぼう！

表52-7：第6類危険物の特徴

主な品名・物品名	過酸化水素、硝酸、過塩素酸など
特性	水と激しく反応し、発熱するものもある。不燃性だが、酸化力が強く、可燃物の燃焼を促進する
火災予防法	火気、日光の直射を避けると共に、可燃物・有機物との接触を避ける。水と反応するものは、水との接触を避ける
消火方法	一般に、水や泡が有効だが、燃焼物に対応した消火法を実施することが大切

➡ どこまで学習するべきか？　合格に向けた戦略会議!!

どこぞの政治家は、「○○戦略会議」やら「○○対策会議」というのを開催するのが好きらしいが、俺はここで、「甲種危険物取扱者試験　合格戦略会議」を盛大に開催したいと思うぞ！

> な、なにが始まるんだ！？

ふ、そう構えるな！　俺は合格請負人だ！　君がこの試験に合格する上で必須の勉強法について解説しておくぞ。

1日24時間という有限の時間は、誰もが共通に持っているものだ。社会人としてフルタイムで働く人から、学生や専業主婦の人、もちろん俺も同じだ。自分の日々の生活があって、勉強に割ける時間には当然限度がある。だからこそ、効率よく試験に合格するために必要な事がある！　それは、

「満遍なく勉強しない！」だ！！

> えー！　それじゃ、集中するところは集中するけど、諦めるところは諦めちゃえって事ですか！？

ちがーう！人の話は最後まで聞くんだ！！

俺が言ったのは、この物性（第3科目）は合計20問出題されていて、第1類から第6類までほぼ同数（同程度）の出題がなされているんだ。つまり、品名や物質名の多い第1・4類は「労多くして益少なし」になる可能性があるので、物質数の少ない分野から取り組むのも1つのテクニックだと言いたいんだ！テキストの都合上、1類から順番に2・3…と解説しているが、まずはテキスト全体を俯瞰して、どの分野から取り組むのか。それを自分なりに考えてみてはどうかと提案しているんだ！！

確かに、全く勉強しないなんてナンセンスですけど、それは検討した方がよいかもですね！！

ホッ…（分かってもらえて安心だぜ）。

実際に貯蔵・取扱われる危険物の大部分は第4類危険物だが、甲種の試験では、その実情に関係なく各類から出題されているので、まずは概要をつかみ、個別の類を学習する際は取り組む順番を自分なりに考える。例えば、乙4受験をしたときに、物性はパーフェクトだったというのであれば、復習を兼ねて先に取り組む（得意だからスイスイだ！）というのもアリだし、以下に記載する品目数の少ない順に学習するのもアリだぞ！

～1類から6類　品目数の少ない順～
（少・楽）6類＜2類＜3類＜5類＜4類＜1類（多・厳）

僕は先生の言う通りに後ろ（6類）からやってみようかな！

私は4類が得意だったので、4類のあとは順に1・2…とやってみます！

Step3 暗記 → 何度も読み返せ！

☐ 第1類危険物は、[不燃性]の[酸化性固体]で、他の物質に[酸素]を供給する酸化剤の役目を果たしており、[可燃物]との接触は厳禁である。

☐ 第3類危険物は[自然発火性]及び禁水性の[固体または液体]で、多くは[両方の性質]を有している。なお[黄リン]は自然発火性のみである。

☐ 第4類危険物は[引火性液体]で、蒸気の比重は全て[1より大]である。

☐ 第5類危険物は[自己反応性]の[固体または液体]で、物質内部に[酸素原子]を含んでいるため、[窒息]消火は効果がない。

☐ 第6類危険物は[不燃性]の[酸化性液体]で、主な物質として、[硝]酸や過酸化水素などがある。

☐ 第2類危険物は[可燃性固体]で、火災により着火しやすい物質が該当し、主なものとして、硫黄や[赤]リンなどがある。

No. 53 /66

類ごとの指定数量をチェックしよう!

このテーマでは、危険物ごとの指定数量について学習するぞ。テーマ4・5で第4類危険物を例に指定数量の考え方と計算法は見てきたが、ここでは全ての危険物について、その数量をチェックするぞ！ 覚えるには、俺が考えた語呂合わせを使うんだ！！

Step1 図解 ▶ 目に焼き付けろ!

第1類

イチゴ のセール300 1000

第2類

100均にコイン1000枚 こてつ

第3類

あると きに なるサンゴ

第4類

足し算方式＋水溶性は非水溶性の2倍

第5類

ゴローは1・10、2・100

第6類

燃えない ローさん の液体

この語呂合わせを見ただけでは「?」だよな。この後各類の危険物の指定数量の表を見るので、そこと絡めてこの語呂合わせを覚えるんだ！ なお、指定数量の値そのものが出題されることはないので、あくまでこれを頭に入れて、指定数量倍数の計算ができるようにするんだ！

爆裂に読み込め！

➡ 4類のみ「L」、他は「kg」だ！

法令で既に触れているが、改めて確認するぞ。危険物について、その危険性を勘案して政令で定める数量が指定数量だ。数量そのものが規制対象というよりも、この数量の何倍以上の危険物を貯蔵・取扱うようになると各種規制（予防規程を定めろ、施設保安員を定めろなどなど）の対象になるかということを法令で学習したな。表を見ると分かるが、第4類危険物のそれは全て単位が「L」、他は全て「kg」になっているぞ。

表53-1：1類の指定数量

品名	指定数量
第1種酸化性固体	50kg
第2種酸化性固体	300kg
第3種酸化性固体	1,000kg

こうやって **覚えろ！**

イ チ　　　ゴ　　　の　　　セール　　　300　　　1000
1類　　　50kg　　　　　　　　　　　　　　300kg　　　1000kg

1つなら300円だけど、4つ買ったら1000円とお得！

表53-2：2類の指定数量

品名	指定数量
硫化リン、赤リン、硫黄	100kg
鉄粉	500kg
第1種可燃性固体	100kg
第2種可燃性固体	500kg
引火性固体	1,000kg

こうやって **覚えろ！**

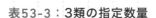

100均	**に**	**コイン**	**1000枚**	**こ**	**てつ**
100kg	2類	引火性固体	1000kg	500kg	鉄

小鉄君が100均に行ってお支払はなんと！ コイン1000枚！

表53-3：3類の指定数量

品名	指定数量
カリウム、ナトリウム、アルキルアルミニウム、アルキルリチウム	10kg
黄リン	20kg
第1種自然発火性物質及び禁水性物質	10kg
第2種自然発火性物質及び禁水性物質	50kg
第3種自然発火性物質及び禁水性物質	300kg

第6章　危険物の性質に関する基礎理論を学ぼう！

こうやって **覚えろ！**

あ る	と	きに	なる	サンゴ
アルカリ系 10kg	黄リン 20kg		3類	50kg

サンゴ好き？　つい気になっちゃうよね〜。

表53-4：4類の指定数量

品名	溶解	指定数量
特殊引火物		50L
第1石油類	非水溶性	200L
	水溶性	400L
アルコール類		400L
第2石油類	非水溶性	1,000L
	水溶性	2,000L
第3石油類	非水溶性	2,000L
	水溶性	4,000L
第4石油類		6,000L
動植物油類		10,000L

こうやって **覚えろ！**

足し算方式＋水溶性は非水溶性の2倍

表53-5：5類の指定数量

品名	指定数量
第1種自己反応性物質	10kg
第2種自己反応性物質	100kg

こうやって 覚えろ！

ゴロー　は　いち　じゅう　　に　ひゃく
5類　　　　　　1種　　10kg　　　　2種　　100kg

いち・じゅう・に・ひゃく…、数を数えるゴローさん！

表53-6：6類の指定数量

品名	指定数量
過塩素酸、過酸化水素、硝酸	300kg

こうやって 覚えろ！

燃えない　ロー　さん　の液体
6類　　300kg（酸化性）

中国から摩訶不思議な燃えない液体をローさんが輸入してきた！？

語呂合わせで何とかできそうだけど、覚える量が多すぎです…。

第6章

危険物の性質に関する基礎理論を学ぼう！

　そうだよな。これらの表を見るだけで、頭痛がしそうなものだ。試験の話をすると、指定数量の数値がそのまま問われることはないし、指定数量倍数の計算問題についても基本は4類をベースにしているので、語呂合わせだけ最低減覚えてくれれば大丈夫だぞ！　なお、品名の定義（特に第4類危険物！）がたまに出題されているんだ。他の類については、前テーマで学習した概要を押さえておけば十分だ！

> アドバイスを1つ。指定数量倍数の計算は出題されても1問だ。

　20問中1問くらい…、最悪捨て問にしてもいいぞ！　だが、最初から取り組まない（諦める）のはナンセンス！　全力で取り組んで、時間や他の学習との兼合いでチョイスしてくれ！！

Step3 暗記　何度も読み返せ！

☐ 第1類危険物の指定数量は原則 [50] kgである。ただし、一部の物質は [300] kgと1,000kgである。

☐ 第2類危険物の指定数量は原則 [100] kgである。ただし、[鉄粉] は500kg、引火性固体は [1,000] kgである。

☐ 第3類危険物のうち、アルカリ金属及びアルカリ金属を含む物質の指定数量は [10] kg、[黄リン] は20kgである。

☐ 第6類危険物の指定数量は全て [300] kgである。

第4類危険物の指定数量について、空白の数値を答えなさい。

☐ 特殊引火物：[50L]

☐ 第1石油類（水溶性）とアルコール類：[400L]

☐ 第2石油類（非水溶性）：[1,000L]

☐ 動植物油類：[10,000L]

本章で学んだことを復習だ！ 分からない問題は、テキストに戻って確認するんだ！ 分からないままで、終わらせるなよ！！

問題

次の文章の正誤を述べよ。

🔥 **01** 1気圧において、常温（20℃）で引火するものは、必ず危険物である。

🔥 **02** 危険物は、必ず燃焼する。

🔥 **03** すべての危険物は、分子内に炭素、酸素または水素のいずれかを含有している。

🔥 **04** 第6類の危険物は、引火性の液体である。

🔥 **05** 燃焼している可燃物を消火するためには、燃焼の3要素のうち2要素を取り除けばよい。

🔥 **06** 水は、比熱が大きく気化熱も大きいので冷却効果が大きい。

🔥 **07** 内部（自己反応性）物質の火災の消火方法は、窒息消火が効果的である。

🔥 **08** 電気火災では、泡消火器は効果的である。それは、感電する恐れがないからである。

解答

🔥 **01** ✕ →テーマNo.54

問題を解くポイントとして、「必ず」とか、「常に」といったフレーズが出てきたときは、概ね誤っていると判断しても良いぞ。

🔥 **02** ✕ →テーマNo.54

第1・6類は不燃性だから、燃焼しないぞ。

🔥 **03** ✕ →テーマNo.54

第3類危険物のナトリウム（Na）や黄リン（P）は、記載の炭素、酸素または水素を含有していないぞ。

🔥 **04** ✕ →テーマNo.54

第6類危険物は不燃性の酸化性液体だ。引火性液体は第4類危険物のことだ。

🔥 **05** ✕ →テーマNo.51

燃焼の3要素のうち、1つだけ取り除けば消火できるぞ！

🔥 **06** ○ →テーマNo.53&54

記載の通りだ。水は安価で万能だが、非水溶性の第4類危険物の消火には不適だから、併せて覚えておくんだ！！

🔥 **07** × →テーマNo.54

自己反応性物質は物質内部に酸素を含有しているので、窒息消火には効果がないぞ！

🔥 **08** × →テーマNo.53

泡消火器（水系）は、電気火災には不適だ。

(問題)

次の問いに答えよ。

🔥 **09** 危険物に設ける表示（注意事項）として、正しいものはどれか。

①第1類の危険物の注意事項は、火気注意である。

②第2類の危険物の注意事項は、火気注意・自然発火注意である。

③第3類の危険物の注意事項は、火気厳禁・禁水である。

④第4類の危険物の注意事項は、可燃物接触注意である。

⑤第5類の危険物の注意事項は、衝撃・火気注意である。

🔥 **10** 危険物の類ごとに共通する性状について、次のうち正しいものはいくつあるか。

> A 第1類危険物は酸化性固体で、衝撃・摩擦に対して安定である。
> B 第2類危険物は可燃性の固体または液体で、酸化剤との混触により発火・爆発の恐れがある。
> C 第3類危険物は固体または液体で、多くは禁水性と自然発火性の両方を有している。
> D 第5類危険物は、自らは不燃性であるが、分解して酸素を放出する。
> E 第6類危険物は酸化性の液体で、有機物との混触により発火・爆発の恐れがある。

①1つ　　②2つ　　③3つ　　④4つ　　⑤5つ

🔥 **11** ある危険物が薬品びんに入っている。そのラベルには性状として以下の内容が記載されている。この危険物が該当する類として、正しいものはどれか。

「灰色の結晶。加熱により分解して水素を発生。また、水と激しく反応して水素を発生し、反応熱により自然発火する。湿気中でも自然発火し、酸化剤との混触により発熱・発火の恐れがある」。

①第1類　　②第2類　　　③第3類　　　④第4類　　　⑤第5類

🔥12　危険物の類ごとに共通する性状について、次のうち正しいものはどれか。

①第1類の危険物は、可燃性の固体である。

②第2類の危険物は、可燃性の液体である。

③第3類の危険物は、自然発火・禁水性の固体または液体である。

④第5類の危険物は、自己反応性の固体である。

⑤第6類の危険物は、引火性の液体である。

🔥13　次に示す危険物を同一の場所で貯蔵・取扱う場合、指定数量は何倍になるか。

黄リン：60kg
過酸化水素：3,000kg
固形アルコール：5,000kg

①11倍　　　②14倍　　　③18倍　　　④21倍　　　⑤86倍

解答

🔥09　③　→テーマNo.13&54

法令で触れた標識及び掲示板についての知識があれば解けるが、ここでは各類の概要を見てきたので、それを基に判断することも可能だ。正解は③第3類で、残りの選択肢は以下の通りだ。

①第1類の危険物の注意事項は、~~火気注意~~である。

　　　　　　　　　　　　　　可燃物接触

②第2類の危険物の注意事項は、火気注意・~~自然発火注意~~である。

　　　　　　　　　　　　　　　　　　⇒火気厳禁（引火性固体）

④第4類の危険物の注意事項は、~~可燃物接触注意~~である。

　　　　　　　　　　　　　　火気厳禁

⑤第5類の危険物の注意事項は、衝撃注意・~~火気注意~~である。

　　　　　　　　　　　　　　　　　　厳禁

♨ **10** ② →テーマNo.54

正しいのは、C、Eの2つだ。誤りの選択肢については、以下の通り。

A 第1類危険物は酸化性固体で、衝撃・摩擦に対して~~安定である。~~

　　　　　　　　　　　　　　　　　　　　　　　　　不安定

B 第2類危険物は~~または液体~~で、酸化剤との混触により発火・爆発の恐れ
がある。　　　　可燃性の固体

　⇒第1類が酸化剤、第2類が還元剤として作用するから混合NGというわけ
　だな！第2類は可燃性の固体（のみ）だ！

D 第5類危険物は、~~自らは不燃性~~であるが、分解して酸素を放出する。

　⇒自己反応性物質なので、可燃性だ。

♨ **11** ③ →テーマNo.54

「湿気中でも自然発火」の文言より、第3類危険物（自然発火性又は禁水性）
であることが推測できるぞ。個別の物質については後ほど学習するが、灰色
結晶で加熱により分解して水素を発生という条件から、水素化ナトリウムで
あることが分かるぞ。

♨ **12** ③ →テーマNo.54

正しいのは③だ。誤りの選択肢については、以下の通り。

①第1類の危険物は、~~可燃性の固体~~である。

　　　　　　　　耐火性

②第2類の危険物は、可燃性の~~液体~~である。

　　　　　　　　　　　　　　固体

④第5類の危険物は、自己反応性の固体または~~液体~~である。

⑤第6類の危険物は、~~引火性~~の液体である。

　　　　　　　　酸化性

♨ **13** ③ →テーマNo.55

指定数量の値は語呂合わせで確実に覚えておきたいところだ。本問では、黄
リン（第3類）が20kg、過酸化水素（第6類）が300kg、固形アルコール
（第2類）が1,000kgなので、計算すると次のようになるぞ。

$$倍数 = \frac{60}{20} + \frac{3000}{300} + \frac{5000}{1000} = 3 + 10 + 5 = 18倍$$

第 **7** 章

第1類危険物の
性質を学ぼう!

No.54 「甲種危険物」試験の出題ポイントは?
No.55 第1類に共通する特性をチェックしよう!
No.56 第1類の危険物はコレだ!

本章以降、類ごとの危険物の性
質と特徴について学習するぞ。
取り組む順番は品目数の少ない
順でも構わないし、既に学習し
た4類からでもOKだ。君の作
戦で選んでくれよ!
ここでは第1類について見てい
くぞ。
品目数が最も多いが、類として
の性状等が個性的(強い)なの
で、まずは全体の特徴を頭に入
れてから、+αとして、個々の
危険物の特徴を見ていくと理解
しやすくなるぞ!!

アクセスキー **k**

(小文字のケイ)

重要度：🔥🔥🔥

「甲種危険物」試験の出題ポイントは？

ここでは、次テーマ以降で学習する個々の危険物の性質（勉強法）について見ていくぞ。正直覚えることが多くて苦戦する受験生が散見されるが、効率よく学習するポイントは、頻出ポイントを押さえることだ！

Step1 図解 目に焼き付けろ！

> **必ずマスターすべき原則（出題ポイント）**
>
> ・各類に共通する性状（固体、液体、固体または液体）
> ・各類に共通する貯蔵・取扱法
> ・各類に共通する消火法
>
> **違いの分かる（合格する）受験生が知っているポイント（キラーフレーズ）**
>
> ・個々の危険物の性質（上記原則に反するもの、例:第1類の注水消火）
> ・類ごとの特徴に少し反するもの（例：第3類の黄リン）
> ・物質名の命名法則（＋αの知識で理解せよ！）

範囲が広い分野を勉強するときには、テキストの1ページ目から闇雲に読むのではなく、作戦を立てて、効率よく学習する方法を基に取り組むことが重要なんだ！　俺が分析した、出題者が問いたいであろうポイントがどこなのか。上記を基に、学習の道しるべを見ていくぞ！

Step2 解説 爆裂に読み込め！

🔜 勉強のコツ「アレコレやらない、試験に出るところだけやる！」

　試験勉強をすると、全てを網羅した方がよいと思う受験生が散見されるが、それは100％NGと断言できるぞ。試験は全体で60％以上正答できれば合格できるのだから、満点を目指すのではなく、「ざっくりと概ね重要な知識を身に付ける」ことを主眼に置いた方が、ストレスなく合格できるんだ。

> 抜け漏れなく勉強すべきだと思っていましたが、違うんですね！

　資格の勉強では合格という成果が目的だから、賢い勉強法というのは、「苦手を潰すこと」に尽きるといえるぞ。

　例えば、同じ得点力を＋25点にする場合を考えても、75点の人を100点にする場合より、50点の人を75点にする方が、伸びしろもあるし、ラクというわけだ。

🔜 出題ポイント（原則と例外）を一気にチェックしよう！

　冒頭図解で紹介した、原則と例外について個別に見ていくぞ。

◆パターン1：基本となる事項をクリアせよ！
テーマ54と法令でも見てきたが、各類の性状は厳密に答えられるように！

> 第1・2類が固体、第4・6類が液体、第3・5類が固体または液体でしたね！

第**7**章

第1類危険物の性質を学ぼう！

次に、第1類を例に共通する性状、貯蔵・取扱法、消火法を見ていくぞ。

表54-1：共通する性質等（例）

性状	・多くは無色の結晶か白色の粉末である。 ・不燃性の無機化合物である。 ・酸素を含有しており、加熱や衝撃、摩擦等により分解して酸素を発生し、周囲の可燃物の燃焼を促進させる（⇒酸化剤になる）。 ・比重は1より大きく、水に溶けるものが多い。 ・アルカリ金属の過酸化物またはこれを含有するものは、水と反応すると発熱して酸素を発生する（※）。
貯蔵・取扱法	・加熱（または火気）、衝撃、摩擦を避ける。 ・酸化されやすい物質（有機物または可燃物）及び強酸との接触を避ける。 ・容器は密栓して、冷所に貯蔵する。 ・潮解しやすいものは、湿気に注意する。 ・アルカリ金属の過酸化物またはこれを含有するものは、水との接触を避ける（※）。
消火法	【原則】 大量の水を用いた注水消火で冷却する方法が有効。 ⇒酸化性物質の分解によって酸素が供給されるから、冷却して分解温度以下にしよう！ 【例外（※）】 アルカリ金属の過酸化物またはこれを含有するものは禁水のため、初期消火として炭酸水素塩類の粉末消火器や乾燥砂を利用し、中期以降は、大量の水を周囲のまだ燃えていない可燃物の方へ注水し、延焼を防ぐ（アルカリ土類金属も準じること）。

表中の（※）にあるように、アルカリ金属の過酸化物またはこれを含有するものについては、禁水のため注水消火はNGとなるんだ。第1類危険物への消火法としては、原則は注水消火で、NGの品目もあるということを覚えておこう！

◆パターン2：同類でも貯蔵法が異なる物質を見極めよ！

　次に浸漬貯蔵について見ていくぞ。浸漬とは、容器内の液体に完全に漬かっている状態のことをいうんだ。下の図の左の容器に入っている丸い物体は完全に漬かっているけど、右は液面から少しはみ出ているよな。この左の状態が浸漬だ。

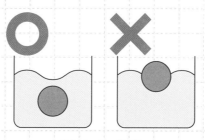

図54-1：浸漬

表54-2：同類でも貯蔵法が異なる物質

主な貯蔵法	化学的性質	主な危険物の物質名
石油中に浸漬する	水に触れると発火	アルカリ金属（K、Na）
水中に浸漬する	空気に触れると発火	黄リン、二硫化炭素

　黄リンとアルカリ金属は共に第3類危険物だ。第3類危険物は禁水性及び自然発火性の物質で、空気も水も共に触れることがNGの物質なんだ。アルカリ金属を石油中に浸漬貯蔵するのはそのためだが、黄リンは自然発火性のみ有しているので、空気との接触を遮断するために、水中に浸漬貯蔵するんだ。

二硫化炭素は第4類危険物の特殊引火物でしたね！水中貯蔵する物質として、併せて覚えておきます！

重要度：🔥🔥🔥

第1類に共通する特性を チェックしよう!

このテーマでは、第1類危険物に共通する特性について学習するぞ。第1類危険物の最も基本になるところで、ここで学ぶ共通する特性（原則）を常に意識して、この後の個別の性質を見ていくことで学習が効率よく進むんだ。さあ、原則（基本）を徹底的にマスターするんだ！！

Step1 図解 → 目に焼き付けろ!

第1類危険物に共通する特性

性状は？

第1類 危険物

貯蔵・ 取扱法は？

消火法は？

常に意識しておくことは「第1類危険物に共通する一般的特性は？」だ！ これを原則として理解し、それと異なる性状について、個別に覚えるという取り組みをすると効率よく学習できるぞ！ 他の類についても同様に取り組むことで、攻略できるはずだ！

Step2 解説 爆裂に読み込め！

→ 超重要！　第１類危険物に共通する特性をチェックしよう！

　第6章ではざっくりとした各類の性質や特徴を見てきたが、これ以降は個別の類についての具体的な特徴と個別の物質の性質について見ていく。第1類危険物は品目数が最も多い類になるぞ。ここは共通する特性を原則とし、それ以外を＋αとして取り組むことで、理解度が格段にUPするはずだ。

　以下は、第1類に共通する性状、貯蔵・取扱法、消火法をまとめたものだ。

表55-1：第１類に共通する性質等

性状	・多くは無色の結晶か白色の粉末である ・不燃性の無機化合物である ・酸素を含有しており、加熱や衝撃、摩擦等により分解して酸素を発生し、周囲の可燃物の燃焼を促進させる（⇒酸化剤になる） ・比重は1より大きく、水に溶けるものが多い ・アルカリ金属の過酸化物またはこれを含有するものは、水と反応すると発熱して酸素を発生する（※）
貯蔵・取扱法	・加熱（または火気）、衝撃、摩擦を避ける ・酸化されやすい物質（有機物または可燃物）及び強酸との接触を避ける ・容器（材質は金属、ガラス、プラスチック等）は密栓して、冷所に貯蔵する ・潮解しやすいものは、湿気に注意する ・アルカリ金属の過酸化物またはこれを含有するものは、水との接触を避ける（※）
消火法	【原則】 大量の水を用いた注水消火で冷却する方法が有効 ⇒酸化性質の分解によって酸素が供給されるから、冷却して分解温度以下にしよう！ 【例外（※）】 アルカリ金属の過酸化物またはこれを含有するものは禁水のため、初期消火として炭酸水素塩類の粉末消火器や乾燥砂を利用し、中期以降は、大量の水を周囲のまだ燃えていない可燃物の方へ注水し、延焼を防ぐ（アルカリ土類金属も準じること）

第7章　第１類危険物の性質を学ぼう！

第1類は酸化性の固体で、自身は燃えない（不燃性）で、他の可燃物の燃焼を促進する酸化剤の役割でしたね！

その通りだ。可燃物や有機物のように酸化されやすい物質（還元剤）や強酸との接触がNGだぞ。

　共通する消火法として、原則注水消火が有効だが、アルカリ金属の過酸化物及びこれを含有するものについては水と反応するので注水消火はNGになるぞ。

Step3 暗記　何度も読み返せ！

□ 第1類危険物は［酸化］性の［固体］で、他の物質に酸素を供給する役割（［酸化剤］）を果たすが、自らは［不燃性］のため燃えない。

□ 一般に比重は1より［大きい］物質で、［加熱］、［衝撃］及び摩擦等によって分解し、［酸素］を発生する。

□ ［酸化剤］として、他の物質に酸素を供給することで周囲にある可燃物の著しい燃焼を促進するため、［可燃物］または［有機物］のように燃えやすいものとの接触は避けなければならない。

□ 第1類危険物の火災の消火には、［水］を用いた［注水消火］が有効である。これは、冷却効果により分解温度以下にすることで［酸素］の発生を抑えることができるからである。ただし、［アルカリ金属の過酸化物］またはこれを含有する物質については、この消火法がNGとなり、［炭酸水素塩類］の粉末消火器や［乾燥砂］を用いること。

第1類の危険物はコレだ！

重要度：🔥🔥🔥

このテーマでは、第1類危険物の個々の性質について学習するぞ。大きな括りで10品目（①～⑩）に分類されるが、出題が多いのは圧倒的に前半（⑥まで）だ。前半は細かい内容もしっかりと、後半以降は特徴的なフレーズに重点を絞って取り組もう！！

Step1 図解　目に焼き付けろ！

第1類の危険物

①塩素酸塩類
②過塩素酸塩類
③無機過酸化物
④亜塩素酸塩類
⑤臭素酸塩類
⑥硝酸塩類

→ 細かい内容が出る！

⑦ヨウ素酸塩類
⑧過マンガン酸塩類
⑨重クロム酸塩類
⑩その他のもので政令で定めるもの（9品名）

→ 特徴的なフレーズに注意せよ！

個別の性質を学ぶわけだが、先ほども触れたように常に意識しておくことは「第1類危険物に共通する一般的性状は？」だ！　共通する性状と異なる性状について、個別に覚えるという取り組みをすると、効率よく学習する事ができるぞ！　最多品目数の第1類を攻略できれば、他の類も攻略できるはずだ！

Step2 解説 爆裂に読み込め！

→ 第1類危険物の個別の性質を見ていくぞ！

それでは早速本題だ。図解を見ると、①塩素酸塩類、②過塩素酸塩類、④亜塩素酸塩類と似たような名称の物質があって、少し混乱しないか？

 た、確かに…。似すぎていて区別できるか心配です。

ふっ、そうだろうと思ったさ。でも安心してくれ、物質の命名法にここで触れれば、必ず攻略できるぞ！「過」と「亜」の違いは、**結合する酸素数の差異で名称に違いが生じている**んだ。

酸素数	1	2	3	4
	-2	-1	基準	+1
分子式	-ClO	-ClO$_2$	-ClO$_3$	-ClO$_4$
名称	次亜塩素酸	亜塩素酸	塩素酸	過塩素酸

酸素数3の塩素酸を基準に、酸素数が+1（多い：過）を過塩素酸、-1（不足：亜）を亜塩素酸、亜塩素酸に更に-1（亜塩素酸に準ずる：次亜）を次亜塩素酸というんだ。

 一次、二亜（ニア）、三を基準に、四過（鹿）とでも覚えておきます！

その調子だ！　では早速個別の危険物の性質を見ていくぞ！！

①塩素酸塩類（酸素数は「3」だ！）

塩素酸（HClO$_3$）のH原子を金属または他の陽イオンに置換した化合物が塩素酸塩類だ。主に5品目あるが、以下記載の3品目を重点的に覚えておこう！2品目（塩素酸バリウム、塩素酸カルシウム）は、塩素酸カリウムと同じ性質で**水に溶ける**とだけ、覚えておこう！　赤字の箇所を中心にチェックしてくれ！

物質名	形状	水溶性	特徴
塩素酸カリウム（KClO$_3$）比重：2.3	無色の結晶または白色の粉末	水に溶けにくいが、熱水に溶ける	・強酸化剤で有毒 ・400℃で分解する ・アンモニアとの反応生成物（塩素酸アンモニウム）は自然爆発することがある ・アルコールに不溶
塩素酸ナトリウム（NaClO$_3$）比重：2.5			・潮解性があり、湿気に注意 ・アルコールに可溶
塩素酸アンモニウム（NH$_4$ClO$_3$）比重：2.4	無色の結晶	水によく溶ける	・高温で爆発の恐れがある ・常温でも爆発の危険性があり、長期保存はできない ・アルコールに溶けにくい

同じ塩素酸塩類でも、アルコールへの溶け方が三者三様なんですね！

常温では安定しているが、加熱すると分解するので取り扱いに注意を要するぞ。なお、400℃に加熱すると、塩素酸カリウムは塩化カリウム（KCl）と過塩素酸カリウム（KClO$_4$）に分解し、さらに加熱すると**酸素**と**塩化カリウム**に分解するぞ。塩素酸カリウムは、**漂白剤や花火・マッチ**等の原料に使用されているから、併せて覚えておこう！

②過塩素酸塩類（酸素数は「4」だ！）

命名法で見た、塩素酸（$HClO_3$）に比べて酸素数が1つ多い（過剰ということ）$HClO_4$で表される過塩素酸のH原子を金属または他の陽イオンに置換した化合物が過塩素酸塩類だ。先に学習した塩素酸塩類と基本的な特徴は同じだが、ここでは比較しての性質が試験に問われているので、先に触れておくぞ！

> ・常温では塩素酸塩類よりも、過塩素酸塩類の方が安定している。
> ・強酸化剤であるが、塩素酸塩類よりもやや弱い。

つまり、危険度や反応性でいうと「塩素酸塩類＞過塩素酸塩類」ということでしょうか？

その通りだ。酸素が増えた分だけ反応性が増大している感じがするが、逆なんだ。酸素数の少ない塩素酸塩類の方が反応性（危険度）大と覚えてくれ！

物質名	形状	水溶性	特徴
過塩素酸カリウム（$KClO_4$）比重：2.5	無色の結晶または白色の粉末	水及びエタノールに溶けにくい	塩素酸カリウムと同じ。ただし、爆発や反応性（危険度）はやや低くなる
過塩素酸ナトリウム（$NaClO_4$）比重：2.0		水によく溶け、エタノールにも可溶	塩素酸ナトリウムと同じ
過塩素酸アンモニウム（NH_4ClO_4）比重：2.0			・150℃で分解する・燃焼時に有毒ガスを発生するので危険性が大

③無機過酸化物（第1類危険物で唯一、<u>水NG</u>だ！）

第6類危険物の過酸化水素（H_2O_2）のように分子内に「$-O-O-$」となるO_2^{2-}を含む無機化合物を無機過酸化物といい、分子中のH_2をアルカリ金属またはア

ルカリ土類金属に置換したものが該当するぞ。なお、反応性はアルカリ金属の過酸化物の方が大（危険度も大）になるぞ！

物質名	形状	特徴
過酸化カリウム （K_2O_2） 比重：2.0	オレンジ色の粉末	・水と反応して発熱し、酸素と水酸化カリウムに分解する ・吸湿性が強く、潮解性がある
過酸化ナトリウム （Na_2O_2） 比重：2.8	黄白色の粉末	・水と反応して発熱し、酸素と水酸化ナトリウムに分解する ・吸湿性が強い ・融解したものは白金Ptを侵すので、白金るつぼの使用はNG
過酸化カルシウム （CaO_2）	無色の粉末	水にわずかに溶け、アルコールとエーテルに不溶。酸に溶けて過酸化水素を発生する
過酸化マグネシウム （MgO_2）		・水に不溶だが、水と反応して酸素を発生 ・加熱すると、酸素と酸化マグネシウムに分解する
過酸化バリウム （BaO_2）	白色または灰白色の粉末	・冷水にわずかに溶け、熱水または酸と反応して酸素を発生 ・アルカリ土類金属の過酸化物の中で最も安定している

ここまで3品目を見てきたけど、カリウムの化合物として初めて過酸化カリウムに吸湿性と潮解性があるんですね！

いい視点だ！　最後にまとめの一覧を用意しているので振り返ってほしいが、ナトリウム化合物の多くは潮解性があって、カリウムにはそれがほとんどないんだ。その逆（ナトリウムで潮解性のない物質、カリウムで潮解性のある物質）になるイレギュラーなものは試験でも出題されやすいので、必ずチェックしておこう！

④亜塩素酸塩類（酸素数は「2」だ！）

①の塩素酸塩類（$HClO_3$）は酸素数「3」だったが、この酸素数が1つ減って「2」となったもの（$HClO_2$）を亜塩素酸といい、そのH原子を金属または他の陽イオンに置換した化合物が**亜塩素酸塩類**だ。試験に出るのは、以下亜塩素酸ナトリウムの一択なので、次の表を完璧に覚えてしまおう！！

◆亜塩素酸ナトリウム（$NaClO_2$）の特徴

形状	・比重2.5の白色結晶
特徴	・吸湿性があり、水に可溶 ・直射日光や紫外線で徐々に分解し、二酸化塩素ClO_2を発生。爆発性があるため危険度大 ・常温でも少量の二酸化塩素を発生するため、特有の刺激臭がある ・単独でも加熱、衝撃、摩擦により爆発的に分解する ・鉄や銅など多くの金属を腐食する
貯蔵・保管法	・直射日光を避け冷暗所に貯蔵 ・火気、加熱、摩擦、衝撃を避ける ・酸や有機物との混触を避ける
消火法	多量の水による注水消火が有効

加熱すると、塩素酸ナトリウム（$NaClO_3$）と塩化ナトリウムに分解し、さらに過熱すると酸素を放出するんだ。

塩素酸塩類の場合は、過塩素酸塩類になってから酸素を放出でしたね！　違いに気を付けます！！

⑤臭素酸塩類（酸素数は「3」で、塩素酸の塩素が臭素に代わっている！）

臭素酸（$HBrO_3$）のH原子が金属または他の陽イオンに置換した化合物のことで、試験ではナトリウムとカリウムの臭素酸塩類が出題されているぞ。

なお、共通する性質は以下の通りだ。

・加熱すると臭化物（臭化カリウム：KBr、臭化ナトリウム：NaBr）と酸素に分解する
・強力な酸化剤で、水溶液は強い酸化作用を示す
・有機物や酸、可燃性物質との接触を避ける
・加熱、衝撃、摩擦を避ける
・注水消火が有効

過去の試験で、「水溶液は還元性である」とする選択肢があったが、酸化性の固体なのだから、水溶液は酸化性だ。もちろん×だぞ！！

物質名	形状	水溶性	特徴
臭素酸カリウム（$KBrO_3$）比重：3.3	無色・無臭の結晶性粉末	水に溶ける	・アルコールやエーテルに溶けにくい ・酸類との接触でも、臭化物と酸素に分解
臭素酸ナトリウム（$NaBrO_3$）比重：3.3	無色の結晶		上記臭素酸カリウムと同じ

⑥硝酸塩類（硝酸の水素原子を置換したもの！）

硝酸（HNO_3）のH原子を金属または他の陽イオンに置換した化合物が**硝酸塩類**だ。硝酸塩類の多くは**吸湿性**を有し、水によく溶けるぞ！　なお、貯蔵・保管法と消火法は以下の通り3物質について共通だ。

貯蔵・保管法	・異物の混入を防ぐ ・加熱、摩擦、衝撃を避ける ・有機物や可燃物と隔離する
消火法	多量の水による注水消火が有効

◆硝酸カリウム（KNO₃）の特徴

形状	・比重2.1の無色結晶
特徴	・水によく溶ける ・黒色火薬（硝酸カリウム・硫黄・木炭）の原料である ・400℃に加熱すると、亜硝酸カリウム（KNO₂）と酸素に分解する

◆硝酸ナトリウム（NaNO₃）の特徴

形状	・比重2.3の無色または白色の結晶
特徴	・水によく溶け、潮解性がある ・約380℃に加熱すると、亜硝酸ナトリウム（NaNO₂）と酸素に分解する ・反応性（危険性）は、硝酸カリウムの方が大である 　⇒アルカリ金属としての反応性が、K＞Naだから！！

◆硝酸アンモニウム（NH₄NO₃）の特徴

形状	・比重1.7の白色または無色の無臭結晶 ・別名：硝安
特徴	・水によく溶け、溶解する際は吸熱反応となる。エタノールにも可溶 ・吸湿性があり、強い潮解性を有する ・210℃に加熱すると、一酸化二窒素（N₂O）と水に分解し、さらに過熱すると、窒素、酸素、水に爆発的に分解する ・単独でも加熱、衝撃により爆発する ・硫酸と反応して、硝酸を遊離する ・アルカリと接触（混合）すると、アンモニアを発生する ・自動車用エアバッグのガス発生剤に用いられている

ここまでが前半だ。覚えることは多いが、赤文字を中心にしっかりと見てくれよ！　なお、以後は出題頻度が少し落ちるので、特徴的なフレーズを中心に見ていくと効率よく学習に取り組めるぞ！

⑦ヨウ素酸塩類（酸素数は「3」で、塩素酸の塩素がヨウ素に代わっている！）

　ヨウ素酸（HIO_3）のH原子が金属または他の陽イオンに置換した化合物のことで、試験ではナトリウムとカリウムのヨウ素酸塩類が出題されているぞ。なお、これまで見てきた塩素酸塩類や臭素酸塩類よりも安定した化合物だ。

> 上記はハロゲン（17族化合物）の性質と一緒だな！　反応性が大きい順に「F>Cl>Br>I」だったから、これが分かれば同じだと気付くはずだ！

　共通する貯蔵・保管法と消火法は以下の通りだ。

貯蔵・保管法	・可燃物の混入を防ぐ ・加熱を避ける ・保存容器は密栓する
消火法	多量の水による注水消火が有効

物質名	形状	水溶性	特徴
ヨウ素酸カリウム（KIO_3） 比重：3.9	無色または白色の結晶・結晶性粉末	水に溶ける	・エタノールに不溶 ・水溶液は強酸化剤として作用 ・加熱、衝撃、摩擦により酸素を放出する
ヨウ素酸ナトリウム（$NaIO_3$） 比重：4.3	無色の結晶または粉末	水によく溶ける	同上

> 過去の試験で「加熱するとヨウ素を放出する」とする選択肢があったが、酸化性固体だから、加熱で放出するのは酸素だ。もちろん×だぞ！！

第7章
第1類危険物の性質を学ぼう！

⑧過マンガン酸塩類（酸素数は「過」なので「4」だ！）

過マンガン酸（$HMnO_4$）の水素原子を金属または他の陽イオンに置換した化合物が該当し、酸化力が非常に強く、水溶液は過マンガン酸イオン（MnO_4^-）により赤紫色になるぞ。

なお、共通する貯蔵・保管法と消火法は以下の通りだ。

貯蔵・保管法	・可燃物と隔離する ・加熱・衝撃を避ける ・保存容器は密栓する
消火法	多量の水による注水消火が有効

物質名	形状	水溶性	特徴
過マンガン酸カリウム（$KMnO_4$） 比重：2.7	黒紫色または赤紫色の光沢ある結晶	水によく溶け、水溶液は赤紫色になる	・アセトンと酢酸に可溶 ・約200℃で分解して酸素を発生する ・太陽光でも分解される ・硫酸を加えると爆発する
過マンガン酸ナトリウム（$NaMnO_4 \cdot 3H_2O$） 比重：2.5	赤紫色の粉末		・潮解性がある ・水分子を3つ含む物質で三水和物という

⑨重クロム酸塩類（クロム「Cr」が2つだから「重」！）

重クロム酸（$H_2Cr_2O_7$）のH原子が金属または他の陽イオンに置換した化合物のことで、共通する貯蔵・保管法と消火法は以下の通りだ。

貯蔵・保管法	・有機物と隔離する ・加熱、衝撃、摩擦を避ける ・保存容器は密栓する
消火法	多量の水による注水消火が有効

物質名	形状	水溶性	特徴
重クロム酸カリウム（$K_2Cr_2O_7$）比重：2.7	橙赤色（※オレンジがかった赤色のこと）の結晶	水に溶けるが、エタノールに不溶	・苦みがあり、毒性が強い ・水溶液をアルカリ性にすると色が黄色に変化する ・500℃で酸素を発生し分解する
重クロム酸アンモニウム（$(NH_4)_2Cr_2O_7$）比重：2.2		水にもエタノールにも可溶	・毒性が強い ・180℃に加熱すると窒素と酸素を発生する

重クロム酸アンモニウムを加熱すると、分子式中の（NH_4）から窒素が発生するんですね！

酸化性固体だから、酸素も発生するぞ。なお、ここでは、エタノールへの溶け方も重要ポイントだ！

⑩その他のもので政令で定めるもの

　ここでは、出題履歴のある3物質について見ていくぞ。なお、消火法は全て注水消火になるぞ。

◆三酸化クロム（無水クロム酸）　CrO_3

形状	・比重2.7、暗赤色の針状結晶
特徴	・水に溶け、潮解性がある ・エタノールや有機溶媒に可溶 ⇒エタノール等の有機物と接触すると、爆発的に発火する ・水溶液はクロム酸となり、強酸性で酸化力と毒性が強く、皮膚を侵す
貯蔵・保管法	・有機物と隔離する ・加熱を避ける ・金属性の容器に密閉する

第7章　第1類危険物の性質を学ぼう！

321

◆二酸化鉛（過酸化鉛） PbO_2

形状	・比重9.4、黒褐色の粉末
特徴	・水及びエタノールに不溶 ・濃硫酸にわずかに溶ける ・電気の良導体である ⇒車の鉛蓄電池の正極に利用される ・毒性が強い
貯蔵・保管法	・可燃性物質と隔離する ・加熱を避ける

テーマ44のイオン化傾向のところで鉛蓄電池は学習しましたね！
危険物ですけど、使い方によっては便利になるということですね！

◆次亜塩素酸カルシウム（別名：高度さらし粉） $Ca(ClO)_2 \cdot 3H_2O$

形状	白色の粉末（水和物）
特徴	・吸湿性があり、水と反応して塩化水素と酸素を発生する ・空気中で次亜塩素酸HClOを遊離するため、強い塩素臭がある ・熱や光により急激に分解し、酸素を発生する ・アンモニア等の窒素化合物他多くの物質と激しく反応し発火、爆発する ・水道水の殺菌やプールの消毒等に用いられる
貯蔵・保管法	・異物の混入を防ぐため、容器は密栓する

これで第1類危険物の個別の性質は終了だ！　最多品目数の類だから、少し苦戦したかもしれないな！　一度ですべてを覚えるのは難しいだろう。でも、何度も繰り返すことで必ず身に付くはずだ！　根気強く取り組んでくれよ！　最後に、第1類危険物のキラーフレーズ一覧を作ったから、学習の参考にしてくれ！！

【第1類危険物攻略の巻】

(1) 不燃性の酸化性固体（強酸化剤）で、比重は1より大きい！

(2) 加熱により酸素を発生する！
　　⇒酸化剤（酸素供給源）だから、当然だ！

(3) 水と接触NGとなる、無機過酸化物（過酸化カリウム、過酸化ナトリウム）は水と反応して酸素を発生する！

(4) 多くの物質は水に溶けるが、水に溶けない物質がコレだ！

> ・カリウム3兄弟（塩素酸K、過塩素酸K、過酸化K）
> ・過酸化バリウム
> ・二酸化鉛

(5) 特徴的な色（白・無色以外）の物質、コレを覚えておこう！

> ・赤組：過マンガン酸Na、過マンガン酸K（共に赤紫色）、三酸化クロム（暗赤色）
> ・オレンジ組：重クロム酸K、重クロム酸アンモニウム（共に橙赤色）、過酸化K
> ・その他：過酸化Na（黄白色）、過酸化Ba（灰白色）、二酸化鉛（黒褐色）

(6) 潮解性のある物質、コレを覚えておこう！

> ・ナトリウム4姉妹（塩素酸Na、過塩素酸Na、硝酸Na、過マンガン酸Na）
> ・唯一のカリウム物質：過酸化カリウム
> ・その他：次亜塩素酸Na、三酸化クロム、硝酸アンモニウム

　⇒逆に聞かれる場合、つまり潮解性のない物質で気を付けてほしいのはコレだ！

> ・亜塩素酸ナトリウム、過酸化ナトリウム
> ⇒共にわずかにあるが、無視してOK
> ・過酸化カリウムを除く、カリウム化合物（上記に記載の逆だ！）

Step3 暗記 → 何度も読み返せ！

□ 一般に、第1類危険物の火災の消火には［注水消火］が利用される。
これは、［酸化］性物質の温度を［分解温度］以下に冷却する方法で
あるが、［無機過酸化物］は水と反応して［酸素］を発生するので、
注水消火はNGとなり、［乾燥砂］や粉末消火器などを用いる。

□ 以下①～⑦はある物質の性状についての説明文である。下記語群よ
り、正しいものを記号で選びなさい。

①毒性が強く、水とアルコールの両方に溶ける。加熱すると、酸素と同
時に窒素を発生する。 [d]

②潮解性があり、水と反応して塩化水素と酸素を発生する。空気中では
強い塩素臭がある。 [f]

③水に不溶で、水と反応すると発熱し酸素を発生する。この物質と同じ
単体を含む物質と比較して、唯一潮解性がある。 [h]

④水に良く溶ける無色の結晶で、単独でも加熱すると分解して酸素を発
生する。黒色火薬の原料である。 [a]

⑤赤紫色の粉末で潮解性があり、硫酸を加えると爆発する。 [g]

⑥水やアルコールには不溶で、極めて有毒だが、電気の良導体で自動車
のバッテリーなどに利用される。 [b]

⑦黄白色の粉末で潮解性がある。水との接触を避けると共に、白金を侵
すので、入れ物に白金るつぼは避ける必要がある。 [c]

| a. 硝酸カリウム b. 二酸化鉛 c. 過酸化ナトリウム d. 重クロ |
| ム酸アンモニウム e. 塩素酸アンモニウム f. 次亜塩素酸カルシウ |
| ム g. 過マンガン酸ナトリウム h. 過酸化カリウム |

本章で学んだことを復習だ！ 分からない問題は、テキストに戻って確認するんだ！ 分からないままで、終わらせるなよ！！

問題

次の問いに答えよ。

🔥**14** 塩素酸カリウムの性状として、誤っているものはどれか。

①酸性溶液中では、酸化作用は抑制される。

②加熱すると分解して、酸素を発生する。

③強烈な衝撃や急激な加熱によって爆発する。

④水に溶けにくいが、熱水には溶ける。

⑤無色の結晶で加熱により分解、最終的に塩化カリウムと酸素になる。

🔥**15** 過塩素酸塩類の性状として、正しいものはどれか。

①過塩素酸カリウムは、塩素酸カリウムよりも不安定な物質である。

②過塩素酸ナトリウムと過塩素酸カリウムは、共に潮解性を有する。

③過塩素酸カリウムは水に溶けにくいが、過塩素酸ナトリウムは溶けやすい。

④過塩素酸ナトリウムは燃焼性の強酸化剤である。

⑤過塩素酸アンモニウムは、常温で白色または無色の液体である。

🔥**16** 無機過酸化物の性状として、誤っているものはいくつあるか。

> a 過酸化マグネシウムは加熱すると分解して酸素を発生し、酸化マグネシウムとなる。
>
> b 過酸化カリウムは吸湿性のあるオレンジ色の粉末で、潮解性がある。
>
> c 過酸化バリウムの火災時の初期消火には、注水消火が有効である。
>
> d アルカリ土類金属の無機過酸化物は、アルカリ金属のものに比べて水と激しく反応する。
>
> e 過酸化カルシウムは、酸に溶けて過酸化水素を発生する。

①1つ   ②2つ   ③3つ   ④4つ   ⑤5つ

🔥 **17** 亜塩素酸ナトリウムの性状として、正しいものはいくつあるか。

> a　加熱により分解し、主として酸素を発生する。
> b　直射日光や紫外線で徐々に分解する。
> c　酸と混合すると有害なガスを発生する。
> d　金属粉等の可燃物と混合すると、爆発する危険性がある。なお、多くの金属を腐食する。

①なし　　　②1つ　　　③2つ　　　④3つ　　　⑤4つ

🔥 **18** 硝酸アンモニウムの性状として、誤っているものはどれか。

①別名硝安といわれ、白色または無色の結晶で、潮解性を有しない。

②エタノールに溶ける。

③加熱すると有毒なガスを発生する。

④皮膚に触れると薬傷を起こす。

⑤容器は密栓して、冷所に貯蔵する。

解答

🔥 **14**　①　→テーマNo.58

②〜⑤は正しい記述だ。酸性溶液中では、強い酸化作用を示すぞ。ただし、中性・アルカリ性溶液中では、酸化作用が抑えられるので、覚えておこう！

🔥 **15**　③　→テーマNo.58

③が正しい記述だ。なお、他の選択肢については以下の通りだぞ。

①過塩素酸カリウムは、塩素酸カリウムよりも不安定な物質である。

　⇒酸素の多い過塩素酸カリウムの方が安定な物質だ。

②過塩素酸ナトリウムと過塩素酸カリウムは、共に潮解性を有する。

　　　　　　　　　　　　　　　⇒過塩素酸ナトリウムのみ潮解性

④過塩素酸ナトリウムは燃焼不燃性の強酸化剤である。

　　　　　　　　　　⇒第1類危険物は、全て不燃性の酸化性固体！

⑤過塩素酸アンモニウムは、常温で白色または無色の液体である。
　　　　　　　　　　　　　　　　　　　　　　　固

🔥 **16**　②　→テーマNo.58

a、b、eが正しい記述だ。誤りの選択肢については、以下の通りだ。

c　過酸化バリウムの火災時の初期消火には、注水消火が有効である。

　　⇒無機過酸化物には注水消火はNGだ。乾燥砂または粉末消火器を使用

するんだ！

d　アルカリ土類金属の無機過酸化物は、アルカリ金属のものに比べて水と激しく反応する。

⇒化学の所で学習したが、反応性はアルカリ金属＞アルカリ土類金属のため、無機過酸化物における反応性もアルカリ金属の方が水と激しく反応するぞ。本問は記載が逆になっているぞ。

🔥17　⑤ →テーマNo.58

本問はa～d全て正しい記述だ。そのまま覚えておこう！

なお、亜塩素酸ナトリウムはナトリウム4姉妹に属さないので、潮解性は無いものと思ってOKだ！

選択肢cの有害なガスは二酸化塩ClO_2で、爆発性があるため危険度大だ。

🔥18　① →テーマNo.58

②～⑤は正しい記述だ。①は前半は正しく、後半「潮解性を有しない」とあるが、硝酸アンモニウムは潮解性を有しているぞ。

問題

次の問いに答えよ。

🔥19　ヨウ素酸塩類に関する次の記述a～dの正誤の組み合わせとして、正しいものはどれか。

> a　ヨウ素酸塩類を可燃物と混合すると、加熱や衝撃によって爆発する危険性がある。
> b　ヨウ素酸カリウムは、水に溶けない。
> c　ヨウ素酸ナトリウムは、水に溶けるがエタノールに溶けない。
> d　ヨウ素酸塩類を加熱すると、分解して水素を発生する。

	a	b	c	d
①	正	誤	誤	誤
②	誤	誤	正	誤
③	正	誤	正	正
④	正	誤	正	誤
⑤	正	正	正	誤

⚹20 過マンガン酸カリウムの性状について、誤っているものはいくつあるか。

> a 黒紫色または赤紫色の光沢のある結晶である。
> b 酢酸やアセトンに溶ける。
> c 水に溶けやすく、水溶液は電気伝導性がある。
> d 水酸化カリウムなどのアルカリ性の溶液とは反応しない。
> e 濃硫酸と接触すると爆発する危険性がある。

①1つ ②2つ ③3つ ④4つ ⑤5つ

⚹21 重クロム酸塩類について、以下の記述のうち誤っているものはいくつあるか。

> a 重クロム酸アンモニウムを加熱すると、窒素と酸素を発生する。
> b 重クロム酸カリウムは、水やアルコールによく溶ける。
> c 重クロム酸カリウムは、有毒で苦みのある化合物である。
> d 重クロム酸アンモニウムをヒドラジンと接触すると爆発する危険性がある。
> e 重クロム酸アンモニウムは、エタノールに溶けるが水に溶けない。

①1つ ②2つ ③3つ ④4つ ⑤5つ

⚹22 三酸化クロム（無水クロム酸）の性状について、誤っているものはどれか。
①潮解性のある暗赤色の針状結晶である。
②硫酸及び塩酸に溶ける。
③水との接触を避けるため、ジエチルエーテル中に保管する。
④水溶液はクロム酸となり、強酸性で酸化力と毒性が強く、皮膚を侵す。
⑤約250℃で分解し、酸素を発生する。

解答

⚹19 ④ →テーマNo.58

選択肢④の正誤の組合せが正解で、記述aとcは正しい記述だ。誤りの記述については以下の通りだ。

b ヨウ素酸カリウムは、水に溶けない。⇒溶ける！

d ヨウ素酸塩類を加熱すると、分解して水素酸素を発生する。
⇒第1類危険物は「酸化性固体」なのだから、発生するのは酸素だ！

⚹20 ① →テーマNo.58

記述中、誤っているのは選択肢dのみだ。

d　水酸化カリウムなどのアルカリ性の溶液とは反応し~~ない~~する。

　　⇒アルカリ性溶液と反応して酸素を発生するぞ。

なお、選択肢cについて補足すると、水溶液にするとカリウムイオンK^+と過マンガン酸イオンMnO_4^-に電離するため、電気伝導性があるんだ。

🔥 **21**　② →テーマNo.58

記述中、a、c、dは正しい記述だ。誤りの記述については、以下の通りだ。

b　重クロム酸カリウムは、水や~~アルコール~~によく溶ける。

　　　　　　　　　⇒アルコールに溶けない。

e　重クロム酸アンモニウムは、エタノールに溶けるが~~水に溶けない~~。

　　　　　　　　　　　　　⇒水にも可溶。

🔥 **22**　③ →テーマNo.56&58

選択肢を見ると、俺のテキストで触れているのは①、②、④で、これが正しいと分かるので、残りの選択肢③と⑤で比較していくぞ。

三酸化クロム（第1類危険物）は、酸化性固体なので加熱をすると酸素を発生することは分かる（加熱温度は一旦無視して）ので、ここで選択肢③を検討することになる。

③水との接触を避けるため、ジエチルエーテル中に保管する。

　　⇒三酸化クロムは潮解性を有するため、湿気を避ける必要があるので前半
　　　は正しい記述だが、ジエチルエーテルは有機物なので接触NGだ。さら
　　　に、この章の冒頭で浸漬貯蔵する危険物について触れたが、第1類危険
　　　物にはそのような物質はないので、その点からも選択肢③が誤りである
　　　と気付くこともできるぞ！

🔥 **23**　二酸化鉛の性状について、次のうち誤っているものはどれか。

①水やアルコールに溶けない。

②酸化されやすい物質と混合すると発火することがある。

③日光に対して不安定で、日光に当たると分解して酸素を発生する。

④加熱により分解し、酸素を発生する。

⑤毒性が強い無色の粉末である。

🔥 **24**　次亜塩素酸カルシウムの性状について、次のうち誤っているものはいくつあるか。

a　水溶液は、熱・光などにより分解して酸素を発生する。
b　アンモニアと混合すると、発火・爆発の危険性がある。
c　常温（20℃）では安定しているが、加熱すると分解・発熱して塩素を発生する。
d　水と反応して塩酸を発生する。
e　空気中では次亜塩素酸を遊離するため、塩素臭がある。

①1つ　　　②2つ　　　③3つ　　　④4つ　　　⑤5つ

🔥25　次の文中a、bにあてはまる語句として正しい組合せはどれか。

「高度さらし粉は（a）を主成分とする酸化性物質で、可燃物との混合により発火または爆発する危険性がある。また、水に溶け、容易に分解し（b）を発生する。」

	a	b
①	亜硝酸ナトリウム	酸素
②	次亜塩素酸カルシウム	窒素
③	次亜塩素酸カルシウム	酸素
④	亜硝酸ナトリウム	塩素
⑤	次亜塩素酸カルシウム	塩素

解答

🔥23　⑤ →テーマNo.58

テーマ58の最後にまとめの表を作ったが、第1類危険物は白色または無色の結晶または粉末となるが、それ以外の色味については覚えておこう。二酸化鉛は暗褐色の粉末だ。

🔥24　② →テーマNo.58

記述c、dが誤りだ。

c　常温（20℃）では安定しているが、加熱すると分解・発熱して塩素を発
　　生する。　　　　　　　　　　　　　　　　　　　　　　　酸素

d　水と反応して塩酸を発生する。⇒有毒ガスなので塩化水素！
　　　　　　　　　　塩化水素

🔥25　③ →テーマNo.58

高度さらし粉の正式名称は、次亜塩素酸カルシウム三水塩だぞ。

第 **8** 章

第2類危険物の
性質を学ぼう!

本章では、第2類危険物について見ていくぞ。
品目数は第6類に次いで少ないので、一般的性状の理解を第一に取り組んで、危険物ごとの性状についてはポイントとなる箇所（赤字）を中心に、得点源（満点）となるように取り組んでくれよ！！

アクセスキー　**Y**

（大文字のワイ）

No. 57 /66 第2類に共通する特性をチェックしよう!

このテーマでは、第2類危険物に共通する特性について学習するぞ。先ほど（第1類）同様、最も基本になるところだ。共通する特性（原則）を常に意識して個別の性質を見ていくと、学習が効率よく進むんだ。さあ、原則（基本）を徹底的にマスターするんだ！！

Step1 図解 → 目に焼き付けろ!

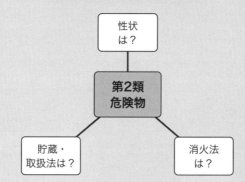

第2類危険物に共通する特性

性状
は？

第2類
危険物

貯蔵・
取扱法は？

消火法
は？

「第2類危険物に共通する一般的特性は？」を常に意識して、それと異なる性状について、個別に覚えるという取り組みをすると効率よく学習できるぞ！　第2類は満点を取れる（取るべき）危険物だ、気合入れてくれよ！

Step2 解説 爆裂に読み込め！

→ 超重要！　第2類危険物に共通する特性をチェックしよう！

　第2類危険物は、第6類に次いで品目数が少ない類になるので、覚える量は第1類の半分以下だ。満点を取ってほしいぞ！！

　早速本題だ。以下は、第2類に共通する性状、貯蔵・取扱法、消火法をまとめたものだ。赤字の箇所は、特に頻出のポイントになるぞ！

表57-1：第2類に共通する性質等

性状	・可燃性の固体である ・一般に比重は1より大きく、水に溶けないものが多い ・酸化されやすい（燃えやすい）物質のため、酸化剤（第1・6類）と接触、混合すると、爆発する危険性がある ・燃焼の際に、有毒ガスを発生するものがある ・酸とアルカリの両方に溶けて水素を発生するものがある 　⇒このような性質を両性元素といい、アルミニウムと亜鉛が該当 ・微粉状のものは、空気中で粉じん爆発を起こしやすい ・引火するものがある
貯蔵・取扱法	・酸化剤との接触や混合を避ける ・点火源（炎、火花、火気）を避ける ・防湿に留意して、容器は密栓（密封）する ・冷暗所に貯蔵する ・鉄粉、金属粉、マグネシウムは、水または酸との接触を避ける ・引火性固体は、みだりに蒸気を発生させない ・可燃性蒸気を発生するものは、通気性のない密閉容器で保存する
消火法	【原則】 一般的には水系消火器（強化液、泡など）を使用して冷却消火するか、乾燥砂を用いて窒息消火する方法が有効である 【例外】 注水により水と反応して①有毒ガスを発生するもの（硫化リン）や②発熱、発火するもの（鉄粉、金属粉、マグネシウム）は、注水消火はNGで乾燥砂を用いた窒息消火が有効

第8章

第2類危険物の性質を学ぼう！

333

第2類は可燃性の固体ですね！　可燃性を還元性と表記する場合もありますが、いずれにしても酸化剤と一緒にするのはNGということですね！

第1類危険物の消火と同じで、原則は水系消火器が有効に使えるが、水と反応する危険物については、乾燥砂を使用した窒息消火が有効だ。なお、酸とアルカリの両方に溶ける元素を両性元素といって、過去の試験で何度か出題されたことがあるので、ここで覚えておこう！！

Step3 暗記 何度も読み返せ！

☐ 第2類危険物は［可燃］性の［固体］で、他の物質から酸素を奪う役割（［還元剤］）を果たす。

☐ 一般に比重は1より［大きい］物質である。

☐ ［還元剤］として他の物質から酸素を奪うので、第1類・6類のような［酸化剤］との接触は避けなければならない。

☐ 第2類危険物の火災の消火には、水系消火器を用いた［冷却消火］が有効である。ただし、水と反応して①有毒ガスを発生する［硫化リン］や②［鉄粉］、金属粉、［マグネシウム］のように発火、発熱する物質については、乾燥砂を用いた［窒息消火］が有効である。

No. 58 /66 第2類の危険物はコレだ！

このテーマでは、第2類危険物の個々の性質について学習する。大きな括りで7品目（①～⑦）に分類され、試験では満遍なく出題されているぞ。前テーマで見た共通する性質に＋αとして、①～⑥は細かく、⑦はざっくり特徴的なフレーズに重点を絞って取り組もう！

Step1 図解 目に焼き付けろ！

第2類の危険物

①硫化リン
②赤リン
③硫黄
④鉄粉
⑤金属粉（両性金属）
⑥マグネシウム粉
⑦引火性固体

満遍なく出題されるよ！

ざっくりと取り組もう！

常に意識しておくことは「**第2類危険物に共通する一般的性状は？**」だ！　これと同じであれば一般的性状と理解し、それと異なる性状については、個別に覚えるという取り組みをすると効率よく学習できるぞ！

Step2 解説 爆裂に読み込め！

→ 第2類危険物の個別の性質を見ていくぞ！

　早速本題だ。大きな括りでは（1）リン及びリンの硫化物、（2）硫黄、（3）金属粉、（4）引火性固体になるが、試験では（4）引火性固体以外は満遍なく出題されているので、抜け漏れなくチェックしよう！

①硫化リン（リンと硫黄の化合物、結合比で3種類！）

　リンと硫黄が化合した物質が硫化リンで、リンと硫黄の構成比で3種類に分類されるぞ。なお、硫黄の結合数の多い物質ほど比重と融点が高くなっているんだ！　3物質に共通する特性、貯蔵・保管法と消火法は以下の通りだ。

> 硫化リンの名称は、カッコ内に記載の硫黄とリンの結合数を含めた名称で覚えると理解しやすいぞ！

特性	・燃焼すると、有毒な亜硫酸ガスSO_2とリン酸化物（P_4S_{10}）を生じる ・酸化剤と混在すると発火する恐れがある
貯蔵・保管法	・火気、加熱、摩擦、衝撃、酸化剤を避ける ・水や金属粉との接触を避ける ・保存容器は密栓し冷暗所に貯蔵
消火法	・水は使用NG（硫化水素が発生） ・乾燥砂または粉末消火剤か二酸化炭素消火剤で窒息消火が有効

◆三硫化リン（三硫化四リン）P_4S_3の特徴

形状	・比重2.0の黄色結晶 ・融点173℃
特徴	・硫化リンの中で最も安定している ・冷水とは反応せず、水に不溶 ・二硫化炭素及びベンゼンに溶ける ・熱水で徐々に加水分解し、硫化水素H_2Sとリン酸H_3PO_4を生じる ・硫化水素は腐卵臭(温泉の臭い)のある有毒な可燃性ガスである

◆五硫化リン（五硫化二リン）P_2S_5の特徴

形状	・比重2.1の淡黄色の結晶 ・融点290℃
特徴	・水で徐々に分解し、硫化水素とリン酸を生じる ・吸湿性がある ・二硫化炭素に溶ける

◆七硫化リン（七硫化四リン）P_4S_7の特徴

形状	・比重2.2の淡黄色の結晶 ・融点310℃
特徴	・水で徐々に分解し、硫化水素とリン酸を生じる ・二硫化炭素にわずかに溶ける ・硫化リンの中で、最も加水分解されやすい ⇒反応性が大ってこと！！

三硫化リンだけ、「冷水」ではなく「熱水」に反応なんですね！
この他発生する有毒ガスは、燃焼の場合と加水分解の場合で違うんですね！

第8章 第2類危険物の性質を学ぼう！

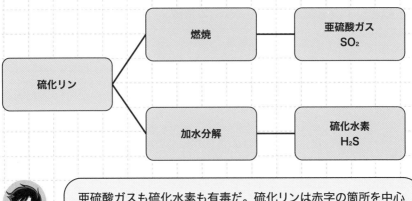

 亜硫酸ガスも硫化水素も有毒だ。硫化リンは赤字の箇所を中心に、上記の反応性が分かれる点について、注意してほしいぞ！！

②赤リン　P（第3類の黄リンとは同素体だ！）

　古くからマッチ棒の先端部分（頭薬）や花火の材料として用いられているのが赤リンで、この後（第9章）で学習する黄リンとは同素体の関係だ。なお、赤リンは黄リンから生成されるので、赤リンの中に黄リンが一部混ざっていることもあるんだ。

形状	・比重2.2で赤褐色の無臭粉末
特徴	・無毒である。なお、同素体の黄リン(第3類危険物)は猛毒 ・黄リンより安定しており、空気中で自然発火しない ⇒製造過程で不純物として黄リンが混ざったものは、自然発火する上に有毒なので注意が必要。 ・水及び有機溶媒、二硫化炭素に溶けない ・粉じん爆発する恐れがある ・摩擦によって発火する ・燃焼により有毒な十酸化四リン（P_4O_{10}）となる ※十酸化四リンは組成式（P_2O_5）で表されるので、五酸化二リンとも呼ばれるんだ！！
貯蔵・保管法	・酸化剤と隔離する ・容器は密栓し、冷暗所に貯蔵
消火法	・大量の水を用いて冷却消火する ・乾燥砂で窒息消火をする

燃焼により発生する十酸化四リンには強い脱水作用があって、強酸や強塩基と同様の腐食性があるぞ。扱いに気を付けよっ！

硫化リンの燃焼と加水分解で発生する有毒ガスも注意が必要でしたが、赤リンの燃焼で発生する十酸化四リンも有毒なので、混同しないように気を付けます！！

③硫黄　S（化合物で見てきたものの単体！）

　ここでは、硫化リンの構成元素である硫黄Sについて見ていくぞ。硫黄は、全ての元素の中で最も多くの同素体を有しているんだ。主なものとして、斜方硫黄、単斜硫黄、ゴム状硫黄などがあるぞ。

> ゴム状硫黄：黒褐色の弾性ある固体
> 斜方硫黄・単斜硫黄：黄色の結晶

　上記3つは同素体だから、硫黄Sの単体だぞ。別物ではないから間違えないように！　以下、硫黄の性状について見ていこう。

形状	・比重2.1　融点115℃ ・黄色の固体または粉末で、無味無臭（※）である ※硫黄は無味無臭だが、硫黄化合物は特徴的な臭いがある 　硫化水素：腐卵臭 　二酸化硫黄：刺激臭
特徴	・水及び酸に不溶、二硫化炭素によく溶ける ⇒水に対して安定！ ・アルコールとジエチルエーテルにわずかに溶ける ・燃焼すると、腐食性の二酸化硫黄SO_2（亜硫酸ガス）を発生する ・粉末状のものが空気中に飛散すると粉じん爆発の恐れがある ・電気の不良導体で、摩擦により静電気が生じやすい

第**8**章

第2類危険物の性質を学ぼう！

貯蔵・保管法	・火気、加熱、酸化剤を避け、密栓して冷暗所に貯蔵 ・空気中に飛散させない ・静電気対策を実施する ・塊状のものは麻袋または紙袋などに入れる。粉状のものはクラフト紙（2層）または内袋付の麻袋に詰めて収納する
消火法	・基本は水を用いた冷却消火が有効。ただし、硫黄は融点が低く燃焼時に液状になって広がりやすいので、土砂を撒いて拡散を防ぎつつ注水消火を行う

これまで見てきた危険物の貯蔵・保管法では、容器に入れていましたが硫黄は違うんですね！

その通りだ、そういう違いがポイントだぞ。なお、二硫化炭素への溶け方という点で分類すると、赤リンのみ二硫化炭素に不溶となるぞ。物質ごとに話を進めているが、ある程度区切りとなったら、共通する分類について振り返りのまとめをしておくと、理解度が格段にUPするはずだ！

④鉄粉　Fe（塊じゃないよ、粉末だよ！）

　鉄などの金属類は熱伝導率が高く、酸化熱が蓄積されにくいため、一般的にはなかなか燃えないんだ。しかし、金属を粉末状にして酸素と接触する面積が増えると、熱伝導率が小さくなって非常に燃えやすい状態になるんだ。金属が粉状になると発生する粉じん爆発は、この原理によって発生しているんだ。

鉄＝鉄板のような塊と思っていましたが、粉末状の鉄なら燃えるんですね！

　以下、鉄の性質について見ていくぞ。法令では、「目開き（網目の大きさ）53μmの網ふるいを通過するものが50%以上のもの」が対象だ。

形状	・比重7.9の灰白色の粉末
特徴	・酸と反応して水素を発生する ・水、アルカリ（水酸化ナトリウム）には溶けず、反応しない ・油分が染み込んだものは自然発火の危険性がある ・加熱したものに注水すると、水蒸気爆発を起こすことがある ・たい積物に水分が含まれると、酸化熱が内部に蓄積して自然発火することがある
貯蔵・保管法	・火気、加熱、酸化剤を避ける ・酸類、湿気との接触を避ける ・密栓して冷暗所に貯蔵する
消火法	・水系消火剤は使用NG、乾燥砂か金属用粉末消火剤を用いる

⑤金属粉（両性元素のAlとZnが対象だ！）

　法令では、アルミニウム粉と亜鉛粉で「目開き150μmの網ふるいを通過するものが50％以上のもの」が対象だ。なお、アルミニウム粉と亜鉛粉に共通する性質は以下の通りだ。

【Al粉とZn粉に共通する性質】

特徴	・両性元素で、酸及びアルカリと反応して水素を発生する ・空気中では表面に酸化被膜を形成し、内部まで酸化は進行しない ※反応性（危険度）はAl>Znだ！　これは、イオン化傾向の大小と同じだぞ！
貯蔵・保管法	・還元力が強いので、ハロゲン元素などの酸化剤とは隔離する ・湿気を避け、容器に密閉する
消火法	・乾燥砂などで窒息消火する ・水系消火剤とハロゲン化物消火剤は反応するので、使用NG！ ・金属用粉末消火剤も有効

イオン化傾向はテーマ44で学習しましたね！「貸そうかな〜」の語呂合わせで、Al・Znの順だったから、Al粉の方が反応性が大きいんですね！

共に両性元素というのもポイントだ。では、各々の性質について見ていくぞ。

◆アルミニウム粉　Al

形状	・比重2.7の銀白色の柔らかい軽金属粉
特徴	・水とは徐々に反応して水素を発生 ・空気中で燃やすと、酸化アルミニウム（アルミナ：白色粉末）を生じる ・空気中の水分及び酸化力の強いハロゲン元素と接触すると、自然発火する危険性がある ・空気中で浮遊していると粉じん爆発の危険性がある ・酸化剤と混合したものは、加熱や衝撃により発火の危険性がある ・加熱した状態（高温状態）にして二酸化炭素雰囲気中に置くと、CO_2の酸素原子と反応して激しく燃焼（強還元剤ということ！）

「酸」と反応して「水素」を発生するぞ。「酸素」ではないので、間違えないようにな！

二酸化炭素中の酸素を奪って反応するとは…。アルミニウム粉は強力な還元性を有しているんですね！

◆亜鉛粉　Zn

反応性（危険度）は亜鉛粉の方が少ないぞ。それでは、以下見ていこう。

形状	・比重7.1の灰青色（青みを帯びた銀白色）の粉末
特徴	・高温状態の水蒸気と反応して水素を発生する ・硫黄と混合したものを加熱すると、硫化亜鉛ZnSを生じる ・乾燥していると反応しないが、湿気（水分）のある状態だとハロゲンと反応して自然発火する

⑥マグネシウム　Mg（サプリメントとは別物です！）

　一般的にはゴマなどの食品や海藻類に含まれているミネラルを連想するかもしれないが、それらはすべてマグネシウムの化合物で、ここで扱う第2類危険物のマグネシウムはアルカリ土類金属（軽金属）としての単体のマグネシウム

だ。なお、法令では「目開き2mmの網ふるいを通過しないもの」及び「直径が2mm以上の棒状のもの」は対象外なんだ。

塊状あるいは棒状だと対象外（つまり粉末）ということなんですね！

形状	・比重1.7の銀白色で展性（叩くと拡がる性質のこと）のあるやわらかい軽金属（アルミニウムよりも軽い）
特徴	・水とは徐々に、熱水や希薄な酸類と直ちに反応して水素を発生 ⇒アルカリに不溶だ！ ・空気中の水分（湿気）と反応して自然発火することがある ・酸化剤との混合物は、加熱や衝撃により発火することがある ・強熱すると白光を放って燃焼し、酸化マグネシウム（白色粉末）を生じる ・常温の空気中で表面に酸化被膜を生じるため、内部まで酸化反応は進行しない（安定している）
貯蔵・保管法	・還元力が強いので、ハロゲン元素などの酸化剤と隔離する ・湿気を避け、容器は密栓して冷暗所に貯蔵する
消火法	・水系消火剤は使用NG、乾燥砂か金属用粉末消火剤を用いる

アルミニウム粉と亜鉛粉は両性元素でしたが、マグネシウムは酸のみ反応なんですね！　水（冷・熱）との反応の違いも気を付けておきます！

⑦引火性固体（第4類危険物の固体バージョン！）

「引火性の液体」といえば、第4類危険物でしたよね！　ここで学ぶのは、引火性の固体…。

法令では、「固形アルコールその他1気圧において引火点が40℃未満のもの」

が対象になるんだ。早い話が、アルコール（第4類危険物）を固化したものを筆頭にした物質群というわけだ。主に3種類あり、以下引火性固体に共通する性質について見ていくぞ。

特徴	・常温（20℃）でも可燃性蒸気を発生するので、常温でも引火の危険性がある
貯蔵・保管法	・火気、加熱、酸化剤を避け、容器は密栓して冷暗所に貯蔵
消火法	・泡消火剤、粉末消火剤、二酸化炭素消火剤を用いて消火する

◆固形アルコール

形状	・透明または乳白色のゼリー（ゲル）状のもので、メタノールまたはエタノールに凝固剤を入れて固めたもの
特徴	・アルコール臭がある ・白色や水色に着色されたものもあり、携帯用の固形燃料（旅館等で出てくる）として使われている ・40℃未満で可燃性蒸気が発生するので、引火しやすい

◆ゴムのり

形状	・のり状の固体で、生ゴムをベンゼン（溶剤）などに溶かした接着剤 ・引火点10℃以下で揮発性がある
特徴	・発生した蒸気を吸入すると、頭痛やめまい、貧血などを起こす ・水に溶けない ・日光により分解するため、直射日光を避ける ・自転車のチューブなど、ゴム製品の接着剤として利用される

◆ラッカーパテ

形状	・ペースト状の固体 ・引火点10℃（含有成分により若干異なる）
特徴	・溶剤（トルエン等）を主成分とした下地修正塗料でプラモデル等に用いられる ・蒸気を吸入すると、有機溶剤中毒を起こす ・日光により分解するため、直射日光を避ける

有機溶剤中毒って、シンナー中毒とかと一緒ですよね。怖いなー。扱いには気を付けないとですね！！

これで第2類危険物の個別の性質は終了だ！　一度ですべてを覚えるのは難しいだろうから、根気強く繰り返しの学習に取り組んでくれよ！　最後に、第2類危険物のキラーフレーズ一覧を作ったから、学習の参考にしてくれよ！！

【第2類危険物攻略の巻】

（1）可燃性の固体（強還元剤）で、比重は1より大きく水に不溶

（2）硫化リン3種は、硫黄結合数の多い物質ほど比重と融点が高く、加水分解における水への反応性も高くなる！

	三硫化四リン P_4S_3	五硫化二リン P_2S_5	七硫化四リン P_4S_7
比重	2.0	2.1	2.2
融点	173℃	290℃	310℃
加水分解（水との反応）	冷水と反応せず、熱水で徐々に	水で徐々に	水で徐々に。硫化リンの中で最も加水分解されやすい

（3）発生するガスは3種類！

・H_2を発生	
鉄粉	酸に溶けて水素を発生
アルミニウム粉と亜鉛粉（両性元素）	水と反応、酸やアルカリに溶けて水素を発生
マグネシウム	熱水、希酸に溶けて水素を発生

第**8**章

第2類危険物の性質を学ぼう！

・H$_2$Sを発生

硫化リン	水又または熱水と反応（加水分解）して硫化水素を発生

・SO$_2$を発生

硫化リン　硫黄	燃焼すると二酸化硫黄を発生

（4）二硫化炭素に溶ける物質は硫化リンと硫黄だ！　溶けない物質は赤リンだ！

（5）硫化リンと引火性固体以外の全ての第2類危険物は、粉じん爆発の危険性がある！

⇒赤リン、硫黄、鉄粉、アルミニウム粉、亜鉛粉、マグネシウム

粉じん爆発が発生する原理を理解すれば、それが起こらないようにすること＝粉じん爆発の防止対策になるんだ。試験でたまに問われているので、以下触れておくぞ！

【粉じん爆発が発生しやすい条件】

1. 温度が高く、湿度が低いほど爆発しやすい
   ⇒燃えるのに熱源（温度）が必要なのは分かると思うが、冬場に火事が多くなるのと同じで、水分と爆発は関連があるぞ！
2. 酸素との接触面積（酸化表面積）が大きいほど爆発しやすい
   ⇒塊よりも、粉状のように粒子が小さい方が反応しやすいぞ！
3. 濃度が爆発範囲内にある場合、高濃度の領域ほど爆発しやすい
   ⇒燃焼範囲のことだ。下限値の温度が引火点だぞ！

【粉じん爆発の防止対策】

1. 温度は低く、湿度は高くする
   ⇒静電気対策でもあるぞ！
2. 接地を確実にするなどして、静電気の蓄積を防ぐ
3. 電気設備を防爆構造にする
4. 粉じんが発生する場所での火気使用を禁止する

5. 外気を取り入れる等適宜換気を十分に行い、粉じん濃度が燃焼範囲の下限値未満になるようにする
⇒「常時換気を行う」という対策は誤りだ！　空気の流動にともない、粉じん同士や粉じんと建物内壁面との摩擦で静電気が発生して静電気爆発の恐れがあるからだ！

（6）消火法はコレを覚えておこう！

・乾燥砂：引火性固体以外の全ての第2類危険物の消火に有効！
・注水消火NGの危険物：硫化リン、鉄粉、アルミニウム粉、亜鉛粉、マグネシウム
　⇒硫化リン以外は、金属火災用粉末消火剤、硫化リンは乾燥砂や二酸化炭素消火剤を使用するんだ！
・引火性固体：窒息消火が有効なので、泡、二酸化炭素、ハロゲン化物、粉末消火剤が有効だ！

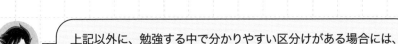

上記以外に、勉強する中で分かりやすい区分けがある場合には、それを是非覚えておこう！

第8章

第2類危険物の性質を学ぼう！

Step3 暗記 → 何度も読み返せ！

- ☐ 第2類危険物は［可燃性］の［固体］で、比重は1以上、［水］に溶けない物質が多い。

- ☐ 3種類ある硫化水素のうち、最も反応性が低いのは［三硫化四リン］で、［冷水］とは反応せず、［熱水］で徐々に加水分解して［硫化水素］と［リン酸］を発生する。

- ☐ 硫化リンを燃焼すると、有毒な［亜硫酸ガス］とリン酸化物を生じる。

- ☐ 赤リンは赤褐色の無臭粉末で、［無毒］である。なお、生成の過程で材料となる［猛毒］の黄リンが混入する可能性がある。黄リンより安定しており、水、［二硫化炭素］などに溶けない。

- ☐ 硫黄は［黄］色の固体または粉末で［無味無臭］である。なお、硫黄にはいくつかの同素体が存在し、黒褐色の弾性ある固体は［ゴム状硫黄］である。

- ☐ 鉄粉は［酸］と反応して［水素］を発生する。なお、両性元素ではないので［アルカリ］には溶けず、反応しない。

- ☐ 鉄粉に［油分］が染み込んだものは［自然発火］の危険性があり、加熱したものに注水すると、［水蒸気爆発］を起こすことがある。

- ☐ アルミニウム粉と亜鉛粉は［両性元素］で、酸とアルカリに反応して［水素］を発生する。なお、反応性が大きいのは［アルミニウム粉］である。

- ☐ 比重1.7、銀白色で展性のあるやわらかい軽金属は［マグネシウム］である。［水］とは徐々に、［熱水］と希酸には直ちに反応して水素を発生する。

- ☐ 引火性固体の引火点は、すべて［40℃未満］である。なお、固形アルコールによる火災の消火には［窒息消火］が有効で、［泡］、二酸化炭素、ハロゲン化物、［粉末消火剤］が有効である。

本章で学んだことを復習だ！　分からない問題は、テキストに戻って確認するんだ！　分からないままで、終わらせるなよ！！

問題

次の文の正誤または問いに答えよ。

🔥**14** 第2類危険物における粉じん爆発の防止対策として、室内の換気を常時行うようにした。

🔥**15** 第2類危険物の性状として、誤っているものはいくつあるか。

> a　比重は1より大きく、いずれも酸化剤との接触は危険である。
> b　いずれも固体の無機化合物である。
> c　微粉状のものは、空気中で粉じん爆発を起こしやすい。
> d　空気中の湿気により自然発火するものがある。
> e　水に溶けやすい。

　　①1つ　　　②2つ　　　③3つ　　　④4つ　　　⑤5つ

🔥**16** 硫化リンについて、a. 水と反応して発生する有毒な気体の名称、b. 燃焼して発生する有毒な気体の名称の組合せとして、正しいものはどれか。

	a	b
①	二酸化硫黄	リン酸化物
②	水素	硫化水素
③	硫化水素	リン酸化物
④	硫化水素	二酸化硫黄
⑤	二酸化硫黄	硫化水素

🔥 17 三硫化リン、五硫化リン、七硫化リンに共通する性状として、正しいものは
いくつあるか。

> a 加水分解すると、有毒なガスを発生する。
> b 燃焼すると発生する有毒ガスは、腐卵臭を有している。
> c 結合する硫黄の粒子数が大きい硫化リンほど、融点が高い。
> d 比重は1より小さく、水に浮く。
> e 淡黄色または黄色の結晶である。

①1つ　　②2つ　　③3つ　　④4つ　　⑤5つ

🔥 18 赤リンの性状について、誤っているものはいくつあるか。

> a 黄リンの同素体で、比重は1より大きい。
> b 水に溶けないが、二硫化炭素に溶ける。
> c 特有の臭気を有する、赤褐色の粉末である。
> d 反応性は、黄リンよりも低い。
> e 赤リンを材料にして、黄リンが生成される。

①なし（0）　　②1つ　　③2つ　　④3つ　　⑤4つ

解答

🔥 14 ✕ →テーマNo.60

いかにも正解のような記述だが、テーマ60の最後に触れた「第2類危険物攻
略の巻」を見ると、外気を取り入れる等適宜換気を十分に行い、粉じん濃度
が燃焼範囲の下限値未満になるようにするとある。

⇒「常時」換気を行うと、空気の流動にともない、粉じん同士や粉じんと建
　物内壁面との摩擦で静電気が発生して静電気爆発の恐れがあるので、常時
　は誤りといえるぞ。

🔥 15 ② →テーマNo.59＆60

誤っている記述は、bとeだ。

b いずれも固体の無機化合物である。

　　⇒引火性固体のように有機化合物も含まれるので、記述は✕

e 水に溶けやすいない。

🔥 16 ④ →テーマNo.60

硫化リンより発生する有毒ガス2種類を混同する受験生は多いので、ここで
しっかりと区別できるようにしよう。

a：水と反応（加水分解）なので、硫化リン中の硫黄Sと水分子中の水素H_2
　　が反応するので、硫化水素が発生するぞ。

b：硫化リンが燃焼（酸化）するので、硫黄Sと空気中の酸素O_2が結びつい
　　て二硫化硫黄（亜硫酸ガス）が発生するぞ。

以上より、正しい組合せは④だ。

🔥 **17**　③ →テーマNo.60

正しいのは、a、c、eの3つだ。誤りの記述は、以下の通り。

b　燃焼すると発生する有毒ガスは、~~腐卵臭~~を有している。

　　⇒腐卵臭は硫化水素で、燃焼により発生する亜硫酸ガスは、刺激臭を有
　　　しているぞ。

d　比重は1より~~小さ~~←大きく、水に~~浮~~←沈む。

🔥 **18**　④ →テーマNo.60

正しいのは、a、dの2つだ。誤りの記述は、以下の通り。

b　水に溶けないが、二硫化炭素に~~溶ける~~。⇒二硫化炭素に不溶。

c　~~特有の臭気を有する~~、赤褐色の粉末である。

　　⇒黄リンは不快臭を有するが、赤リンは無臭だ。

e　~~赤リンを材料にして、黄リンが生成される~~。

　　⇒記述が逆だ。黄リンを材料にして、赤リンが生成されるぞ。

（問題）

次の文章の正誤を述べよ。

🔥 **19**　赤リンの貯蔵または取扱について、次のうち正しいものはいくつあるか。

> a　赤褐色の粉末で、毒性は低い。
> b　塩素酸カリウムとの混合物は、わずかな刺激により発火する。
> c　水と反応してリン化水素を生成する。
> d　消火の際は、大量の水を用いて冷却消火する方法が有効である。
> e　空気に触れないように、水中に浸漬貯蔵する。

①1つ　　②2つ　　③3つ　　④4つ　　⑤5つ

🔥 **20**　硫黄の性状について、正しいものはどれか。

①酸に溶けると、硫酸を生成する。

②水より軽い。

③電気の良導体で、摩擦により静電気が発生しやすい。

④水と接触すると、激しく発熱する。

⑤固体のまま表面で燃焼して、一酸化炭素の黄色煙を発生する。

🔥21 硫黄の性状について、誤っているものはいくつあるか。

---

a 空気中で燃焼すると、二酸化硫黄の有毒ガスが発生する。

b 多くの金属元素及び非金属元素と高温で反応して硫化物を作る。

c 酸化剤との混合物は、加熱・衝撃により爆発する恐れがある。

d 水に不溶だが、エタノールとジエチルエーテルにわずかに溶ける。

---

①4つ　　②3つ　　③2つ　　④1つ　　⑤0（なし）

🔥22 鉄粉の性状について、誤っているものはいくつあるか。

---

a 油分が混入すると、自然発火する恐れがある。

b 一般的に、強磁性体である。

c 灰白色の粉末で、空気中に飛散すると発火の危険性がある。

d 酸とアルカリに溶けて、水素を発生する。

e 空気中の湿気により酸化熱を蓄積し、発熱・発火することがある。

---

①1つ　　②2つ　　③3つ　　④4つ　　⑤5つ

🔥23 アルミニウム粉の記述について、正誤の正しい組合せはどれか。

---

a 水には溶けないが、徐々に反応して水素を発生する。

b 銀白色の軽金属で、比重は1より大きい。

c 空気中に飛散すると、粉じん爆発の危険性がある。

d 酸及び強塩基の水溶液と反応して、酸素を発生する。

---

	a	b	c	d
①	正	正	正	正
②	正	正	正	誤
③	誤	正	正	誤
④	正	正	誤	誤
⑤	誤	誤	誤	正

🔥 **24** 亜鉛粉の性状について、次のうち誤っているものはどれか。

①酸化剤と混合したものは、摩擦・衝撃等により発火することがある。

②水分を含む塩素と接触すると、自然発火することがある。

③硫黄と混合したものを加熱すると、硫化亜鉛を生成する。

④灰青色の金属で、比重はアルミニウム粉より大きい。

⑤アルミニウム粉よりも危険性が大きい。

🔥 **25** マグネシウムの性状について、誤っているものはどれか。

①常温では酸化被膜を生成し、安定している。

②無機物と混合しても、反応せずに安定している。

③温水を作用させると、水素を発生する。

④空気中に飛散すると粉じん爆発を起こすことがある。

⑤空気中の湿気により、自然発火することがある。

🔥 **26** 引火性固体について、次のうち誤っているものはどれか。

①固形アルコール、ラッカーパテ、ゴムのりなどが該当する。

②低引火点の引火性液体を含有しているものが多い。

③衝撃により発火するものがある。

④引火点40℃未満の固体である。

⑤常温で可燃性蒸気を発生するものが多く、窒息消火が有効である。

🔥 **27** 以下記載の第2類危険物うち、水系消火剤（泡消火剤含む）の使用が不適切なものはいくつあるか。

> 硫化リン、赤リン、硫黄、鉄粉、アルミニウム粉、亜鉛粉、マグネシウム、引火性固体

①4つ　　②5つ　　③6つ　　④7つ　　⑤8つ（全て）

解答

🔥 **19** ③ →テーマNo.60

正しいのは、a、b、dの3つだ。誤りの記述は、以下の通り。

c　水と反応してリン化水素を生成する。

⇒水とは反応しないぞ。

e　空気に触れないように、水中に浸漬貯蔵する。

⇒同素体の黄リン（第3類危険物）は記載の方法で貯蔵する。赤リンは

容器に収容し、冷暗所にて密栓貯蔵するぞ。

🔥 20　① →テーマNo.60

選択肢①が正しい記述だ。誤りの記述については、以下の通り。

②水より~~軽い~~重い。

③電気の~~良導体~~不良導体で、摩擦により静電気が発生しやすい。

④水と接触すると、~~激しく発熱する。~~⇒硫黄は水とは反応しないぞ。

⑤固体のまま表面で燃焼して、~~一酸化炭素~~の黄色煙を発生する。

　　　　　　　　　　　　二酸化硫黄⇒炭素「C」は存在しないぞ。

🔥 21　⑤ →テーマNo.60

記述a～dは、全て正しい記述だ。それぞれについて、そのまま覚えておこう！

🔥 22　① →テーマNo.60

誤りの記述はdのみだ。その他の選択肢は正しい記述なので、そのまま覚えておこう！

d　~~酸とアルカリに溶けて、水素を発生する。~~

　⇒鉄粉は両性元素ではないので、酸に溶けるがアルカリには溶けないぞ。

　　アルミニウム粉と亜鉛粉が両性元素なので、混同に注意しよう！

🔥 23　② →テーマNo.60

正しい組合せは②で、誤りの記述はdのみだ。

d　酸及び強塩基の水溶液と反応して、~~酸素~~水素を発生する。

問題22に同じだが、アルミニウム粉は両性元素なので、酸とアルカリに溶けて、水素を発生するぞ。酸素ではないので、間違えないように！

🔥 24　⑤ →テーマNo.60

イオン化傾向が「Al>Zn」なので、アルミニウム粉よりも危険性は小さいぞ。

🔥 25　② →テーマNo.60

無機物である酸化剤（塩素酸塩類など）と第2類危険物を混合すると、衝撃等により、発火・爆発する恐れがあるので、無機物の混合はNGだ。

🔥 26　③ →テーマNo.60

引火性固体の中で、衝撃により発火する物質はないぞ。

🔥 27　② →テーマNo.59&60

硫化リン、鉄粉、アルミニウム粉と亜鉛粉、マグネシウム粉の5つは注水消火NGだ。赤リンと硫黄は注水消火が可能で、引火性固体は泡消火剤（耐アルコール泡）の使用が可能だ。

第3類危険物の
性質を学ぼう!

本章では、第3類危険物について学習するぞ。多くの物質は自然発火性と禁水性の両方の性質を有しているが、
①自然発火性のみ有する物質
②禁水性のみ有する物質
この区別が重要だ。
この他にも、個性的な物質が多い類なので、基本となる性質を念頭に＋αという構成で理解するように取り組もう!

アクセスキー　**O**
（大文字のオー）

第3類に共通する特性をチェックしよう！

このテーマでは、第3類危険物に共通する特性について学習するぞ。共通する特性（自然発火性・禁水性）を常に意識して個別の性質を見ていくと、学習が効率よく進むんだ。さあ、原則（基本）を徹底的にマスターするんだ！！

Step1 図解 ▶ 目に焼き付けろ！

第3類危険物に共通する特性

原則：自然発火性と禁水性の両方の性質を有している！
例外：

自然発火性のみの物質は？ → 性状は？ ← 禁水性のみの物質は？

第3類危険物

貯蔵・取扱法は？   消火法は？

「自然発火性と禁水性の両方を有している」この原則を常に意識して、それと異なる性状について、個別に覚えるという取り組みをすると効率よく学習できるぞ！！！

Step2 解説 爆裂に読み込め！

→ 超重要！　第3類危険物に共通する特性をチェックしよう！

第3類危険物は自然発火性と禁水性の固体または液体で、一部の物質については、既に基礎化学で触れているんだ。空気や水という我々にとって身近な物質に触れるだけで危険が生じるという、極めて危険性の高い物質群だ。

以下は、第3類に共通する性状、貯蔵・取扱法、消火法をまとめたものだ。

表59-1：第3類に共通する性質等

性状	・常温（20℃）で、固体または液体である ・物質そのものは、可燃性のものと不燃性のものがある ・多くは自然発火性（空気接触NG）と禁水性（水接触NG）の両方の性質を有しているが、以下の物質は、片方のみの性質を有している 　　自然発火性のみ：黄リン　　　禁水性のみ：リチウム ・多くは金属または金属を含む化合物で、有機化合物も存在する 　⇒ジエチル亜鉛など
貯蔵・取扱法	・自然発火性物質は、空気との接触を避ける。また、炎、火花、高温体との接触及び加熱を避ける ・禁水性物質は、水や湿気との接触を避ける ・容器は湿気を避けて密栓し、室内の冷暗所に貯蔵する ・容器の破損や腐食に注意する ・保護液中に貯蔵するものは、保護液から危険物が露出しないように、保護液の減少に注意して、完全に浸漬貯蔵する 【危険物ごとの貯蔵法】

貯蔵の方法	主な危険物の物品名
水中貯蔵	黄リン
小分けして灯油・軽油・流動パラフィンの中に貯蔵	カリウム、ナトリウム

貯蔵・取扱法	水分との接触を避け、乾燥した場所に貯蔵	リチウム、カルシウム、バリウム、リン化カルシウム、炭化カルシウム、炭化アルミニウム、トリクロロシラン
	窒素などの不活性ガス中に貯蔵	アルキルアルミニウム、アルキルリチウム、ジエチル亜鉛
	窒素中に貯蔵	水素化物（ナトリウム、リチウム）
消火法	・全ての第3類危険物の消火に使えるのは、乾燥砂（膨張ひる石、膨張真珠岩）である ・水系消火剤が使用できるのは黄リンのみである ・禁水性物質（黄リン以外）は炭酸水素塩類の粉末消火剤を用いる ・還元性の強い物質（K、Na、Al化合物等）が多いので、ハロゲン化物と二酸化炭素消火剤は適応しない⇒これらと反応するため	

Step3 暗記 → 何度も読み返せ！

☐ 第3類危険物は、① ［自然発火性］ と② ［禁水性］ の固体または液体で、多くの物質は両方の性質を有しているが、① ［自然発火性］ のみ有している物質として黄リン、② ［禁水性］ のみ有している物質として ［リチウム］ がある。

☐ 物質そのものは、可燃性のものと不燃性のものがあり、［無機］ の単体と化合物だけでなく、［有機化合物］ も含まれる。

☐ 第3類危険物のうち、石油中に貯蔵する物質はカリウムと ［ナトリウム］、窒素中に貯蔵するのは、ナトリウムとリチウムの ［水素化物］ である。

☐ 全ての第3類危険物に使用できる消火設備は、［乾燥砂］ を用いた窒息消火である。［黄リン］ 以外の禁水性物質は炭酸水素塩類の粉末消火剤を用いる方法が有効で、全ての第3類危険物に共通して使用できないのは、［ハロゲン化物］ と ［二酸化炭素］ の消火剤である。

No. 60 /66 第3類の危険物は コレだ！

このテーマでは、第3類危険物の個々の性質について学習するぞ。大きな括りで11品目（①〜⑪）に分類され、その中でも特徴的なフレーズで表現される物質が頻出だ！　水と反応して発生するガスも多様なので、共通する性質に＋αとして、重点を絞って取り組もう！

Step1 図解 目に焼き付けろ！

第3類の危険物

①カリウム

②ナトリウム

③アルキルアルミニウム

④アルキルリチウム

⑤黄リン

⑥アルカリ金属及びアルカリ土類金属

⑦有機金属化合物（③④を除く）

⑧金属の水素化物

⑨金属のリン化物

⑩カルシウムまたはアルミニウムの炭化物

⑪その他のもので政令で定めるもの

満遍なく出題されるよ！

水と反応して発生する
ガスに注意せよ！

常に意識しておくことは**「第3類危険物に共通する一般的性状は？」**だ！　これと同じであれば一般的性状と理解し、それと異なる性状については、個別に覚えるという取り組みをすると効率よく学習できるぞ！　禁水性のみの物質と自然発火性のみの物質、もう区別できているよな！？

Step2 解説 爆裂に読み込め！

➡ 第3類危険物の個別の性質を見ていくぞ！

早速本題だ。大きな括りでは（1）アルカリ金属及びアルカリ土類金属、（2）黄リン、（3）有機金属化合物、（4）金属化合物となるが、試験ではどの危険物についても満遍なく出題されているんだ。

その中でも特に出題頻度が高い順に分類すると、以下のようになるぞ。

表60-1：第3類危険物の学習ポイント

【第3類危険物で気を付けるべき学習ポイント】
・原則となる性質から外れた物質2種に気を付けよう！ 　⇒禁水性のみ：リチウム　　自然発火性のみ：黄リン ・非常に危険性が高く、移送する際に事前に届出を要する物質 　⇒アルキルアルミニウム、アルキルリチウム ・黄リン 　⇒低発火点（50℃）、性状（特有の臭い）、貯蔵及び取扱法（消火法） ・水と反応して発生する多様なガス

物質（第3類危険物）	発生するガス
アルカリ金属（K、Na、Li） アルカリ土類金属（Ca、Ba） 水素化物（Na、Li）	水素H_2
トリクロロシラン	塩化水素HCl
ジエチル亜鉛、アルキルアルミニウム	エタンC_2H_6
リン化カルシウム	リン化水素PH_3
炭化カルシウム	アセチレンC_2H_2
炭化アルミニウム	メタンCH_4

図解を見ると、アルカリ金属に含まれる①カリウムと②ナトリウムだけ、⑥の区分から外れているんですね。

　カリウムとナトリウムは、個別の品目として指定されているんだ。なお、⑥に含まれるアルカリ金属は禁水性のリチウムのみだ。

①カリウムK　②ナトリウムNa

　第4章（基礎的な化学）で概要は触れているが、第3類危険物の中でも特徴的なフレーズを有しているのが、カリウムとナトリウムだ。共にアルカリ金属で似た性質を持っていて、イオン化傾向より「K>Na」から、反応性が大きいカリウムの方が融点・比重共に小さいので注意してくれよ！！　以下、共通する性質を見ていこう。

【カリウムとナトリウムに共通する性質】

特徴 反応性は、イオン化傾向に同じで、K>Naとなるぞ。	・水より軽い、銀白色の柔らかい金属 ・有機物に対して強い還元作用を有し、ハロゲン元素とも激しく反応する ・高温にすると二酸化炭素と反応し、単体の炭素を遊離する 　⇒強還元剤ということ！ ・1価の陽イオンになりやすい ・吸湿性及び潮解性を有する ・水とアルコールに溶けて、水素を発生 ・腐食性があり、触れると皮膚を侵す ・空気中の水分と反応して、自然発火することがある
貯蔵・保管法	・乾燥した場所で火と水を避け、冷暗所に密栓貯蔵する ・空気中ですぐ酸化されるため、あらかじめ小分けした状態で、灯油や流動パラフィン等の保護液中に浸漬貯蔵する
消火法	・乾燥砂（膨張ひる石、膨張真珠岩含む）、金属火災用粉末消火剤、乾燥炭酸ナトリウム（ソーダ灰）などで窒息消火を行う ・水系の消火剤（水、泡、強化液）、ハロゲン化物と二酸化炭素消火剤は使用NG！！ ※前者は水素ガスが発生、後者は還元性が強く反応してしまうため

　反応性はカリウムの方が大だけど、融点と比重は小なんですね！間違えないように気を付けます！

◆カリウムKの特徴

形状	・比重0.86の柔らかい銀白色の金属 ・融点64℃
特徴	・炎色反応は紫色 ・高温では水素と反応し、水素化カリウムを生成する ・水やアルコールと反応して、水素と熱を発生する。このとき、反応性は水の方が激しい 　$2K + 2H_2O \rightarrow 2KOH + H_2 + 389kJ$

◆ナトリウムNaの特徴

形状	・比重0.97の柔らかい銀白色の金属 ・融点98℃
特徴	・炎色反応は黄色 ・反応性はカリウムより弱い ・水やアルコールと反応して、水素と熱を発生する。このとき、反応性は水の方が激しい 　$2Na + 2H_2O \rightarrow 2NaOH + H_2 + 369kJ$

反応性がK＞Naというイオン化傾向の順序であることからも分かりますが、反応熱（発熱反応）の熱量の数値が、カリウムの方が大きいですね！

③アルキルアルミニウム（「R–Al」で表される物質群の総称）

　アルキル基（脂肪族飽和炭化水素、主にメタンやエタン等のアルカンからH原子1個を取り除いたもの）とアルミニウム原子が結合した化合物の総称で、塩素などのハロゲン元素を含む物質も存在するぞ。ここでは、具体的な物質の名称を問う問題は出題されていないので、「アルキルアルミニウムに分類される物質群の特徴」を押さえておくんだ！！

形状	・無色透明の物質で、多くは液体だが、固体の物質も存在する
特徴	・空気中の酸素に触れると、急激に酸化されて自然発火する ・水に触れると爆発的に反応して、可燃性ガス（エチレン、エタンなど）を発生し、発火・爆発する ・反応性は、アルキル基の炭素数またはハロゲン数の多いものほど小さくなる（※1） ・アルコール類、アセトン、二酸化炭素等と激しく反応する他、ハロゲン化物との反応で有毒ガスを発生する ・腐食性が強く、皮膚に触れると火傷を起こす ・ベンゼンやヘキサン等の溶媒で希釈すると、反応性が弱くなる（※2）
貯蔵・保管法	・空気及び水とは接触させず、常に窒素などの不活性ガスを注入した、安全弁付の耐圧容器で完全に密閉し、冷暗所に貯蔵する（※3）
消火法	・火勢が小さい場合 ⇒乾燥砂または粉末消火剤（炭酸水素ナトリウム）などで消火する ・火勢が大きい場合 ⇒発火した場合の消火は、極めて困難である。周囲への延焼を防ぐため、乾燥砂を用いる ・水系消火剤の使用は厳禁で、その他にリン酸塩の粉末消火剤、ハロゲン化物消火剤、二酸化炭素消火剤、泡消火剤は使用NGになる

※1：炭素数とハロゲン数が多いほど、危険性が小さくなるんだ。間違えないように！
※2：貯蔵または取扱う際に、ベンゼンやヘキサンで希釈する場合もあるぞ。
※3：保存していても、自然分解により容器内圧が上昇して容器破損の恐れがあるため。

④アルキルリチウム（「R–Li」で表される物質群の総称）

アルキル基とリチウムが結合した化合物（有機金属化合物）の総称で、ここでは代表的な物質である**ノルマルブチルリチウム**（炭素数④）を見ていくぞ。

◆ノルマルブチルリチウム（$(C_4H_9)Li$）

形状	・比重0.84、黄褐色の液体
特徴	・空気中の水分、酸素、二酸化炭素と激しく反応する ・空気に触れると白煙を上げ、やがて燃焼する ・ベンゼンやヘキサンに溶けると、反応性が低下する
貯蔵・保管法	・アルキルアルミニウムに準じる
消火法	・アルキルアルミニウムに準じる

法令で学習しましたが、アルキルアルミニウムとアルキルリチウムの移送には事前の届出が必要でしたね！

⑤黄リン　P（第2類の赤リンとは同素体だ！）

第3類危険物の中で、唯一！「自然発火性のみ」の物質。それが黄リンだ。

形状	・比重1.8　融点44° ・50℃で自然発火する、白色または淡黄色のろう状固体 ・ニラに似た不快臭を有する
特徴	・水やアルコールに溶けないが、ベンゼンや二硫化炭素等の有機溶媒によく溶ける ・極めて危険な猛毒物質なので、あらゆる接触を避ける ・同素体である赤リン（第2類危険物）よりも反応性が極めて大きく、危険である ・粉じんに点火すると、爆発する ・空気中に放置すると、白煙を生じて激しく燃焼、十酸化四リンを生じる ・ハロゲンとも反応する ・濃硝酸と反応してリン酸を生じる ・強アルカリ溶液と反応すると、リン化水素（ホスフィン）を生じる
貯蔵・保管法	・火気を避け、密栓して冷暗所に貯蔵する ・空気と接触しないよう、容器内で水中に浸漬貯蔵する ※1　第3類で唯一の水中浸漬貯蔵する物質。第4類の場合は二硫化炭素 ・禁水性物品とは、同一貯蔵所において貯蔵しないこと
消火法	・噴霧注水や泡消火剤又は湿った乾燥砂を用いて消火する。 ⇒高圧の棒状注水は飛散する恐れがあるので、避ける。 ・ハロゲン化物消火剤は、反応して有毒ガスを発生するため、不適。

唯一、自然発火性のみ有するのが黄リンですね！

 貯蔵法も唯一の水中浸漬貯蔵、50℃で自然発火と特徴盛りだくさんだな！　こういう物質が、試験では問われやすいぞ！

⑥アルカリ金属及びアルカリ土類金属

　先に触れたカリウムとナトリウムについては、個別品目で指定されているので、ここでは除くぞ。ここで学ぶ中で最も重要なのは、唯一、禁水性のみのリチウムだ。アルカリ土類金属（カルシウムCa、バリウムBa）は反応性がアルカリ金属よりも弱いぞ。

◆リチウム（Li）

形状	・銀白色の柔らかい軽金属 ・比重0.5と全ての金属の中で最も軽く、最も比熱が大きい
特徴	・炎色反応は赤色（深赤） ・水と反応して水素を発生する 　⇒高温ほど反応性が激しい ・酸に溶けて水素を発生する ・ハロゲン（塩素等）と激しく反応して、ハロゲン化物を生じる ・湿気があると空気中で自然発火する
貯蔵・保管法	・火と水を避け、密栓して冷暗所に貯蔵する
消火法	・乾燥砂を用いて消火する ・水系の消火剤は使用NG ・ハロゲン化物消火剤は、反応して有毒ガスを発生するため、不適

 比熱が大きいってことは、水と一緒で、「温めにくく、冷めにくい」ってことでしたね！　僕の恋愛観と一緒です（笑）

リチウムの保存だが、カリウムやナトリウムほど反応性が大きくないので、石油中に保存する必要はないんだ。窒素などの不活性ガス中で保管すれば十分だぞ。

◆カルシウムCaとバリウムBa

物質名	形状	特徴	貯蔵・保管法 消火法
カルシウム (Ca) 比重：1.6	銀白色の金属	・炎色反応は　橙赤色で、燃焼すると生石灰CaOを生じる ・水や酸と反応して水素を発生 ・水素中で加熱すると、水素化カルシウムを生じる ・還元性が強い	・容器は密栓し、冷暗所にて貯蔵する ・水とは接触させないこと
バリウム (Ba) 比重：3.6	銀白色の 柔らかい金属	・炎色反応は黄緑色で、燃焼すると酸化バリウムを生じる ・カルシウムよりも反応性が激しい ・水と反応して水素を発生 ・ハロゲンとは常温でも反応する ・水素中で加熱すると、水素化バリウムを生じる	・乾燥砂を用いて窒息消火を行う ・水系消火剤は使用NG

⑦有機金属化合物（ジエチル亜鉛（$Zn(C_2H_5)_2$）の1つのみ！）

　金属原子を含んだ有機化合物の総称で、先に触れた③アルキルアルミニウムと④アルキルリチウムも有機金属化合物だが、別の品名として扱われているので、ここでは除いているぞ。なお、第3類危険物で出題される⑦有機金属化合物は、ジエチル亜鉛のみだから、確実に覚えておきたいところだ！！

形状	・比重1.2の無色の液体
特徴	・水やアルコール、酸と激しく反応して、エタン等の炭化水素ガスを発生する ・空気中で容易に酸化され、直ちに自然発火する ・自然発火性と共に引火性もある ・ジエチルエーテルやベンゼン等の有機溶媒に溶ける
貯蔵・保管法	・空気及び水とは接触させない ・窒素などの不活性ガス中で貯蔵し、容器は完全密封とする
消火法	・粉末消火剤や乾燥砂を用いて窒息消火を行う ・水系消火剤は使用NG。激しく反応して可燃性ガス（エタン等）を発生するため ・消火効果が低く、反応により有毒ガスを発生するので、ハロゲン化物消火剤は使用NG

　エチル基（$-C_2H_5$）を含む物質だから、反応でエタンガス（C_2H_6）が発生するんですね！

⑧金属の水素化物（「金属＋水素」の化合物の総称！）

　水素と他の元素が結合したものを水素化物といい、ここでは金属の水素化物として2種類（ナトリウムとリチウム）見ていくぞ。水素化物は、元の元素に似た性質を示すので、読み進めていく中で、ナトリウムとリチウムの性質を思い出しながら読み進めていくと、より理解が深まるぞ！！

　貯蔵・保管法と消火法は共通しているので、以下の通り見ておこう！

貯蔵・保管法 ※鉱油とは、石油などの鉱物性油のこと	・酸化剤及び水分、火とは接触させない ・容器内に窒素などの不活性ガスを封入するか、または、流動パラフィンや鉱油中（※）で浸漬貯蔵し、酸化剤や水分との接触を避ける
消火法	・乾燥砂、消石灰（水酸化カルシウム）、ソーダ灰（炭酸ナトリウム）、金属火災用粉末消火剤を用いて窒息消火を行う ・水系消火剤は使用NG。激しく反応して水素ガスを発生するため

◆水素化ナトリウム（NaH）

形状	・比重1.4の灰色結晶で有毒
特徴	・水と激しく反応して発熱、水素を発生し自然発火する恐れがある 　$NaH+H_2O \rightarrow NaOH+H_2$ ・空気中の湿気でも自然発火する ・アルコールや酸と反応して水素を発生、爆発する恐れがある ・二硫化炭素やベンゼンに溶けない ・高温にすると、ナトリウムと水素に分解する ・還元性が強く、金属酸化物や塩化物から金属の単体を遊離する ・乾燥した空気中や鉱油中では安定している

◆水素化リチウム（LiH）

形状	・比重0.82の白色結晶
特徴	・基本的な性状等は水素化ナトリウムに準じる。異なる点は、以下の通り ・一般に有機溶媒に溶けないが、エーテルに溶ける ・高温にすると、リチウムと水素に分解する ・皮膚や目を刺激する

⑨金属のリン化物（「金属＋リンP」の化合物の総称！）

　第2類危険物としては、リンの硫化物と赤リンが該当するが、ここでは金属と化合したリンの化合物を見ていくぞ。第2類と混同することがないように注意するんだ！　物質としては、リン化カルシウムのみ出題されているので、黄リン同様にしっかりと頭の中に叩き込んでおくんだ！！

◆リン化カルシウム（Ca₃P₂）

形状	・比重2.5、暗赤色の結晶性粉末
特徴 ※発生するガスについての出題が多い！ ⇒リン化水素（ホスフィン）：PH₃ ・強い毒性を有する、無色の可燃性ガスで腐った魚の臭い（魚腐臭）を有する	・常温（20℃）の乾燥空気中では安定している ・水、弱酸または空気中の湿気と激しく反応してリン化水素（ホスフィン）を生成する $Ca_3P_2+6H_2O \rightarrow 3Ca(OH)_2+2PH_3$ ・加熱によっても容易に分解する ・物質そのものは不燃性だが、生成するリン化水素が自然発火性を有しているので、同時に禁水性でもある（反応させないため！） ・燃焼によって、腐食性・有毒の十酸化四リンを生成する
貯蔵・保管法	・水分及び酸の他、強酸化剤や火気と接触させない ・貯蔵する場所の床面は、湿気を避けるため地盤面より高くする ・容器は密栓し、破損に注意する
消火法	・乾燥砂を用いて窒息消火を行う ⇒水系消火剤は使用NG

「魚腐臭」という言葉、初めて見ました。強烈な単語ですね…。

リン化水素の別名もパンチ利いた名前だよな！　なお、リン化カルシウムからリン化水素（ホスフィン）が生成され、これが燃焼することで十酸化四リンが生成するぞ。逆にした出題が見られるから、混同に注意するんだ！

⑩カルシウムまたはアルミニウムの炭化物

　第3類危険物として2種類（カルシウムとアルミニウム）見ていくぞ。貯蔵・保管法と消火法は共通しているので、以下見ておこう！

貯蔵・保管法	・火分や火気とは接触させない ・湿気のない乾燥した場所で、容器は密栓し、破損に注意する ・必要に応じ窒素などの不活性ガスを封入する
消火法	・乾燥砂、粉末消火剤を用いて窒息消火を行う ・水系消火剤は使用NG

◆炭化カルシウム（カーバイド）CaC_2

形状	・比重2.2、純品は無色または白色の結晶（市販品は灰色の結晶）
特徴	・水と反応して、可燃性で空気より軽いアセチレンガスと水酸化カルシウム（消石灰）を生じる $CaC_2 + 2H_2O \rightarrow Ca(OH)_2 + C_2H_2$ ・吸湿性がある ・高温では還元性が強くなり、多くの酸化物を還元する ・高温で窒素と反応し、石灰窒素（農薬や肥料等として利用される）を生成する ・物質そのものは不燃性である

◆炭化アルミニウムAl_4C_3

形状	・比重2.4、純品は無色の結晶（市販品は黄色の結晶）
特徴	・水と反応して引火性及び爆発性のメタンガスを発生する $Al_4C_3 + 12H_2O \rightarrow 4Al(OH)_3 + 3CH_4$ ・高温では還元性が強くなり、多くの酸化物を還元する ・物質そのものは不燃性である

金属の炭化物は不燃性物質だけど、水との反応で生じるガス（アセチレン、メタン）が空気よりも軽く、引火性・爆発性を有するから扱いに気を付けないとですね！

⑪その他のもので政令で定めるもの

　政令により、塩素化ケイ素化合物（塩素とケイ素が化合した物質の総称）が第3類危険物として定められていて、試験に出題されるのは、トリクロロシラン（SiHCl$_3$）のみだ！！

テーマ45で数の命名法は見ましたね、3つ（トリオ）の塩素（クロル）とケイ素（Si）が結合しているから、トリクロロシランなんですね。

構造はメタン（CH$_4$）と同じで、炭素がケイ素になり、水素原子3つが塩素に置き換わっているぞ！

形状と構造	CL | H—Si—Cl | Cl　・比重1.34 ・無色で揮発性、刺激臭を有する液体 ・引火点−14℃ ・燃焼範囲1.2〜90.5vol%
特徴	・水に溶けて加水分解し、塩化水素ガスHClを発生 　⇒水に溶けて塩酸となると、多くの金属を溶かす ・空気中の湿気により発煙する ・酸化剤、強酸及び塩基と激しく反応して、塩化水素を発生する ・ベンゼン、ジエチルエーテル、二硫化炭素など多くの有機溶媒に溶ける ・引火点が低く、燃焼範囲が広いため、引火の危険性が高い
貯蔵・保管法	・水分及び湿気と触れないように、容器は密封して、通風のよい場所に貯蔵する ・火気、酸化剤を近づけない
消火法	・乾燥砂を用いて窒息消火を行う 　⇒水系消火剤は使用NG

これで第3類危険物の個別の性質は終了だ！　特徴的なフレーズを有する物質の多い第3類だが、さすがに一度ですべてを覚えるのは難しいだろう。でも、何度も繰り返すことで、必ず身に付くはずだ！　根気強く取り組んでくれよ！　最後に、第3類危険物のキラーフレーズ一覧を作ったから、学習の参考にしてくれ！！

【第3類危険物攻略の巻】

（1）自然発火性と禁水性の両方の性質を有している物質が多いが、以下の物質については、片方の性質のみだぞ！
　　⇒禁水性のみ：リチウム（Li）　　自然発火性のみ：黄リン（P）

（2）可燃性の物質が多いが、以下の物質は不燃性！
　　⇒リン化カルシウム、炭化カルシウム、炭化アルミニウム

水との反応で発生するガスは全て可燃性になるぞ！　だからこそ、禁水といえるわけだな！！

（3）保存に気を遣う物質が多い！　以下3分類を覚えよ！！
- **水中**に浸漬貯蔵する物質：黄リン（P）のみ！
　⇒第4類危険物の二硫化炭素も同様の保存法だ！！
- **灯油**、**軽油**、**流動パラフィン**中に浸漬貯蔵する物質
　⇒ナトリウム、カリウム
- 不活性ガス（窒素、アルゴン等）中に貯蔵する物質
　⇒アルキルアルミニウム、アルキルリチウム、ジエチル亜鉛、水素化ナトリウム、水素化リチウム、リチウム

（4）発生するガスは特有の臭いフレーズ含め、しっかり区別せよ！！

水と反応して水素を発生	カリウム、ナトリウム、リチウム、バリウム、カルシウム、水素化ナトリウム、水素化リチウム
水と反応してリン化水素（ホスフィン）を発生 混同に注意しよう！リン化水素の燃焼により発生する有毒ガスは十酸化四リン	リン化カルシウム
水と反応してアセチレンを発生	炭化カルシウム（カーバイド）
水と反応してメタンを発生	炭化アルミニウム
水と反応して塩化水素を発生	トリクロロシラン
水（酸またはアルコール）と反応してエタンを発生	ジエチル亜鉛、アルキルアルミニウム
加熱により水素を発生 （他にエタン、エチレン、塩化水素等も発生する）。	アルキルアルミニウム

【皆大好き？　特徴的な臭いフレーズ集（臭）】

ニラに似た不快臭	黄リン
魚腐臭	リン化水素（ホスフィン）
刺激臭	トリクロロシラン

リン化水素と塩化水素は有毒ガスだぞ。

第9章
第3類危険物の性質を学ぼう！

（5）固体または液体の分類だが、液体は以下に記載の物質のみ！！

> アルキルアルミニウム、アルキルリチウム、ジエチル亜鉛、トリクロロ
> シラン

 有機金属化合物3種（トリクロロシラン以外）と、トリクロロシランの4つが対象ですね！

（6）色の分類ができるようになろう！

> ・銀白色組の金属：単体金属（ナトリウム、カリウム、リチウム、カル
> シウム、バリウム等）
> ・無色組の液体：アルキルアルミニウム、ジエチル亜鉛、トリクロロシ
> ラン
> ・暗赤色の結晶性粉末：リン化カルシウム
> ・その他：黄リン（白〜淡黄色）、金属の水素化物（灰色）

（7）消火法の原則と例外、物質ごとに細かく理解せよ！！
【原則】万能な乾燥砂を用いて窒息消火を行う！　注水消火は厳禁だ！

【例外】
その1：注水消火がOKとなる物質⇒黄リン

その2：粉末消火剤の使用が有効となる物質
　　　　　⇒ジエチル亜鉛、炭化カルシウム、炭化アルミニウム

その3：初期消火は乾燥砂だが、そもそも消火が困難な物質
　　　　　⇒アルキルアルミニウム、アルキルリチウム

その4：二酸化炭素消火剤、ハロゲン化物消火剤の使用はNG
　　　　　⇒反応してしまうため

Step3 暗記　何度も読み返せ！

□ 一般に、第3類危険物の火災の消火には［乾燥砂］が利用される。これは、第3類危険物が［自然発火性］と［禁水性］の両方の性質を有している物質が多いためで、［注水消火］は厳禁である。なお、反応してしまうという点では、［二酸化炭素］消火剤と［ハロゲン化物］消火剤も使用は厳禁である。

□ 以下①〜⑧はある物質の性状についての説明文である。下記語群より、正しいものを記号で選びなさい。

① 無色の液体で、水やアルコール、酸と激しく反応して、エタン等の炭化水素ガスを発生。空気中で容易に酸化され、自然発火する。　[c]

② 暗赤色の結晶性粉末で常温では安定しているが、水、弱酸または空気中の湿気と激しく反応してリン化水素（ホスフィン）を生成する。　[e]

③ 無色で揮発性・刺激臭を有する液体で、水に溶けて加水分解し、塩化水素を発生する。　[h]

④ ニラに似た不快臭を有する物質で、同素体である赤リン（第2類危険物）よりも反応性が極めて大きく、約50℃で自然発火する。　[d]

⑤ 全ての金属の中で比重が最も軽く、最も比熱が大きい物質である。水と反応して水素を発生するが、水温が高温であるほど反応性が激しい。　[b]

⑥ 純品は無色の結晶だが、市販品は黄色の結晶で還元性が強い物質である。水と反応して引火性及び爆発性のメタンガスを発生する。　[a]

⑦ 還元性の強い銀白色の金属で、炎色反応は橙赤色を示す。燃焼すると生石灰を生じる。　[g]

⑧ 潮解性・吸湿性及び腐食性があり、触れると皮膚を侵す。灯油や流動パラフィン等の保護液中に小分けにして浸漬貯蔵する。　[i]

---

a.炭化アルミニウム　b.リチウム　c.ジエチル亜鉛

d.黄リン　e.リン化カルシウム　f.炭化カルシウム

g.カルシウム　h.トリクロロシラン　i.カリウム

燃えろ！ 演習問題

本章で学んだことを復習だ！　分からない問題は、テキストに戻って確認するんだ！　分からないままで、終わらせるなよ！！

問題

🔥**14** 第3類危険物の性状として、誤っているものはいくつあるか。

> a　ハロゲン元素と反応して有毒ガスを発生するものがある。
> b　有機化合物は含まれない。
> c　水と反応して可燃性ガスを発生するものがある。
> d　ほとんどの物質は、自然発火性または禁水性のどちらかの特性を有している。
> e　常温（20℃）において、固体または液体のものがある。

①1つ　　②2つ　　③3つ　　④4つ　　⑤5つ

🔥**15** 次のうち、禁水性物質に該当するものはいくつあるか。

> a．炭化アルミニウム　　b．水素化ナトリウム　　c．黄リン
> d．アルキルアルミニウム　　e．ジエチル亜鉛
> f．トリクロロシラン

①1つ　　②2つ　　③3つ　　④4つ　　⑤5つ

🔥**16** 火災予防のため、保護液中に浸漬貯蔵する危険物は、以下のうちいくつあるか。

> a．水素化リチウム　　b．黄リン　　c．バリウム
> d．アルキルアルミニウム　　e．ナトリウム　　f．ジエチル亜鉛

①なし（0）　　②1つ　　③2つ　　④3つ　　⑤4つ

🔥17 第3類危険物と水が反応して発生するガスの組合せとして、次のa〜eのうち、正しい組合せは、いくつあるか。

	物品	発生するガス
a	トリクロロシラン	塩化水素
b	リン化カルシウム	リン化水素
c	炭化アルミニウム	アセチレン
d	バリウム	水素
e	ジエチル亜鉛	メタン

①なし（0）　　②1つ　　③2つ　　④3つ　　⑤4つ

🔥18 カリウムの性状として、誤っているものはいくつあるか。

a　銀白色の柔らかい軽金属で、腐食性が強い。
b　水素と高温で反応する。
c　貯蔵時の保護液として、アルコール類が用いられることがある。
d　有機物に対して強い還元作用がある。
e　炎色反応は紫色を呈する。

①1つ　　②2つ　　③3つ　　④4つ　　⑤5つ

🔥19 アルキルアルミニウムは、溶媒で希釈貯蔵した方が危険性が軽減される物質である。次のうち、溶媒として適したものはいくつあるか。

a. ベンゼン　　　　b. ヘキサン　　　　c. 二硫化炭素
d. アルコール　　　e. 水　　　　　　　f. アセトアルデヒド

①1つ　　②2つ　　③3つ　　④4つ　　⑤5つ

🔥20 アルキルアルミニウムの性状及び貯蔵・取扱法として、次のうち誤っている記述はいくつあるか。

a　アルキル基とアルミニウムの化合物で、全ての物質にハロゲンが含まれる。
b　ハロゲン数の多いものは、空気や水との反応性が大きくなる。
c　触れると皮膚を侵すので、保護具を装着して取り扱う。
d　一時的に空になった容器でも、容器内に不着残留物が残っている可能性があるので、窒素等の不活性ガスを封入しておく。
e　アルキル基の炭素数が多いものほど、危険性は小さくなる。

①1つ　　②2つ　　③3つ　　④4つ　　⑤5つ

🔥**21** 黄リンの性状として、次のうち誤っているものはいくつあるか。

> a　淡黄色の固体で、比重は1より大きい。
>
> b　不快臭を有しており、燃焼すると五酸化ニリンを生成する。
>
> c　猛毒性及び自然発火性を有しており、水中に浸漬貯蔵する。
>
> d　赤リンに比べて不安定で、発火点は50℃と低い。
>
> e　極めて反応性に富み、ハロゲンとも反応する。

①0（なし）　　②1つ　　③2つ　　④3つ　　⑤4つ

🔥**22** 黄リンの消火法として、適切なものはいくつあるか。

> a.　ハロゲン化物や二酸化炭素消火剤で窒息消火を行う。
>
> b.　乾燥砂で覆う。　　　c.　泡消火剤を放射する。
>
> d.　噴霧注水を行う。　　　　e.　棒状注水を行う。
>
> f.　膨張ひる石で燃焼物を囲む。

①2つ　　②3つ　　③4つ　　④5つ　　⑤6つ

🔥**23** バリウムについての記述のうち、誤っているものはどれか。

①水とは常温でも激しく反応し、水素と水酸化バリウムを生成する。

②ハロゲンとは常温でも激しく反応する。

③炎色反応は黄緑色を呈する。

④カルシウムよりも反応性は低い。

⑤水素と高温状態で反応して、水素化バリウムを生じる。

解答

🔥**14**　②　→テーマNo.61&62

誤りの選択肢は、b、dの2つだ。

b　有機化合物は含まれ~~ない~~。
　　　　　　　　　　含まれる
　　⇒ジエチル亜鉛、アルキルアルミニウム及びアルキルリチウムは有機化合
　　　物だ。

d　ほとんどの物質は、自然発火性または禁水性のどちらかの特性を有して
　　いる。　　　　　　　　　　　　　　　両方

378

⇒どちらか（禁水性のみ：リチウム、自然発火性のみ：黄リン）の性質の
みの方が珍しく、原則は両方の性質を有しているぞ。

🔥 **15** ⑤ →テーマNo.62

問題14の応用になるが、原則は禁水性も自然発火性も有していて、黄リン
のみ自然発火性のみになる。よって、黄リンを除く5つの物質が禁水性にな
るぞ。

🔥 **16** ③ →テーマNo.61

第3類危険物の中で、保護液中に浸漬貯蔵する物質は、石油：アルカリ金属
（K、Na）　水：黄リンの3品目だ。

🔥 **17** ④ →テーマNo.62

選択肢の中で、正しいものはa、b、dの④3つだ。他の選択肢については、
以下の通り。

c　炭化アルミニウムと水が反応すると、メタンが発生するぞ。

アセチレンを発生するのは、炭化カルシウムだ。この部分を混同する受験生
はとても多いので、要注意だ！！

e　ジエチル亜鉛と水が反応すると、エタンが発生するぞ。

「ジエチル（–C_2H_5）₂」のフレーズから、エタンが発生することは分かるは
ずだ。もしメタンが発生するなら、炭素数的にはジメチル（–CH_3）₂となる。
本問は、覚えるというよりも名称等の数字及びアルキル基の名称等の理解力
があれば解ける問題といえるぞ！！

🔥 **18** ① →テーマNo.62

誤っているものは、cのみだ。貯蔵時の保護液としては灯油、軽油、流動パ
ラフィン等が用いられるぞ。アルコール類は水溶性で水を含みやすいので、
禁水性物質であるカリウムとの混合には適していないんだ。

🔥 **19** ② →テーマNo.62

適しているのは、aとbの②2つだ。先ほどの問題18同様に考えると、アル
キルアルミニウムは禁水性のため、水及びアルコールとの接触は厳禁だ。ま
た、二硫化炭素とアセトアルデヒドは共に第4類危険物（特殊引火物）で非
常に引火しやすい危険な物質なので、これと一緒にするのもNGだぞ。

🔥 **20** ② →テーマNo.62

誤っている記述は、aとbの②2つだ。

a　アルキル基とアルミニウムの化合物で、全ての物質にハロゲンが含まれ

379

る。含まれているものもあれば、含まれていないものもある。

⇒「全て」というのは×だ。「全て」は100％ということだから、言い過ぎているんだ。「全て」は全て×だと覚えておこう！

b　ハロゲン数の多いものは、空気や水との反応性が大き~~く~~なる。
　　　　　　　　　　　　　　　　　　　　　小さく

⇒アルキル基の炭素数とハロゲン数が多いものほど、反応性は小さくなるぞ。本問については、選択肢eでアルキル基を題材としているので、この部分に気付けば導けるため注意してほしい！

🔥 **21**　① →テーマNo.62

本問は選択肢a〜eまで、全て正しい記述だ。そのまま覚えておこう！

🔥 **22**　③ →テーマNo.61&62

一般的な第3類危険物の消火法は、乾燥砂（膨張ひる石、膨張真珠岩を含む）を用いた窒息消火で、注水消火はNGだ。これは、禁水性物質への対応ということになるが、黄リンは例外として自然発火性のみのため、水系消火剤の使用がOKなんだ。

選択肢を見ると、bとfは原則通りで、c、d、eが水系消火剤だが、棒状注水（勢いある水）は、黄リンを飛散させてしまう恐れがあるので、使用NGになるぞ。本選択肢以外に、粉末消火剤などを放射する方法も有効な消火手段だ。

🔥 **23**　④ →テーマNo.62

Baはカルシウムよりも反応性が大きい危険な物質だ。

この他の選択肢（①〜③、⑤）は正しい記述なので、そのまま覚えておこう！！

（問題）

🔥 **24**　リチウムに関する記述のうち、誤っているものはどれか。
①銀白色の柔らかい金属で、カリウムやナトリウムより比重が小さい。
②炎色反応は深赤色を呈する。
③ハロゲンと激しく反応して、ハロゲン化物を生成する。
④常温で水と反応し、水素を発生する。
⑤空気に触れると、直ちに発火する。

🔥 **25**　水素化ナトリウムの性状として、正しいものはどれか。
①常温（20℃）で粘性のある無色透明の液体である。

②ベンゼン、二硫化炭素に溶ける。

③アルコール中では安定している。

④高温にすると、水素とナトリウムに分解する。

⑤酸化性が強く、還元剤と混合すると加熱や摩擦等により発火する。

⚪26 炭化カルシウムの性状についての記述中の（　）にあてはまる語句の組合せとして、正しいものはどれか。

> 「炭化カルシウムはカーバイドとも呼ばれ、純品は（A）の結晶だが、市販品は（B）の結晶で不燃性である。水と反応して（C）を発生し、水酸化カルシウムを生成する。高温では強い（D）を有する。」

	A	B	C	D
①	黄色	灰色	アセチレン	還元性
②	無色	灰色	アセチレン	酸化性
③	無色	灰色	メタン	還元性
④	無色	黄色	メタン	酸化性
⑤	無色	灰色	アセチレン	還元性

⚪27 炭化アルミニウムの性状について、次のうち誤っているものはいくつあるか。

> a　純粋なものは無色の結晶だが、市販品は黄色を呈している。
> b　触媒や乾燥材、還元剤などとして使用される。
> c　水と反応すると発熱し、メタンガスを発生する。
> d　貯蔵容器には、必要に応じて窒素を封入し密閉する。

①0（なし）　　②1つ　　③2つ　　④3つ　　⑤4つ

⚪28 トリクロロシランの性状について次のうち、誤っているものはいくつあるか。

> a　酸化剤、強酸及び塩基と激しく反応する。
> b　常温において、無色・無臭の液体である。
> c　ベンゼン、二硫化炭素等の有機溶媒に溶ける。
> d　引火点が非常に低く、燃焼範囲が狭い。
> e　水と反応して、塩化水素を発生する。

①0（なし）　　②1つ　　③2つ　　④3つ　　⑤4つ

解答

🔥 **24** ⑤ →テーマNo.62

①～④は正しい記述なので、誤りは⑤だ。

⑤空気に触れると、直ちに発火する。

　⇒テキストのリチウムの箇所を見ると、「湿気があると空気中で自然発火
　する。」と記載されているぞ。

　つまり、乾燥した空気中では酸化（自然発火）は発生しない。

　本問は「空気（湿気の有無は不明）」と一律にしている点が、誤りだ！

🔥 **25** ④ →テーマNo.62

④は正しい記述だ。この他の選択肢については、以下の通り。

①常温（20℃）で ~~粘性のある無色透明の液体~~ である。
　　　　　　　　　　灰色の結晶性粉末

②ベンゼン、二硫化炭素に ~~溶ける~~ 溶けない。

③アルコール中では ~~安定している~~ 不安定である。

　⇒アルコールや酸と反応して水素を発生・爆発する恐れがあるぞ。

⑤ ~~酸化性~~ が強く、 ~~還元剤~~ と混合すると加熱や摩擦等により発火する。
　還元性　　　　　酸化剤　⇒記述が逆になっているぞ。

🔥 **26** ⑤ →テーマNo.62

正しい語句を入れた正解の文章は、以下の通りだ。

「炭化カルシウムはカーバイドとも呼ばれ、純品は（A無色）の結晶だが、
市販品は（B灰色）の結晶で不燃性である。水と反応して（Cアセチレン）
を発生し、水酸化カルシウムを生成する。高温では強い（D還元性）を有す
る。」

🔥 **27** ① →テーマNo.62

a～dは、全て正しい記述だ。覚えておこう！　発生ガスについては、炭化
カルシウムとの混同に気を付けよう！！

🔥 **28** ③ →テーマNo.62

誤りは、b、dの2つだ。

b　常温において、無色・ ~~無臭~~ 刺激臭の液体である。

d　引火点が非常に低く、燃焼範囲が ~~狭い~~ 広い。

第 10 章

第4類危険物の性質を学ぼう!

本章では、第4類危険物の性質について学習するぞ。引火点の違いから7種類に分類されるが、出題傾向は特徴的な物質ほど多く、第4石油類と動植物油類のように目立った特徴のない物質の出題は少ないのが特徴だ。メタノールとエタノール、ベンゼンとトルエンで、引火点が後者の方が高いのはなぜか?　暗記ではなく、理解を意識しよう!

第4類に共通する特性をチェックしよう！

第4類危険物は、引火点の違いから7つに分類される。それぞれに共通する特性、火災予防法、消火方法から、一部の物質にのみ適用される例外的な性質まで幅広く出題されるが、まずは原則を見ていくぞ！！

Step1 図解 → 目に焼き付けろ！

分類		代表的な品名	指定数量	危険等級	
特殊引火物	非水溶性	二硫化炭素、ジエチルエーテル	50L	I	大
	水溶性	アセトアルデヒド、酸化プロピレン			↑
第1石油類	非水溶性	ガソリン、ベンゼン、トルエン	200L	II	危険度
	水溶性	アセトン	400L		
アルコール類		メチルアルコール、エチルアルコール	400L		
第2石油類	非水溶性	灯油、軽油、キシレン	1,000L	III	
	水溶性	氷酢酸（酢酸）	2,000L		
第3石油類	非水溶性	重油、クレオソート油	2,000L		
	水溶性	グリセリン、エチレングリコール	4,000L		
第4石油類		ギヤー油、シリンダー油	6,000L		↓
動植物油類		ヤシ油、アマニ油、キリ油、菜種油	10,000L		小

第4類危険物は、引火点の低い（危険度が高い）物質から順に、特殊引火物、第1石油類、アルコール類、第2石油類、第3石油類、第4石油類、動植物油類の7品目に分類されるんだ。さらに、特殊引火物と第1、2、3石油類は、非水溶性と水溶性に分けられるぞ！

Step2 解説 爆裂に読み込め！

➡ 引火点の違いに見る第4類危険物の分類

　第4類危険物はすべて引火性の液体で、法令上は7品目に分類されるぞ。危険性の高い順に危険等級Ⅰ〜Ⅲまでの3区分に分けることもできるが、大事なのは7品目に分類される指定数量の方だ。

特殊引火物	第1〜4石油類	アルコール類	動植物油類

図61-1：第4類危険物の7分類

➡ 危険等級と指定数量

　消防法では、危険物の危険性に応じて貯蔵・取扱を制限するため、危険等級と指定数量という2つの基準がある。ここでは概要を理解しよう。

◆危険等級

　危険物は、その危険性の高い順にⅠからⅢまでの3種類の危険等級に区分されていて、等級ごとに貯蔵容器の種類や最大貯蔵量が定められているんだ。

 危険等級は内容うんぬんよりも、3種類の等級に区分されることを覚えればOKだ！

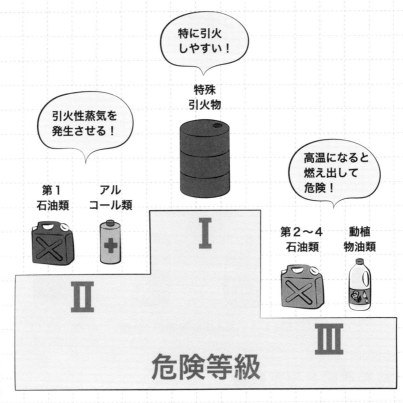

図61-2：危険等級

◆指定数量

　危ないものを誰かに扱わせるときに、「どのくらいまでなら扱っていい」と決めたくないか？　それと同じで、危険物も品名ごとに、扱っていい数量（単位：kgまたはL）が指定されていて、これを指定数量という。原則として、指定数量以上の危険物を、貯蔵、取扱ができないんだ（定められた施設でしか貯蔵、取扱ができない）。

　つまり、指定数量が少ない危険物ほど危険性が高いといえる。また、指定数量以上か未満かでも、規制内容が変わってくるぞ。

　指定数量は数値そのものが問われることもあるし、計算問題も出るから、危険物ごとの指定数量の値は絶対に暗記してくれよな！

◆**指定数量を覚えるポイント**

　第4類危険物の指定数量は細かく規定されていて、分かりづらいよな。そこで、効率よく危険物の指定数量を覚えるウルトラ法を伝授するぞ！！

①特殊引火物の50L、第1石油類（非水溶性）の200L、第2石油類（非水溶性）の1,000Lだけはそのまま覚える
②非水溶性の2倍が、水溶性の指定数量
③「第1石油類以降の水溶性」と「次のアルコール類または石油類の非水溶性」の数量は同じ
④第4石油類と動植物油類は、上2つを足した数量

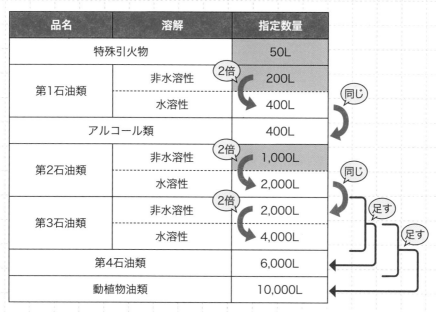

図61-3：指定数量の覚え方

➡ 一般的な特性

　第4類危険物の多くの品目には、次図のような特性があるんだ。もちろん例外はあるが、まずはこれらの特性が大きな原則だと思ってもらっていいぞ。

第10章　第4類危険物の性質を学ぼう！

図61-4：多くの品目で共通する特性

● 共通する火災予防法

第4類危険物の共通特性に対応して、共通の火災予防が次図に紹介するものだ。特に気を付けるべきは、静電気対策。第4類危険物は電気の不良導体（電気を通しにくいもの）であることから、静電気を蓄積しやすい。そのため、たまった静電気の火花放電による火災事故が多く発生しているんだ。

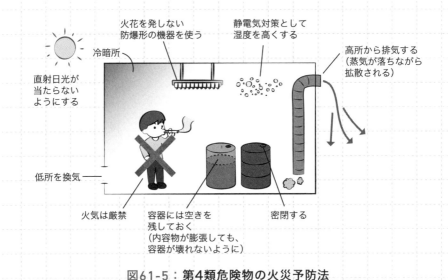

図61-5：第4類危険物の火災予防法

➡ 共通する消火方法

第4類危険物の共通特性に対応して、消火方法も共通しているんだ。

- 窒息消火する

→可燃物の除去や冷却が困難なため、空気を遮断して（窒息させ）消火する

- 霧状の強化液、泡、ガス（ハロゲン化物、二酸化炭素）、粉末（リン酸塩類、炭酸水素塩類）などの消火薬剤を使用する

→油に水をかけてしまうと、油が水に浮いて広がり、火災拡大につながるため、水は使わない

- 水溶性危険物（アルコール類やアセトン等）は、水溶性液体用泡消火薬剤（耐アルコール泡）を使用する

→水溶性（水に溶ける性質）のため、普通泡では水に溶けてしまい、空気を遮断できない

Step3 暗記 　何度も読み返せ！

- □ 第4類危険物は［引火性］の［液体］で、多くの物質は液比重1以下で水に［溶けない］。
- □ ［引火点］の違いから7品目に分類され、最も危険な物質群は［特殊引火物］である。
- □ 発生した蒸気は比重が［1より大きい］ため、低所に滞留しやすい。このため、［屋外の高所］に排出するよう換気を行う。
- □ 給油等の作業を行う際は、［静電気］の発生に留意し、［接地］を行う。なお、給油する63の流速は［遅く］する。

重要度：🔥🔥🔥

第4類の危険物は
コレだ！

このテーマでは、第4類危険物の個々の性質について学習するぞ。引火点の違いから7品目（①～⑦）に分類され、その中でも特徴的なフレーズで表現される物質が頻出だ！　原則と異なる性質を有している物質は何か？！　要チェックだ！！

Step1 図解 目に焼き付けろ！

第4類の危険物

| ①特殊引火物 |
| ②第1石油類 |
| ③アルコール類 |
| ④第2石油類 |
| ⑤第3石油類 |
| ⑥第4石油類 |
| ⑦動植物油類 |

「最も～」が重要！

例外物質に要注意！

出題頻度は低いぞ！

原則となる知識は知っていて当然で、重要なのは例外だ！　どのような例外があるか要チェックだ。併せて、乙4のときよりも細かい性質が問われているので、見落としがないように注意しよう！！

Step2 解説 爆裂に読み込め！

→ 究極の試験対策は、「出題者の意図を考えること!?」

　本題に入る前に、まずは復習も兼ねて試験での頻出ポイントについて、見ていくぞ。

　出題者は、試験の題材に曖昧なものは選ばない！　つまり、問題は簡潔明瞭で分かりやすい題材が用いられているんだ。

　例えば、「日本で一番高い山は？」と聞かれれば、「富士山」と誰もが答えられるはずだ。ところが、「日本で12番目に高い山は？」と聞かれて、即答できる人はいるだろうか？　ほぼゼロ人、いないはずだ。

> なるほど、分かりやすい題材が問題にしやすいっていう出題者の考えなんですね。分かりやすい題材にはどんなものがあるんですか？

> 大きく分けて2つ。①「原則ある所に例外あり！」、②「問題にしやすい特徴ある物質」が試験でよく出題されているんだ。

◆原則ある所に例外あり！

　原則とは、知っていて当然だろうという内容のことだ。例外は、原則を知っているから「例外」となるのだから、むしろこちらを問題にしてくるというわけだ。具体的には次の2つがあるぞ。

【事例①】第4類危険物の多くは非水溶性（水に溶けない）だが、以下の物質は水に溶ける（水溶性）

人生は、一生挑戦の繰り返しだ！

表62-1：水に溶ける第4類危険物

特殊引火物	アセトアルデヒド、酸化プロピレン
第1石油類	アセトン、ピリジン
アルコール類	すべて
第2石油類	酢酸、プロピオン酸、アクリル酸
第3石油類	エチレングリコール、グリセリン

【事例②】液比重1以下（水より軽く、浮く）物質が多いが、以下の物質は液比重1以上（水より重く、沈む）

表62-2：液比重が1以上の第4類危険物

特殊引火物	二硫化炭素（1.26）
第2石油類（水溶性）	酢酸（1.05）、プロピオン酸（1.0）、アクリル酸（1.06）
第3石油類（非水溶性）	重油以外のすべて（重油という名前にだまされるな！）
第3石油類（水溶性）	エチレングリコール（1.1）、グリセリン（1.26）

◆問題にしやすい特徴ある物質

　解説冒頭で記載したが、「一番（最も）○○」は、出題者として問題にしやすいんだ。テレビのクイズ番組でも、「○○の生産量日本一は？」なんて出題されているのを見たことないか？　頻出の特徴を表にまとめたので、見てくれ！

表62-3：問われやすい特徴と物質

引火点が最も低い物質	ジエチルエーテルの-45℃
発火点が最も低い物質	二硫化炭素の90℃
燃焼範囲が最も広い物質	アセトアルデヒドの4〜60vol%

表62-4：問われやすい特徴

灯油と軽油	発火点が同じ（220℃）で、引火点も近い（灯油40℃、軽油45℃）が、沸点には差がある
ガソリン	灯油、軽油よりも、引火点は低い（-40℃）が、発火点は高い（300℃）
ピリジン	無色で腐敗臭の液体（どんな臭いだ！？）

第**10**章

第4類危険物の性質を学ぼう！

➡ 第4類危険物の個別の性質を見ていくぞ！

　早速本題だ。引火点の違いで7品目に分類されるが、危険度は①特殊引火物が最も大きく、以下②、③、④…と危険度は小さくなるぞ。試験では、圧倒的に危険度の大きい物質から出題されているぞ。

　危険度大のヤバい物質は、個性的な特徴や特有のフレーズがありそうですね。特殊引火物の「最も○○」とか、気を付けて見ていきます！

①特殊引火物　最も危険！　定義の2分類に注意せよ！　重要度★★★

　特殊引火物とは、「1気圧で発火点が100℃以下、または、引火点が-20℃以下で沸点が40℃以下のもの」をいうんだ。定義をサラッと書いたが、これは丁寧にみてほしい。

　①発火点が100℃以下　または　②引火点が-20℃以下で沸点が40℃以下

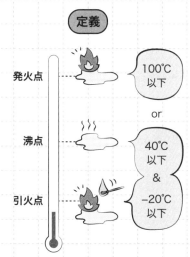

図62-1：特殊引火物

393

注意すべきは②の定義。「引火点−20℃以下」と「沸点40℃以下」は同時に満たしていないとダメなんだ！　ここのひっかけ問題が、結構出ているぞ！！

　特殊引火物に該当する物質は、ジエチルエーテル、二硫化炭素、アセトアルデヒド、酸化プロピレンの4種類。第4類危険物の中で、発火点や引火点が低く、燃焼範囲が広いため、引火や爆発の危険性が非常に高く、最も危険な物質群といえるんだ。

　指定数量も、第4類危険物の中では一番少なく、50Lとなっているぞ。

➡ 共通の性状と火災予防、消火方法

　4つの特殊引火物には、次のような共通した性状があるぞ。

- 燃焼範囲が非常に広い
- 蒸気は有毒で、麻酔性がある
- 蒸気は空気より重いため、低い所にたまる
- 無色透明

　共通の火災予防、消火方法も併せて紹介しておこう。

- 火気に近づけない
- 窒息消火が効果的

燃焼範囲は、他の第4類危険物より圧倒的に広い（危険度MAX）ぞ！　例えば、第1石油類のガソリンが1.4〜7.6 vol%であるのに対して、ジエチルエーテルは1.9〜48 vol%もあるんだ。

➡ 個別の性状

4つの特殊引火物の性状について紹介しよう。匂い、溶解（溶けるもの）、特徴、保管（保管、貯蔵方法）で整理したぞ。

◆ジエチルエーテル　$C_2H_5\text{-}O\text{-}C_2H_5$
- ①匂い　芳香臭
- ②溶解　アルコールによく溶ける／水にわずかに溶ける
- ③特徴　引火点が最も低い／麻酔性／加熱・衝撃で爆発の危険性
- ④保管　直射日光を避け、冷暗所に貯蔵し、換気する。密閉し、空気との接触を避ける（加熱・衝撃で爆発性の過酸化物を生成）

◆二硫化炭素　CS_2
- ①匂い　不快臭
- ②溶解　アルコール、ジエチルエーテルに溶ける／水に溶けない
- ③特徴　発火点が水の沸点（100℃）より低い／加熱・衝撃で爆発の危険性
- ④保管　水より重く、水に溶けないため、収納した容器を水の中で保存

◆アセトアルデヒド　$CH_3\text{-}CHO$
- ①匂い　刺激臭
- ②溶解　アルコール、ジエチルエーテル、水に溶ける
- ③特徴　沸点が最も低い／蒸気は有毒（粘膜刺激）
- ④保管　貯蔵タンクや容器は鋼製とする

◆酸化プロピレン　$CH_2\text{-}(O)\text{-}CHCH_3$
- ①匂い　エーテル臭
- ②溶解　アルコール、ジエチルエーテル、水に溶ける
- ③特徴　蒸気は有毒
- ④保管　貯蔵時は不活性ガスを封入／銀、銅に触れると重合が促進するため注意

表62-5：特殊引火物の性状一覧

品名	水溶性	比重	引火点	沸点	発火点	燃焼範囲 vol%
ジエチルエーテル	△	0.7	−45℃	35℃	160℃	1.9〜48
二硫化炭素	×	1.3	−30℃以下	46℃	90℃	1〜50
アセトアルデヒド	○	0.8	−39℃	21℃	175℃	4〜60
酸化プロピレン	○	0.8	−37℃	35℃	449℃	2.3〜36

 赤字になっている箇所は、「最も○○」という特徴的な内容のところだから、絶対に覚えておくんだ！！

②第1石油類　非水溶性の2倍量が水溶性の指定数量！　重要度★★★

第4類危険物に該当する石油類は、第1石油類〜第4石油類の4種類に分類されるが、そのうち「1気圧で引火点21℃未満のもの」が、第1石油類だ。指定数量は、非水溶性が200L、水溶性が400L（非水溶性の2倍！）とされている。

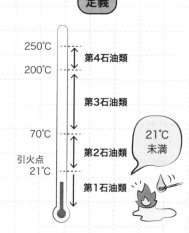

図62-2：第1石油類

➡ 共通の性状

第1石油類には、次のような共通した性状があるぞ。

- 液比重はすべて1以下（水より軽い →水に浮く）
- 蒸気比重は1以上（空気より重い →低所に滞留する）
- 非水溶性液体は特に静電気が蓄積しやすい
- 発火点は300〜500℃、燃焼範囲は1〜13vol%である
- 色は基本的に無色透明（自動車用ガソリンはオレンジ色に着色される）

◆**共通の火災予防、消火方法**
共通する火災予防、消火方法も併せて紹介しておこう。

- 火気に近づけない
- 近くで火花を発する機器は使用しない
- 静電気の蓄積を防ぐ
- 容器は密閉して、冷暗所に貯蔵し、通気、換気をする
- 窒息消火が効果的

→ 個別の性状

共通の性状をつかんだら、次は個別の性状を見ていこう。
「揮発しやすい」「静電気を発生しやすい」などの特徴があるということは、引火の危険が高くなるということだぞ！

◆**ガソリン（自動車用）**
①匂い　石油臭
②溶解　水に溶けない
③特徴　オレンジ色に着色されている／揮発しやすい／電気の不良導体で静電気を発生しやすい

◆**ベンゼン　C_6H_6**
①匂い　芳香臭
②溶解　水に溶けない／有機物に溶ける
③特徴　揮発しやすい／有毒／亀の甲羅に似た六角形の構造（ベンゼン環）をもつ

◆**トルエン　$C_6H_5\text{-}CH_3$**
①匂い　芳香臭
②溶解　水に溶けない／アルコール、ジエチルエーテルに溶ける
③特徴　有毒（ベンゼンより弱い）／麻酔性が強い／ベンゼン環をもつ／ベンゼンの水素原子1つが「$-CH_3$」に置換した構造

◆酢酸エチル　CH₃-COO-C₂H₅

①匂い　芳香臭

②溶解　水にわずかに溶ける／アルコール、ジエチルエーテルに溶ける

③特徴　電気の不良導体で静電気を発生しやすい

◆メチルエチルケトン　CH₃-CO-C₂H₅

①匂い　特異臭

②溶解　水にわずかに溶ける／有機溶剤に溶ける

③特徴　ケトン基の両端に「-CH₃」と「-C₂H₅」が結合した構造

◆アセトン　CH₃-CO-CH₃

①匂い　芳香臭

②溶解　水、有機溶剤に溶ける

③特徴　揮発しやすい

◆ピリジン　C₅H₅N

①匂い　特異臭（腐敗臭）

②溶解　水、アルコール、ジエチルエーテルに溶ける

③特徴　引火しやすい

表62-6：第1石油類の性状一覧

品名	水溶性	比重	引火点	沸点	発火点	燃焼範囲 vol%
ガソリン	×	0.65〜0.75	−40℃	40〜220℃	300℃	1.4〜7.6
ベンゼン	×	0.9	−11℃	80℃	498℃	1.2〜7.8
トルエン	×	0.9	4℃	111℃	480℃	1.1〜7.1
酢酸エチル	△	0.9	−4℃	77℃	426℃	2〜11.5
メチルエチルケトン	△	0.8	−9℃	80℃	404℃	1.7〜11.4
アセトン	○	0.8	−20℃	57℃	465℃	2.15〜13
ピリジン	○	0.98	20℃	115.5℃	482℃	1.8〜12.4

③アルコール類　炭素数1～3とOH基が1個　重要度★★

　消防法では、「炭素数が1～3個の飽和1価アルコール（飽和とは、分子間に不安定な二重結合がない状態のことをいう）」を「アルコール類」としていて、全部で4種類ある。指定数量は、水溶性の第1石油類と同じ400Lだ。

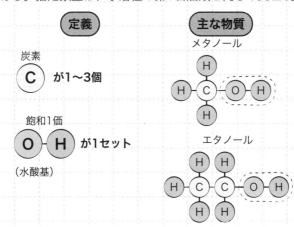

図62-3：アルコール類

 炭素と水素のみからなる炭化水素化合物の水素（H）を、水酸基（-OH）に置換した化合物が**アルコール**なんだ。

● 共通の性状

　アルコール類に該当する物質の性状を見ていくぞ。

◆共通する性状
- 水、有機溶剤に溶ける
- 無色透明

◆共通の火災予防、消火方法
　アルコール類は、どれも引火の危険があるので、次のような点に注意するぞ。
- 無水クロム酸と接触すると発火の危険あり
- 火気に近づけない

第**10**章
第4類危険物の性質を学ぼう！

- 近くで火花を発する機器は使用しない
- 容器は密閉して、冷暗所に貯蔵し、通気、換気をする
- 窒息消火が効果的

➡ 個別の性状

◆メタノール（メチルアルコール）　CH_3OH
①匂い　特有の芳香臭／刺激臭
②特徴　揮発しやすい／有毒（飲むと失明、死亡することもある）／蒸気も有毒

◆エタノール（エチルアルコール）　C_2H_5OH
①匂い　特有の芳香臭
②特徴　メタノールに準じた特徴（毒性はない）／麻酔性（お酒のベースとなっている）

◆1-プロパノール（n-プロピルアルコール）　$CH_2(OH)\text{-}C_2H_5$
①特徴　引火しやすい／水酸基（-OH）が端（1つ目）の炭素に結合した構造

◆2-プロパノール（イソプロピルアルコール）　$CH_3\text{-}CH(OH)\text{-}CH_3$
①匂い　特有の芳香臭
②特徴　水酸基（-OH）が中央（2つ目）の炭素に結合した構造

1-プロパノールと2-プロパノールは、水酸基（-OH）の結合位置の違いによるもので、それによる若干の差異があるだけでほとんど性質は同じ（だから問題にしづらいってやつ）なんだ。

表62-7：アルコール類の性状一覧

品名	水溶性	比重	引火点	沸点	発火点	燃焼範囲 vol%
メタノール		0.8	11℃	64℃	464℃	6〜36
エタノール	○	0.8	13℃	78℃	363℃	3.3〜19
1-プロパノール		0.8	15℃	97.2℃	412℃	2.1〜13.7
2-プロパノール		0.79	12℃	82℃	399℃	2〜12.7

そうか、メタノールとエタノールの関係は、第1石油類のトルエンとベンゼンの関係と同じですね！　エタノールの方が分子量が大きい（Cが1つ、Hは2つ多い）から、引火点も沸点も高くなっているんですね。

④第2石油類　（細かい違いが頻出！）　重要度★★★

「1気圧で引火点が21℃以上70℃未満のもの」が第2石油類だ。灯油や軽油などの非水溶性のものと、酢酸などの水溶性のものがあるぞ。指定数量は、非水溶性が1,000L、水溶性はその2倍の2,000Lだ。

◆共通する火災予防と消火法

第2石油類に共通する火災予防と消火法は次の通りだ。

- 火気に近づけない
- 近くで火花を発する機器は使用しない
- 容器は密閉して、冷暗所に貯蔵し、通気、換気をする
- 窒息消火が効果的

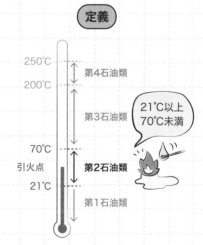

図62-4：第2石油類

➡ 非水溶性の第2石油類の性状

共通する性状は次の通りだ。

- 加熱によって引火点以上になると、ガソリンと同様の危険性
- 空気との接触面積が大きくなると危険性増大（噴霧したり布に染み込ませると危険！）
- 静電気が発生しやすい（電気の不良導体のため）

◆灯油（別名：ケロシン）

①色、匂い	無色または淡紫黄色（薄いレモンティー色）／石油臭
②溶解	水、アルコールに溶けない
③特徴	蒸気が空気より4〜5倍重い／蒸気を吸い込むと中毒症状になる可能性あり

◆軽油（別名：ディーゼル油）

①色、匂い	淡黄色または淡褐色／石油臭
②溶解	水、有機溶剤に溶けない
③特徴	灯油に準じた特徴

◆キシレン $C_6H_4\text{-}(CH_3)_2$

①色、匂い	透明無色／特有の臭い
②溶解	水に溶けない
③特徴	トルエンの水素原子が$\text{-}CH_3$に置換した構造／構造の違いで3種類の異性体（オルトキシレン、メタキシレン、パラキシレン）ができる

◆1-ブタノール $CH_2(OH)\text{-}C_3H_7$

①色、匂い	透明無色／特有の臭い
②溶解	水に溶けない
③特徴	結合する端（1つ目）の炭素原子に水酸基-OHが結合／炭素数4のアルコールだが、アルコール類には分類されていない

◆クロロベンゼン　C_6H_5-Cl

①色　　　　　透明無色

②溶解　　　　水に溶けない／有機溶剤に溶ける

③特徴　　　　麻酔性／引火点が低い（液温に注意！）／水より重い

→ 水溶性の第2石油類の性状

共通する性状は次の通りだ。

- 腐食性があり、付着すると皮膚を侵す
- 濃い蒸気を吸入すると、呼吸器の粘膜を刺激して炎症を起こす
- 液比重は、すべて1以上である

◆酢酸　CH_3COOH

①色、匂い　　無色透明／刺激臭／酸味

②溶解　　　　水、有機溶剤に溶ける

③特徴　　　　腐食性／吸入すると粘膜が炎症を起こす／皮膚に触れると火傷する／17℃以下で凝固

④保管　　　　コンクリートを腐食するため床材はアスファルト等を使用する

⑤他　　　　　濃度96％のものが氷酢酸／濃度3〜5％が食酢

◆プロピオン酸　C_2H_5COOH

①特徴　酢酸よりも引火点の数値が高い／布に染み込ませると引火の危険性

◆アクリル酸　　CH_2CH-COOH

①特徴　炭素原子間の二重結合により重合しやすい

表62-8：第2石油類の性状一覧

品名	水溶性	比重	引火点	沸点	発火点	燃焼範囲 vol%
灯油	×	0.8	40℃以上	145〜270℃	220℃	1.1〜6
軽油	×	0.85	45℃以上	170〜370℃	220℃	1〜6
キシレン	×	0.86〜0.88	27〜33℃	138〜144℃	463〜528℃	1〜7
1-ブタノール	×	0.8	29℃	117℃	343℃	1.4〜11.2
クロロベンゼン	×	1.11	28℃	132℃	593℃	1.3〜9.6
酢酸	○	1.05	39℃	118℃	463℃	4〜19.9
プロピオン酸	○	1.0	52℃	140.8℃	465℃	−
アクリル酸	○	1.06	51℃	141℃	438℃	−

⑤第3石油類 （重油の名前にだまされるな！） 重要度★★

「1気圧で引火点が70℃以上200℃未満の物質」が第3石油類だ。引火点の高い物質が多いので、そのままでは危険性は少ないけど、霧状噴霧して接触面積が増えた状態では引火点以下でも危険だから取扱に注意がいるぞ。非水溶性は重油、水溶性は多価アルコールを中心に見ていくぞ。

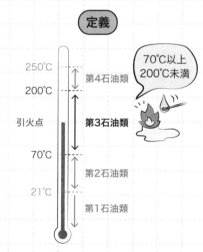

図62-5：第3石油類

これまでもずーっと見てきたけど、指定数量は、非水溶性が2,000L（これは第2石油類の水溶性と同じだ）、水溶性はその2倍の4,000Lになるぞ。

◆共通する火災予防と消火法

第3石油類に共通する火災予防と消火法は次の通りだ。

- 火気に近づけない
- 近くで火花を発する機器は使用しない
- 容器は密閉して、冷暗所に貯蔵し、通気、換気をする
- 窒息消火が効果的

➡ 非水溶性の第3石油類の性状

　第3石油類に該当する物質とその性状は次の通りだ。まず、水に溶けない第3石油類について見ていこう。重油は頻出だぞ。

◆重油
①色、匂い　　褐色、暗褐色／石油臭
②溶解　　　　水に溶けない
③特徴　　　　粘性／水より軽い（第3石油類で唯一）／燃え出すと高温になり消火困難／分解重油の自然発火に注意

◆クレオソート油
①色、匂い　　黄色、暗緑色／特異臭
②溶解　　　　水に溶けない／有機溶剤に溶ける
③特徴　　　　蒸気は有害（粘膜刺激）

◆アニリン　$C_6H_5\text{-}NH_2$
①色　　　　　無色、淡黄色／特異臭
②溶解　　　　水に溶けない／有機溶剤に溶ける
③特徴　　　　ベンゼンのH原子がNH_2に置換した構造

◆ニトロベンゼン　$C_6H_5\text{-}NO_2$
①色　　　　　無色、淡黄色／芳香臭
②溶解　　　　水に溶けない／有機溶剤に溶ける
③特徴　　　　蒸気は有毒／ベンゼンのH原子がNO_2に置換した構造

➡ 水溶性の第3石油類の性状

次に、水に溶ける第3石油類について見ていこう。なお、水溶性の第3石油類は、複数の水酸基（-OH）を持っているので、多価アルコールと呼ばれるぞ。

◆エチレングリコール　CH₂OH-CH₂OH

①色、匂い　無色透明／甘味
②溶解　水に溶ける
③特徴　加熱しなければ危険性は少ない／霧状にするなど空気に触れる面積が大きくなると危険

◆グリセリン　CH₂OH-CHOH-CH₂OH

①色、匂い　無色透明／甘味
②溶解　水やエタノールに溶ける
③特徴　加熱しなければ危険性は少ない／霧状にするなど空気に触れる面積が大きくなると危険

表62-9：第3石油類の性状一覧

品名	水溶性	比重	引火点	沸点	発火点
重油	×	0.9〜1.0	60〜150℃	300℃以上	250〜380℃
クレオソート油	×	1.0以上	73.9℃	200℃以上	336℃
アニリン	×	1.01	70℃	184℃	615℃
ニトロベンゼン	×	1.2	88℃	211℃	482℃
エチレングリコール	○	1.1	111℃	198℃	398℃
グリセリン	○	1.3	199℃	291℃	370℃

⑥第4石油類（個別物質の性質は出題されないぞ！）　重要度★

「1気圧で引火点が200℃以上250℃未満の物質」が第4石油類だ。ほとんど蒸発することなく、加熱しない限りは安全な物質だ。機械作業するときに使われるギヤー油やタービン油等の潤滑油や可塑剤が代表的だ。指定数量は6,000Lとされているぞ。

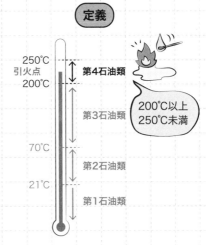

図62-6：第4石油類

➡ 第4石油類の性質と危険性（指定可燃物とは？）

第4石油類の主な特徴は次の通りだ。

- 水に溶けず、水より軽いものが多く、粘性が強い
- 引火しにくいが、燃え出すと高温となり消火困難
- 泡、ハロゲン化物、二酸化炭素などによる窒息消火が効果的（重油に準じた方法）

なお、危険物取扱者では、動植物油類も含めて引火点250℃未満のものを、消防法上の「危険物」としているんだ。仮に引火点が250℃以上になる場合は、危険物ではなくて指定可燃物として市町村条例で規制されるから覚えておくんだ！！

第10章

第4類危険物の性質を学ぼう！

⑦動植物油類（個別物質の性質は出題されないぞ！） 重要度★

「動物の脂肉や植物の種子・果肉から抽出した液体で、1気圧で引火点が250℃未満の物質」が動植物油類だ。指定数量は、第4類危険物の中で最も大きく10,000Lだ。

ヤシ油やアマニ油などが該当し、250℃を超えるものは、第4石油類と同じく指定可燃物として市町村条例で規制されるため、引火点が250℃「未満」となっているんだ。主な特性は次の通りだ。

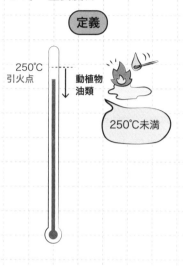

図62-7：動植物油類

- 水に溶けず、比重は水より小さい（1以下。水に浮く）
- 布などに染み込んだものは、自然発火の恐れがある（酸化表面積の増大）
- 引火しにくいが、燃え出すと高温となり消火困難

➡ ヨウ素価

動植物油類の中に含まれる炭素原子間の二重結合（不安定な結合）による反応度合いを表したものが、ヨウ素価だ。ヨウ素価が大きい乾性油ほど、反応性に富んでいて酸化しやすく、酸化熱が発生して自然発火する危険性が高いぞ！

これで第4類危険物の個別の性質は終了だ！ 既に学習済みの類のはずだが、時間が経過すると、結構忘れていると思わないか？ 特徴的なフレーズを有する物質を中心に、何度も繰り返し見直すことで、必ず身に付くはずだ！ 根気強く取り組んでくれよ！ 最後に、第4類危険物のキラーフレーズ一覧を作ったから、学習の参考にしてくれよ！！

【第4類危険物攻略の巻】

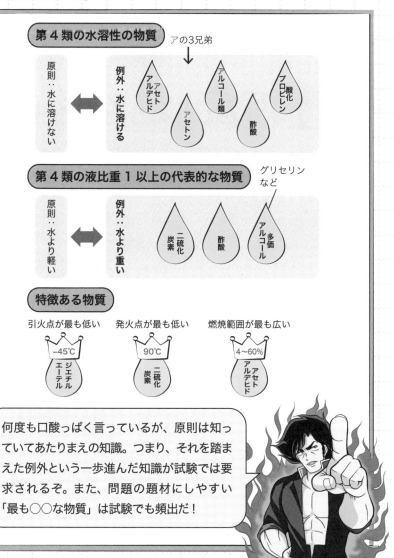

何度も口酸っぱく言っているが、原則は知っていてあたりまえの知識。つまり、それを踏まえた例外という一歩進んだ知識が試験では要求されるぞ。また、問題の題材にしやすい「最も○○な物質」は試験でも頻出だ！

Step3 暗記 何度も読み返せ！

☐ 特殊引火物の要件は、①発火点が［100］℃以下、または、②［引火点］が−20℃以下で沸点が［40］℃以下のもので、その指定数量は［50］Lである。

☐ 第4類危険物の中で最も発火点が低いのは［二硫化炭素］で、［液比重1以上］で［水中］に浸漬貯蔵する危険物である。

☐ 引火点［21］℃未満の物質群が第1石油類で、その指定数量は、非水溶性が［200］L、水溶性が［400］Lである。

☐ 非水溶性の第1石油類は電気の［不良導体］で静電気を［蓄積］する。扱う際は、［湿度］を高くして［接地］をするなど、静電気対策を万全に行う。

☐ 第1石油類のベンゼンとトルエンでは、［トルエン］の方が引火点と沸点が高い。これは、［分子量が大きい］事が原因である。

☐ アルコール類の指定数量は［400］Lで、これは［水溶性の第1石油類］と同じである。

☐ 灯油と軽油の引火点は共に［40］〜［45］℃でガソリンより高いが、発火点はガソリンが300℃に対して、［220］℃と［低い］。

☐ 重油は［暗褐］色の［粘性］がある液体で、液比重は［1より小さい］。

☐ 機械油などが該当する第4石油類の引火点は、［200］℃以上［250］℃未満で、その指定数量は［6,000］Lである。

☐ 動植物油類の引火点は［250］℃未満で、指定数量は［10,000］Lである。［250］℃以上になるものは、［指定可燃物］として市町村条例の規制となる。

本章で学んだことを復習だ！　分からない問題は、テキストに戻って確認するんだ！　分からないままで、終わらせるなよ！！

(問題)

次の問いに答えよ。

🔥14　第4類危険物の一般的な性状として、正しいものはどれか。

①発火点の高いものほど、火源がなくても発火しやすくなる。

②熱伝導率が高いので蓄熱しやすく、自然発火しやすい。

③燃焼範囲の下限値が高いものほど、危険性も大きくなる。

④非水溶性のものは、電気の良導体で、静電気が蓄積されにくい。

⑤蒸気比重は1より大きいため、可燃性蒸気が低所に滞留しやすい。

🔥15　第4類危険物の一般的な性状についての以下記述の（　）内に入る語句の適切な組合せはどれか。

> 「第4類危険物は引火性の（A）で、多くの物質の液比重は1より（B）。なお、発生する蒸気の比重は全て1より（C）。」

	A	B	C
①	液体または固体	小さい	大きい
②	液体	小さい	大きい
③	液体	小さい	小さい
④	液体	大きい	小さい
⑤	液体または固体	大きい	大きい

🔥16　アルコール類やケトン類などの水溶性の可燃性液体の火災に用いる泡消火剤は、水溶性液体用泡消火剤とされている。その主な理由として適切なものはどれか。

①他の泡消火剤に比べ、耐火性に優れているから。

②他の泡消火剤に比べ、消火剤が可燃性液体に溶け込み引火点が低くなるから。

③他の泡消火剤に比べ、泡が溶解したり、破壊されることがないから。

④他の泡消火剤に比べ、可燃性液体への親和力が極めて強いから。

⑤他の泡消火剤に比べ、水溶性が高いから。

🔥17 空気中で長期間貯蔵すると、爆発性の過酸化物を生成する恐れが最もある危険物は、次のうちどれか。

①トルエン　　　　　　②エチレングリコール　　　③ベンゼン

④ジエチルエーテル　　　⑤二硫化炭素

🔥18 二硫化炭素の性状について、誤っているものはいくつあるか。

> a. 水よりも軽く、水に溶けない。
>
> b. エタノール、ジエチルエーテルに溶ける。
>
> c. 燃焼すると有毒なガスを発生する。
>
> d. 発生する蒸気は有毒である。
>
> e. 揮発しやすい無色透明の液体である。

①1つ　　　②2つ　　　③3つ　　　④4つ　　　⑤5つ

🔥19 ガソリンの性状について、誤っているものはいくつあるか。

> A. 燃えやすく、沸点まで加熱すると発火する。
>
> B. 水より軽く水に溶けないが、蒸気は空気より重い。
>
> C. 燃焼範囲は約1〜8vol%、引火点が低いので自然発火する。
>
> D. 電気の不良導体で、流動等により静電気が発生しやすい。

①0（なし）　　　②1つ　　　③2つ　　　④3つ　　　⑤4つ

🔥20 ベンゼンとトルエンの性状について、誤っているものはどれか。

①共に水に溶けないが、アルコールなどにはよく溶ける。

②共に芳香臭のある無色透明の液体である。

③引火点はトルエンの方が低い。

④共に発生する蒸気は空気より重い。

⑤共に蒸気は有毒だが、その毒性はベンゼンの方が強い。

🔥**21** メタノールとエタノールに共通する性状として、正しいものはいくつあるか。

> a. 飽和1価アルコールで、引火点は常温（20℃）より低い。
> b. 蒸気比重は1−プロパノールや2−プロパノールよりも重い。
> c. 毒性がある。
> d. 沸点は水よりも低い。
> e. 水に溶けにくい。

①1つ ②2つ ③3つ ④4つ ⑤5つ

🔥**22** 2−プロパノール（イソプロピルアルコール）の性状について、次のうち誤っているものはどれか。
①常温（20℃）では引火しない。
②水やアルコール、有機溶媒に溶ける。
③無色・アルコール臭で粘性のある液体である。
④1−プロパノールよりも沸点や引火点が低い。
⑤水より軽く、蒸気は空気より重い。

🔥**23** 灯油と軽油に共通する性状として、誤っているものはどれか。
①水より軽く、水に溶けない。 ②静電気が蓄積されやすい。
③石油臭を有する。 ④液状より霧状にすることで引火しやすくなる。
⑤引火点と発火点が共にガソリンより高い。

🔥**24** アクリル酸の性状として、誤っているものはどれか。
①刺激臭のある無色の液体で、引火点は常温よりも高い。
②水の他、エタノールやジエチルエーテルによく溶ける。
③熱・光・過酸化物や鉄さびなどにより重合が進むので、重合防止剤を加えて貯蔵する。
④液比重は1より小さい。
⑤酸化性物質との混触により発火することがある。

解答

🔥**14** ⑤ →テーマNo.63

正しい記述は⑤だ。誤りの記述については、以下の通りだ。
①発火点の高いものほど、火源がなくても発火しやすくなる。

　　　　　　　　　　　低い
②熱伝導率が高いので蓄熱しやすく、自然発火しやすい。
　⇒動植物油類を除いて、第4類危険物は自然発火しないぞ！　なお、熱伝
　　導率が低い物質ほど蓄熱しやすいので、この部分も誤りだ。
③燃焼範囲の下限値が高いものほど、危険性も大きくなる。
　　　　　　　　　　　低い
④非水溶性のものは、電気の良導体で、静電気が蓄積されにくい。
　　　　　　　　　　不良導体　　　　　　　　されやすい

🔥 **15**　② →テーマNo.63
正しい語句を入れた文章は、以下の通りだ。
「第4類危険物は引火性の（A液体）で、多くの物質の液比重は1より（B小
さい）。なお、発生する蒸気の比重は全て1より（C大きい）。

🔥 **16**　③ →テーマNo.63
一般の泡消火剤をアルコールなどの水溶性液体の火災に使用すると、泡が溶
けて破壊されてしまうため、窒息効果がなくなってしまうんだ。よって、水
溶性液体の火災の消火には、耐アルコール泡消火剤を用いることになるぞ。

🔥 **17**　④ →テーマNo.64
テキストに記載がある通り、正解は④ジエチルエーテルだ。最も引火点が低
い（−45℃）物質だ。この他、空気に触れると爆発性の過酸化物を生成す
る物質として、アセトアルデヒドがあるぞ。

🔥 **18**　① →テーマNo.64
誤っているのは、aのみだ。
a　水よりも軽く重く、水に溶けない。

　　　　　　　第4類危険物の中で、唯一の水中に浸漬貯蔵する物質だ。
　　　　　　　この他には、第3類危険物の黄リンも同様に貯蔵するぞ。

🔥 **19**　③ →テーマNo.64
誤っているのは、AとCの③2つだ。誤りの選択肢については、以下の通り。
BとDは正しい記述なので、そのまま覚えておこう！
A　燃えやすく、沸点まで加熱すると発火する。

⇒ガソリンの沸点は40〜220℃で、発火点は300℃と高い値だから、沸点温度では発火しないぞ。なお、燃えやすいというのは正しい。

C 燃焼範囲は約1〜8vol%、引火点が低い~~ので自然発火する。~~

⇒前半は正しいが、ガソリンは自然発火しないので×だ。

🔥 **20** ③ →テーマNo.64

ベンゼンとトルエンの性状をメタノールとエタノールの性状に変えた出題も考えられるぞ。本問のポイントは、分子量の大きい物質ほど、沸点や引火点が大きくなるということだ。その辺が分かると、「③引火点はトルエンの方が ~~低い~~ 高い。」となるぞ。

🔥 **21** ② →テーマNo.64

共通する性状は、aとdだ。他の記述については、以下の通り。

b. 蒸気比重は1−プロパノールや2−プロパノールよりも ~~重い~~ 軽い。

⇒問20と同じだ。分子量が軽いのだから、蒸気比重も軽いぞ。

c. 毒性がある。⇒毒性はメタノールのみだ。

e. 水に溶けにくい。⇒共に溶けやすいぞ。

🔥 **22** ① →テーマNo.64

2−プロパノールの引火点は12℃なので、常温でも引火するぞ。

🔥 **23** ⑤ →テーマNo.64

引火点はガソリン（第1石油類：〜21℃未満）に比べて高い。

（第2石油類：21℃以上）が、発火点はガソリン300℃に対し、灯油と軽油は220℃なので低いんだ。発火点と引火点の関係が逆になる所は、混同に注意しよう！！

🔥 **24** ④ →テーマNo.64

水溶性の第2石油類は全て、液比重1以上だ。覚えておこう！！

問題

次の文章の正誤を述べよ。

🔥 **25** 酢酸の性状として、誤っているものはいくつあるか。

> a. 強い腐食性がある有機酸で、皮膚に触れると火傷をする。
> b. 水より軽く、水溶液は弱酸性である。　　c. 常温で容易に引火する。
> d. 水と有機溶媒に溶ける。　　e. 濃度3%のものが食酢である。

①0（なし）　　②1つ　　③2つ　　④3つ　　⑤4つ

26 グリセリンの性状について、誤っているものはどれか。

①甘味のある無色無臭の液体で、吸湿性を有している。

②ナトリウムと反応して酸素を発生する。

③粘性があり、水と任意の割合で溶けあう。

④ガソリンと軽油にはほとんど溶けない。

⑤発生する蒸気の比重は、空気より重い。

27 クレオソート油について、誤っているものはいくつあるか。

> a. 水より重い液体で、引火点は70℃以上である。
>
> b. 水より軽い液体である
>
> c. 特有の臭気があり、蒸気は有毒である。
>
> d. アルコールやベンゼンには溶けるが、水に溶けない。
>
> e. 人体に対しても有毒である。

①1つ ②2つ ③3つ ④4つ ⑤5つ

28 次のうち水溶性物質同士の組合せのものは、いくつあるか。

> a. 重油とエタノール b. メタノールと酢酸
>
> c. トルエンと軽油 d. 二硫化炭素とベンゼン
>
> e. グリセリンとアセトアルデヒド

①1つ ②2つ ③3つ ④4つ ⑤5つ

29 第4石油類について、次のうち誤っているものはどれか。

①引火点が高いので、加熱しない限り引火の危険性はない。

②粉末消火剤の放射による消火が有効である。

③ギヤー油やシリンダー油などが該当する。

④着火した際の油温を下げる効果があるので、棒状注水が有効である。

⑤潤滑油や可塑剤として使用されるものが多い。

♨30 動植物油類の性状として、正しいものはいくつあるか。

> a. 比重は1より大きい。
> b. ボロ布に染み込んだものを長期間通風の悪い場所に積むと、酸化熱の蓄積により、自然発火する恐れがある。
> c. ヨウ素価の大きい油脂には、炭素原子間二重結合が多く含まれ、空気中で酸化されやすく、固化しやすい。
> d. 不飽和脂肪酸で構成された油脂に酸素を付加して作られた脂肪は硬化油と呼ばれ、マーガリンなどの食用に用いられる。

①0（なし）　②1つ　③2つ　④3つ　⑤4つ

解答

♨25 ③ →テーマNo.64

a、d、eは正しい記述なので、誤りはb、cの③2つだ。誤りの記述については、以下の通りだ。

b. 水より~~軽~~く、水溶液は弱酸性である。
　　　　重く

c. 常温で容易に引火~~する~~。
　　　　　　しない
⇒酢酸の引火点は39℃で、常温（20℃）では引火しないぞ。

♨26 ② →テーマNo.64

誤りの記述は②だ。
②ナトリウムと反応して~~酸素~~を発生する。
　　　　　　　　　　水素
⇒グリセリンは多価アルコール（水溶性）なので、ナトリウムと水が反応したときと同様に考えれば分かるぞ。

♨27 ① →テーマNo.64

誤りの記述はbだ。b水より~~軽~~い液体である
　　　　　　　　重い
⇒第3石油類で液比重が1より小さいのは、重油のみだ！　名称に惑わされることが無いように注意しよう！！

♨28 ② →テーマNo.64

水溶性物質同士の組合せになっているのは、bとeだ。

aは重油が非水溶性でエタノールは水溶性、cとdは共に非水溶性の組み合わせだ。

♨ 29 ④ →テーマNo.64

誤っているものは④だ。第4類危険物の火災における消火で、注水消火はNGだ。窒息消火が有効なので、②のように粉末消火剤などの使用が有効だ。なお、他の選択肢は正しい記述なので、そのまま覚えておこう！

♨ 30 ③ →テーマNo.64

正しいものは、bとcの③2つだ。誤りの記述については、以下の通りだ。

a. 比重は1より ~~大きい~~ 。

　　　　　　小さい

d. 不飽和脂肪酸で構成された油脂に ~~酸素~~ 水素を付加して作られた脂肪は硬化油

　と呼ばれ、マーガリンなどの食用に用いられる。

　⇒知識として、覚えておこう！！

第 **11** 章

第5類危険物の性質を学ぼう!

本章では、第5類危険物について学習するぞ。物質内部に①可燃物②酸素と燃焼の3要素のうち2つが共存している、きわめて危険性が高い物質だ。消火が困難で、窒息消火NGなど、共通する性状が特徴的なフレーズを多く有しており、試験でもその辺を問う問題が頻出だ!
基本の性質を念頭に、＋αで個別の性質を理解すれば、必ず攻略できるぞ!

第5類に共通する特性をチェックしよう!

このテーマでは、第5類危険物に共通する特性について学習するぞ。物質内部に酸素を含む（自己反応性）物質で、窒息作用による消火は効果がないんだ。原則となる性質を念頭に、個別の性質を見ていくと、学習が効率よく進むぞ。さあ、原則（基本）を徹底的にマスターしよう!!

Step1 図解 ➤ 目に焼き付けろ!

第5類危険物に共通する特性

第5類危険物：物質内部に酸素を含む自己反応性物質

性状は？

湿潤？乾燥？ ─ 第5類危険物 ─ 効果がない窒息消火は？

貯蔵・取扱法は？ ─ 消火法は？

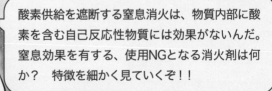

酸素供給を遮断する窒息消火は、物質内部に酸素を含む自己反応性物質には効果がないんだ。窒息効果を有する、使用NGとなる消火剤は何か？　特徴を細かく見ていくぞ!!

Step2 解説　爆裂に読み込め！

➡ 超重要！　第5類危険物に共通する特性をチェックしよう！

 「自己反応性」という言葉、初めて見聞きしました。これまで見てきた危険物と、何が違うのですか？

　例えば、第1類であれば酸化剤として酸素供給源になるが、物質そのものは不燃性だったよな。同様に、第2類であれば物質そのものは可燃物だが、酸素を含む物質ではなかったはずだ。多くの危険物は、燃焼の3要素（可燃物・酸素・熱源）のうち、いずれか1つを持っている状態で、混合や混触すると危険な状態になるという話をしてきたわけだ。

　ところが、第5類危険物は燃焼の3要素のうち、最初から①可燃物②酸素を一緒に含む物質群で、最初から危険な状態だというわけなんだ。一度火災が発生すると、その消火は極めて困難になる。これが、自己反応性なんだ。

　以下は、第5類に共通する性状、貯蔵・取扱法、消火法をまとめたものだ。

表63-1：第5類に共通する性質等

性状	・物質内部に酸素を含む自己反応性物質である 　⇒可燃物と酸素供給源が共存している！ ・いずれも可燃性の固体または液体で、引火性を有するものもある ・比重は1より大きく、水より重い ・有機の窒素化合物が多い　⇒「C」と「N」を含むものが多い ・燃焼速度が極めて速く、加熱、衝撃または摩擦等により、発火、爆発するものが多い ・時間の経過とともに分解が進み、自然発火を起こすものがある ・金属と作用して、爆発性の金属塩を生じるものがある ・水と反応しないので、注水消火が有効である

	・火気や加熱、衝撃、摩擦を避ける ・容器は密栓し、通風の良い冷暗所に貯蔵する ・乾燥させると危険な物質については、乾燥を避け、湿らせて貯蔵する 【危険物ごとの貯蔵法】	
貯蔵・取扱法	**貯蔵の方法**	**主な危険物の物品名**
	乾燥状態を避けるため、水で湿らせて貯蔵する	過酸化ベンゾイル
	通気性のあるフタを使用	メチルエチルケトンパーオキサイド（※）
	常温以下で引火するので、通風の良い場所で貯蔵する	硝酸メチル、硝酸エチル
	水分やアルコールを含ませ、湿綿状態にする	ニトロセルロース
	含水状態（10%程度）にして冷暗所に貯蔵する	ピクリン酸
	水中または水とアルコールの混合液中に保存する	ジアゾジニトロフェノール
	金属製容器を使用しない （水の存在で爆発性の金属塩を生成）	アジ化ナトリウム
	乾燥状態を保って貯蔵する	硫酸ヒドロキシルアミン
	※エチルメチルケトンパーオキサイドと記載の場合もあるが、同じ物質であり、メチルとエチルの記載が逆でも問題はない	
消火法	・分子内に酸素を含有しているので、窒息消火は効果がない 　⇒二酸化炭素、ハロゲン化物、粉末はNG！ ・燃焼速度が極めて速いため、消火は困難である。初期消火で有効な方法は、水、強化液、泡、乾燥砂などである 　　⇒ただし、アジ化ナトリウムは加熱による分解で金属ナトリウム（第3類危険物）を生じるので、注水消火はNGで、乾燥砂のみ有効	

第5類は乾燥に注意するために湿らせて貯蔵する物質が多いんだ。湿らせる際に使う物質が何か。一覧表を見て、注意してくれよ！！

Step3 暗記 何度も読み返せ！

- □ 第5類危険物は、物質内部に［酸素］を含む自己反応性物質の［固体または液体］で、比重は［1より大きい］。
- □ ［可燃性］の物質で、有機の窒素化合物が多い。
- □ 原則［窒息］消火は効果がない。理由として、［物質内部に酸素］を含んでいるため、酸素供給を遮断しても、自ら酸素供給源になるからである。なお、燃焼速度が極めて速いため、消火は困難であるが、初期消火として有効な方法は、水、［強化液］、［泡］、乾燥砂である。ただし、［アジ化ナトリウム］は加熱により分解した物質が水と激しく反応するので、注水消火はNGで、［乾燥砂］のみ有効である。
- □ 加熱や衝撃、摩擦を避けると共に、容器は［密栓］して冷暗所に貯蔵することを原則とする。ただし、以下の物質は保存法が異なっている。

貯蔵の方法	主な危険物の物品名
乾燥状態を避けるため、［水］で湿らせて貯蔵する	過酸化ベンゾイル
［通気性］のあるフタを使用	メチルエチルケトンパーオキサイド
水分やアルコールを含ませ、［湿綿状態］にする	ニトロセルロース
含水状態（10%程度）にして冷暗所に貯蔵する	［ピクリン酸］
金属製容器を使用しない	［アジ化ナトリウム］
乾燥状態を保って貯蔵する	［硫酸ヒドロキシルアミン］

第5類の危険物は
コレだ!

このテーマでは、第5類危険物の個々の性質について学習するぞ。大きな括りで10品目（①〜⑩）に分類され、水を加えて貯蔵する物質、通気性のあるフタで貯蔵など、これまで見てきた危険物とは異なる特徴がある。特徴的なフレーズを中心に、細かい内容まで出題されるから、丁寧に見ていくぞ!

Step1 図解 目に焼き付けろ!

第5類の危険物

①有機過酸化物
②硝酸エステル類
③ニトロ化合物
④ニトロソ化合物
⑤アゾ化合物
⑥ジアゾ化合物
⑦ヒドラジンの誘導体
⑧ヒドロキシルアミン
⑨ヒドロキシルアミンの塩類
⑩その他のもので政令で定めるもの

満遍なく出題されるよ!

原則から外れた例外に注目しよう!

常に意識しておくことは「第5類危険物に共通する一般的性状は?」だ! これと同じであれば一般的性状と理解し、それと異なる性状については、個別に覚えるという取り組みをすると効率よく学習することができるぞ!
これまでの危険物とは異なり、湿潤状態にして貯蔵する物質は試験でも頻出だ!

Step2 解説　爆裂に読み込め！

→ 第5危険物の個別の性質を見ていくぞ！

早速本題だ。前テーマで見たように、第5類危険物は物質内部に酸素を含む自己反応性物質で、燃焼速度が極めて速いため、消火が困難な物質群だ。個別の性質も大事だが、第5類全体で共通する性質も試験では頻出だから、バランスよく学習に取り組むことが、攻略の鍵といえるぞ。

また、物質数は結構多いが、よく見ると似通った性質なので、細かいところよりも、全体観をざっくりとつかむようにして取り組むことが、重要だ。全体観をつかんでほしいと思うぞ！　では、以下見ていこう！

①有機過酸化物　（エーテル様の構造「–O–O–」を有する！）

過酸化水素（H_2O_2）の水素原子の1個または2個を有機原子団で置換した化合物の総称で、主に以下3つの物質が試験では出題されているぞ。

> 「–O–O–」の結合は、結合力が弱くて分解しやすい結合でしたね！

過酸化ベンゾイルは水で湿らせて純度を下げる、メチルエチルケトンパーオキサイドは通気性のあるフタで貯蔵する。などなど、これまで見てきた危険物とはかなり異なる性質が多いので、そこを中心に見ていくぞ！！

> 有機過酸化物だと第5類で、これが無機物質に置換した場合は無機過酸化物（第1類危険物）になるんだ！　忘れてたら、戻って復習だ！！

第11章　第5類危険物の性質を学ぼう！

◆過酸化ベンゾイル（C₆H₅CO）₂O₂

形状	・白色または無色の粒状結晶で無臭 ・比重1.3 ・融点103〜105℃（分解） ・発火点125℃
特徴	・水やエタノールに不溶だが、ジエチルエーテルやベンゼンなどの有機溶媒に溶ける ・光によって分解される ・加熱や衝撃、摩擦によって爆発的に分解、燃焼する ・強力な酸化作用があり、可燃性物質や還元性物質と爆発的に反応 ・酸、アルコール、アミンと激しく反応する ・常温で安定しているが、融点付近まで加熱すると、爆発的に分解し、有毒ガスを発生する
貯蔵・保管法	・乾燥状態のものほど爆発の危険性が高いので、水で湿らせる ・加熱、衝撃、摩擦を避ける ・強酸、有機物と接触させない ・容器は密栓し、冷暗所に貯蔵する ・日光に当てない ・ステンレス鋼性のドラム缶またはガラス瓶で貯蔵する
消火法	・大量の水（散水等）または泡消火剤を使用する

> 過酸化ベンゾイルは乾燥状態を避けて、湿潤で取扱うと覚えておこう！

◆メチルエチルケトンパーオキサイド

　メチルエチルケトン（CH₃COC₂H₅：第4類危険物の非水溶性第1石油類）と過酸化水素との反応によって得られる物質だ。なお、エチルメチルケトンパーオキサイドとなっている場合もあるが、同じ物質だ。

形状	・特異臭を有する無色の油状液体 ・比重1.12 ・引火性がある。引火点72℃
特徴	・水に不溶だが、ジエチルエーテルに溶ける ・日光によって分解される ・鉄、ボロ布、アルカリ等と接触すると、著しく分解が促進される ・加熱や衝撃、摩擦によって爆発的に分解、燃焼する ・純度の高いものほど危険なため、安定剤としてジメチルフタレート（フタル酸ジメチル）を用いる
貯蔵・保管法	・内圧が高くなると分解が促進されるので、容器のフタは通気性のあるものを使用する
消火法	・大量の水（散水等）または泡消火剤を使用する

通気性のあるフタを使用することで内圧の上昇を抑えて貯蔵する、唯一の物質だな！　こういう特徴は、試験で頻出だ！！

◆過酢酸CH_3COOOH

　酢酸（CH_3COOH：第4類危険物の水溶性第2石油類）の酸素原子が1つ増えた物質で、酢酸に似た性質を有しているが、より危険な物質だ。

形状	・強い刺激臭（酢酸臭）を有する無色の液体 ・比重1.2 ・引火点41℃
特徴	・不安定な物質のため、市販品は不揮発性溶媒の40％溶液 ・水、エタノール、ジエチルエーテル、硫酸によく溶ける ・有毒で強い刺激臭を有する強酸化剤 ・引火性を有している ・加熱すると分解して刺激性の煙とガスを発生し、110℃で爆発する ・衝撃、摩擦によって分解する ・多くの金属を侵し、皮膚や粘膜を刺激する
貯蔵・保管法	・火気厳禁で、換気が良好な冷暗所に貯蔵する ・可燃物と隔離して貯蔵する
消火法	・大量の水（散水等）または泡消火剤を使用する

第**11**章

第5類危険物の性質を学ぼう！

②硝酸エステル類　（エステル：酸＋アルコールの縮合反応！）

第4章テーマ45で少し触れているが、単に「エステル」という場合は、カルボン酸とアルコール類の脱水縮合反応による生成物質を指すぞ。

$$CH_3COOH+C_2H_5OH \rightarrow CH_3COOC_2H_5+H_2O$$

酢酸＋エタノール　→酢酸エチル（エステル）＋水

ここで学習するのは、硝酸（HNO_3）の水素原子をアルキル基で置換した化合物だ。飽和1価アルコールから生成される硝酸メチルと硝酸エチルは、第5類危険物の中で、引火点が唯一常温（20℃）以下になっているぞ！！

物質名	形状	特徴	貯蔵・保管法 消火法
硝酸メチル CH_3NO_3 比重：1.2	芳香のある無色の液体で引火性・揮発性がある	・引火点15℃ ・水にほとんど溶けないが、アルコールやジエチルエーテルに溶ける	・容器は密栓し、換気の良い冷暗所に貯蔵する。 ・日光に当てない ・低引火点のため、消火は困難である
硝酸エチル $C_2H_5NO_3$ 比重：1.1		・引火点10℃ ・水にわずかに溶け、アルコールやジエチルエーテルに溶ける	

次にニトログリセリンとニトロセルロースについて見ていくぞ。「ニトロ」という名称から、後述する③ニトロ化合物だと間違えないよう気を付けよう！

◆ニトログリセリン$C_3H_5(ONO_2)_3$

形状	$\begin{array}{l} CH_2\!-\!O\!-\!NO_2 \\ \quad\mid \\ CH\!-\!O\!-\!NO_2 \\ \quad\mid \\ CH_2\!-\!O\!-\!NO_2 \end{array}$	・甘味を有する無色〜淡黄色の油状液体で有毒 ・グリセリン（第4類危険物の水溶性第3石油類）を硝酸と反応（エステル化）した化合物 ・比重1.6 ・蒸気比重7.8
特徴		・水にほとんど溶けないが、有機溶媒に溶ける ・加熱や衝撃、摩擦によって爆発する ・凍結（8℃）すると、液体のときよりも感度が増し、爆発力が増大する ・ダイナマイトの原料である

貯蔵・保管法	・加熱や衝撃、摩擦を避ける ・火薬庫で密栓し、貯蔵する ・漏出した際は、水酸化ナトリウム（苛性ソーダ）のアルコール溶液で拭き取る 　⇒分解し、非爆発性物質になる
消火法	・燃焼が爆発的のため、消火は困難である

◆ニトロセルロース [C₆H₇O₂(ONO₂)₃]ₙ（別名は硝化綿）

形状	・無色または白色の綿状または紙状の固体 ・比重1.7 ・セルロースの硝酸エステル
特徴	・水とアルコールにほとんど溶けない ・窒素含有量が多いほど、爆発の危険性が大 ・窒素含有量（硝化度という）の大小によって、以下の通り分類される | 窒素含有量	名称
13%以上	強綿薬
10～13%（中間量）	弱綿薬
10%未満	脆綿薬 | ・硝化度の大きい強綿薬はジエチルエーテルとアルコールに溶けないが、弱綿薬は溶ける ・弱綿薬をアルコールとジエチルエーテルの溶液に溶かしたものがコロジオン（※セルロースを、濃硫酸と濃硝酸の混合液に浸けて得られる物質）で、ラッカー等の原料となる ・精製が悪く酸が不純物として残留していると、加熱や衝撃、日光などによって分解し、自然発火する ・ダイナマイトの原料である
貯蔵・保管法	・加熱や衝撃、摩擦、日光を避ける ・容器は密栓し、換気の良い冷暗所に貯蔵する ・水分やアルコールを含ませて、湿綿状で保存する 　⇒乾燥させると爆発の危険性が増大するため
消火法	・大量の注水、泡、乾燥砂などを用いる

別名が硝化綿というだけあって、<u>湿らせた状態（湿綿状態）</u>で貯蔵するんですね！

③ニトロ化合物　（ニトロ基「−NO₂」を有する爆発物の原料！）

有機化合物内の水素原子をニトロ基（−NO₂）で置換することをニトロ化といい、その化合物の総称がニトロ化合物だ。出題される2つの物質は共に爆発性のある危険な物質だ！！

◆ピクリン酸 $C_6H_2(NO_2)_3OH$

形状	OH O₂N NO₂ NO₂	・別名：トリニトロフェノール ・苦味を有する黄色の結晶で有毒 ・無臭で、引火性を有する ・フェノール（ベンゼンの水素原子を−OH基置換したもの）をニトロ化した化合物 ・比重1.8 ・引火点207℃、発火点320℃
特徴	・冷水に溶けにくいが、熱水やアルコール、ジエチルエーテルに溶ける ・水溶液は強酸性で、金属と反応して爆発性の金属塩を生成する ・衝撃や摩擦、急加熱すると発火、爆発する恐れがある ・劇物指定されていて、皮膚や目、呼吸器系を刺激する ・乾燥状態だと危険性が増大する	
貯蔵・保管法	・加熱や衝撃、摩擦を避ける ・含水状態にして、冷暗所にて密栓貯蔵する 　⇒乾燥状態はNG ・金属製容器の使用を避ける	
消火法	・燃焼が爆発的のため、消火は困難であるが、大量の水（噴霧散水）で消火する	

◆トルニトロトルエン（別名：TNT）C_6H_2(NO_2)_3CH_3

形状	（構造式）	・別名：TNT（トリニトロトルエン） ・無色または淡黄色の結晶 ・ピクリン酸よりは安定している ・無臭で、引火性を有する ・トルエン（ベンゼンの水素原子を－メチル基置換したもの）をニトロ化した化合物 ・比重1.7 ・融点82℃、発火点230℃
特徴	・水に溶けないが、アルコール、ジエチルエーテルに溶ける ・金属とは反応しない 　⇒ピクリン酸との違いだ！！ ・衝撃や摩擦、急加熱すると発火、爆発する恐れがある ・TNTの別名で知られる高性能爆薬	
貯蔵・保管法	・加熱や衝撃、摩擦を避ける ・含水状態にして、容器は冷暗所にて密栓貯蔵する ・固体よりも加熱により溶融した状態の方が衝撃に対して敏感になるので、取扱いに注意する	
消火法	・燃焼が爆発的のため、消火は困難であるが、大量の水（噴霧散水）で消火する	

共に分子内にニトロ基を3個有していて、金属と反応するのはピクリン酸だけなんですね！

④ニトロソ化合物（ニトロソ基「–NO」を有する化合物で1つのみ！）

　ニトロソ基（–N＝O）を有する有機化合物の総称で、第5類危険物の一般的性状を有する物質が1種類のみだ。出題頻度は、これまでの物質と比べて最も低いので、時間に余裕がないという人は、一読して終わりでもいいぞ！

第**11**章

第5類危険物の性質を学ぼう！

◆ジニトロソペンタメチレンテトラミン$C_5H_{10}N_6O_2$

形状	・淡黄色の結晶性粉末
特徴	・水、ベンゼン、アルコールにわずかに溶ける ・加熱により分解し、窒素やアンモニア、ホルムアルデヒドを発生する ・強酸と接触すると爆発的に分解し、発火する恐れがある ・加熱や衝撃、摩擦によって爆発する危険性がある
貯蔵・保管法	・加熱や衝撃、摩擦を避ける ・換気の良い冷暗所にて、密栓貯蔵する
消火法	・水系消火剤（噴霧、泡）、乾燥砂を用いて消火する

⑤アゾ化合物　（アゾ基「–N＝N–」を有する化合物で1つのみ！）

アゾ基（–N＝N–）を有する化合物の総称で、試験に出る物質は1つだ！

◆アゾビスイソブチロニトリル（略称：AIBN）$[C(CH_3)_2CN]_2N_2$

形状	$$NC-\underset{\underset{CH_3}{\vert}}{\overset{\overset{CH_3}{\vert}}{C}}-N＝N-\underset{\underset{CH_3}{\vert}}{\overset{\overset{CH_3}{\vert}}{C}}-CN$$ ・特異臭を有する、白色の針状結晶 ・融点106℃
特徴	・水にほとんど溶けないが、エタノール、ベンゼンに溶ける ・融点以上に加熱すると急激に分解し、シアン化水素（青酸ガスともいわれ、有毒）と窒素を発生 ・熱や光により容易に分解する ・酸素を含有しない物質だが、分解速度が速い
貯蔵・保管法	・火気や衝撃、摩擦を避ける ・日光を避け、冷暗所にて密栓貯蔵する ・可燃物との接触を避ける
消火法	・大量の水で消火する

第5類危険物の中で、唯一、シアン化水素を発生する物質だ！

⑥ジアゾ化合物（ジアゾ基「=N₂」を有する化合物で1つのみ！）

ジアゾ基（= N_2）を有する化合物の総称で、試験に出る物質は1つだ！

◆ジアゾジニトロフェノール$C_6H_2ON_2(NO_2)_2$

形状	O_2N ... N_2 ... NO₂ · 黄色の不安定な粉末 · 比重1.6
特徴	・水にほとんど溶けないが、アルコールやアセトンなどの有機溶媒に溶ける ・日光により褐色に変色する ・衝撃、摩擦により爆発する危険性がある ・加熱をすると、爆発的に分解する ・燃焼現象は、爆ごう（爆発の際に火炎が音速を超える速さで伝わる現象のこと）を起こしやすい
貯蔵・保管法	・火気や衝撃、摩擦を避け、冷暗所にて密栓貯蔵する ・水中や水とアルコールとの混合液中に貯蔵する
消火法	・燃焼が爆発的のため、消火は困難であるが、大量の水（噴霧散水）で消火する

フェノール（ベンゼンの水素原子を−OH基で置換したもの）の水素原子が、①ジアゾ基1つ②ニトロ基2つ（ジニトロ）置換した化合物だと、名称からも分かりますね！

⑦ヒドラジンの誘導体　アミン（−NH₂）×2でヒドラジン！！

アミン（−NH₂）が2つくっついた「H₂N—NH₂」の構造がヒドラジンで、これをもとに合成された化合物の総称だ。「○○をもとに作られた物質」というのが、誘導体という意味で、試験に出るのは1つだ！

◆硫酸ヒドラジン$NH_2NH_2 \cdot H_2SO_4$

形状	・白色の結晶で無臭 ・比重1.37 ・融点254℃
特徴	・冷水やアルコールにほとんど溶けないが、熱水に溶ける。水溶液は強酸性を示す ・還元性を有しており、酸化剤と激しく反応する ・アルカリと接触すると、猛毒のヒドラジンを遊離（化合物間の結合が切れ、原子または原子団が分離すること）する ・融点以上で分解して、有毒なアンモニア、二酸化硫黄、硫化水素、硫黄を発生する
貯蔵・保管法	・酸化剤やアルカリ、可燃物などと分離して貯蔵する ・火気や日光を避け、冷暗所にて密栓貯蔵する
消火法	・大量の水（噴霧散水）で消火する ・有毒ガスが発生するので、消火の際は、防塵マスク、ゴム手袋、保護メガネを着用する

⑧ヒドロキシルアミンNH_2OH

名称の通り、アミン（$-NH_2$）とヒドロキシル基（$-OH$）が結合した化合物だ。

形状	・白色の結晶 ・比重1.2
特徴	・水やアルコールによく溶け、潮解性を有する ・水溶液は弱塩基性を示す ・強い還元性を有しており、酸化剤と激しく反応する ・裸火や高温体に接触すると、爆発的に燃焼する ・紫外線により爆発する ・発生蒸気は空気より重く、眼や気道を刺激する ・熱分解すると、窒素、アンモニア、水などを生成する
貯蔵・保管法	・裸火や高温体との接触を避け、冷暗所に貯蔵する
消火法	・大量の水（噴霧散水）で消火する ・有毒ガスが発生するので、消火の際は、防塵マスクなどの保護具を着用する

⑨ヒドロキシルアミンの塩類　（ヒドロキシルアミン＋酸で生成する塩類）

先に見たヒドロキシルアミンと酸類との反応で生じる物質で、塩酸と硫酸の塩類があるが、試験では硫酸塩類について覚えておこう！

◆硫酸ヒドロキシルアミン（NH₂OH）₂・H₂SO₄

形状	・白色の結晶 ・比重1.9
特徴	・水に溶けるが、エタノールに溶けない ・潮解性を有する ・水溶液は強酸性を示し、金属を腐食させる ・強い還元性を有しており、酸化剤と接触すると激しく反応し、爆発の危険性がある ・アルカリが存在すると、ヒドロキシルアミンが遊離し、分解する ・加熱、燃焼すると、有毒な硫黄酸化物と窒素酸化物（SOxとNOx）が発生する
貯蔵・保管法	・容器は密封し、乾燥状態を保つ ・市販品はクラフト紙袋に入った状態で流通することがある ・金属容器を腐食するので、水溶液はガラス製容器に貯蔵する ・火気や高温体との接触を避け、冷暗所に貯蔵する
消火法	・大量の水（噴霧散水）で消火する ・有毒ガスが発生するので、消火の際は、防塵マスクなどの保護具を着用する

⑩その他のもので政令で定めるもの

政令により、金属のアジ化物と硝酸グアニジンが指定されているぞ。なお、第5類危険物の消火方法はおおむね注水消火だったが、金属のアジ化物（アジ化ナトリウム）は、唯一、注水消火がNGになるぞ！！

加熱により、ナトリウム（第3類危険物）が分解発生するからですね！　他の類で学んだ知識が、こうやって他の類の学びに生きてくるんですね！

435

◆アジ化ナトリウムNaN₃

形状	・無色の板状結晶で毒性が強い ・比重1.8 ・融点300℃
特徴 ※重金属類： 鉛、銅、銀、水銀など	・水に溶けるが、エタノールに溶けにくく、ジエチルエーテルに溶けない ・加熱すると、300℃で分解し、窒素と金属ナトリウムを生じる 　⇒第3類危険物（禁水性）なので、注水消火はNGだ！！ ・アジ化ナトリウム自体に爆発性はないが、酸と反応して、有毒で爆発性のアジ化水素酸を生じる ・水があると、重金属類（※）と反応して、衝撃に敏感な爆発性の重金属のアジ化物を生じる ・かつては自動車用エアバッグに用いられていた
貯蔵・保管法	・直射日光を避け、換気の良い冷暗所に貯蔵する ・酸や金属粉（特に重金属）と隔離して保管する 　⇒貯蔵容器は、ポリエチレンやガラス製の容器とすること
消火法	・乾燥砂等で窒息消火をする。注水消火はNG！！ 　⇒第5類で唯一の特徴！！

アジ化ナトリウムから生じる物質を、しっかり区別しておくんだ！！
(1)酸と反応してアジ化水素酸、(2)水溶液が重金属と反応して重金属のアジ化物、(3)加熱分解して窒素と金属ナトリウムだな！

アジ化ナトリウム自体が水と反応するわけじゃないんですね！！

◆硝酸グアニジン

形状	・白色の結晶で有毒 ・比重1.4
特徴	・水やアルコールに溶ける ・急加熱、衝撃により爆発する恐れがある ・可燃性物質と接触すると発火する恐れがある
貯蔵・保管法	・容器は密栓し、換気の良い冷暗所に貯蔵する ・加熱や衝撃を避け、可燃物や引火性物質と隔離して貯蔵する
消火法	・水系消火剤（噴霧、泡）、乾燥砂を用いて消火する

これで第5類危険物の個別の性質は終了だ！　物質数もまあまあ多い上に、特徴的なフレーズを有する物質が多いが、さすがに一度ですべてを覚えるのは難しいだろう。でも、何度も繰り返すことで、必ず身に付くはずだ！　根気強く取り組んでくれよ！　最後に、第5類危険物のキラーフレーズ一覧を作ったから、学習の参考にしてくれよ！！

【第5類危険物攻略の巻】

（1）物質内部に酸素を含む自己反応性物質で、比重は1より大きい！
　　⇒故に、窒息消火は効果がない！！
（2）燃焼速度が極めて速く、消火が困難だが、消火の際は注水消火や泡消火剤を用いる。ただし、**アジ化ナトリウム**のみ、注水消火はNG！
　　⇒加熱分解で金属ナトリウム（第3類危険物）が生じるためだ！
（3）ほとんどの物質は有機化合物だが、無機化合物（硫酸ヒドラジン、硫酸ヒドロキシルアミン、アジ化ナトリウム）のものもある。
（4）危険物ごとに細かい貯蔵のルールがある！

貯蔵の方法	主な危険物の物品名
乾燥状態を避けるため、水で湿らせて貯蔵する。	過酸化ベンゾイル
通気性のあるフタを使用。	メチルエチルケトンパーオキサイド
常温以下で引火するので、通風の良い場所で貯蔵する。	硝酸メチル、硝酸エチル
水分やアルコールを含ませ、湿綿状態にする。	ニトロセルロース
含水状態（10%程度）にして冷暗所に貯蔵する。	ピクリン酸
水中または水とアルコールの混合液中に保存する。	ジアゾジニトロフェノール
金属製容器を使用しない（水の存在で爆発性の金属塩を生成）。	アジ化ナトリウム
乾燥状態を保って貯蔵する。	硫酸ヒドロキシルアミン

 乾燥NGの物質が多いってことだな！！

(5) 固体または液体で存在するが、以下の物質は液体である。
⇒メチルエチルケトンパーオキサイド、ニトログリセリン、過酢酸、硝酸メチル、硝酸エチル

(6) 色分けは2色のみ！

・黄組：ニトロ化合物（ピクリン酸、トリニトロトルエン）、ニトロソ化合物、ジアゾ化合物
・白組：上記以外のすべて

(7) 金属と反応して、爆発性の物質を作る物質。
⇒ピクリン酸（トルエンは作らないぞ！）、アジ化ナトリウム

Step3 暗記 → 何度も読み返せ！

□ 第5類危険物は、［自己反応性］を有する固体または液体で、比重は［1より大きい］。この物質群の多くは、物質内部に［酸素］と［窒素］を含んでいる。

□ 第5類危険物の火災の消火には、［注水消火］が効果的である。ただし、［アジ化ナトリウム］の火災については、これを使うことができない。

□ 第5類危険物の火災の消火法として、主に［窒息］効果を持った消火法については効果がない。それは以下の3種類である。
　① ［二酸化炭素消火剤］、② ［ハロゲン化物消火剤］、③粉末消火剤

□ 以下は、第5類危険物の貯蔵法についての記載である。該当する物質を語群より選べ。

①重金属類と反応するため、ガラス製またはポリエチレン製の容器に貯蔵する。　　　　　　　　　　　　　　　　　　　　　　　　　　　[f]

②金属と作用して爆発性の金属塩を生成。貯蔵時は含水状態にする。[c]

③水分やアルコールを含ませて、湿綿状態で貯蔵する。　　　　　[b]

④水または水とアルコールの混合液中に貯蔵する。　　　　　　　[e]

⑤常温で引火するため、火気を避け、密栓して換気の良い冷暗所に貯蔵する。　　　　　　　　　　　　　　　　　　　　　　　　　　[a]

⑥容器は密栓しないで、通気性のあるフタを使用する。　　　　　[d]

⑦有機過酸化物の一種で、市販品は水で湿らせて純度を下げている。[g]

---

a.硝酸メチル　b.ニトロセルロース　c.ピクリン酸
d.メチルエチルケトンパーオキサイド　e.ジアゾジニトロフェノール
f.アジ化ナトリウム　g.過酸化ベンゾイル　h.トリニトロトルエン

本章で学んだことを復習だ！　分からない問題は、テキストに戻って確認するんだ！　分からないままで、終わらせるなよ！！

問題

次の問いに答えよ。

🔥**14** 第5類危険物に共通する性状として、正しいものはいくつあるか。

> a　比重は1より大きく、分子内に可燃物と酸素供給源が共存する。
> b　無機化合物である。
> c　水と反応して水素を発生する。
> d　可燃性物質であり、燃焼速度が極めて速い。
> e　金属と反応して、爆発性の金属塩を生じる。

　　①1つ　　　②2つ　　　③3つ　　　④4つ　　　⑤5つ

🔥**15** 第5類危険物に共通する貯蔵・取扱いの注意事項として、誤っているものはいくつあるか。

> a　容器の破損や、容器からの漏えいに注意する。
> b　容器は密栓しないで、ガス抜き口を設けたものを使用する。
> c　加熱や火気、衝撃または摩擦を避けて取扱う。
> d　廃棄する場合は、できるだけひとまとめにして、土中に埋没する。
> e　湿気を避け、できるだけ乾燥した状態で貯蔵する。

　　①なし（0）　　　②1つ　　　③2つ　　　④3つ　　　⑤4つ

🔥**16** 第5類危険物（金属のアジ化物を除く）の火災に共通して有効な消火設備として、正しいものはいくつあるか。

> 乾燥砂、水噴霧消火設備、二酸化炭素消火設備、屋外消火栓設備、ハロゲン化物消火設備、泡消火設備、粉末消火設備

　　①1つ　　　②2つ　　　③3つ　　　④4つ　　　⑤5つ

🔥**17** 過酸化ベンゾイルの性状について、正しいものはどれか。
　　①特有の臭気を有する無色油状の液体である。

②分子中に「–O–O–」結合を有する化合物で、結合力が強い。

③貯蔵容器は密栓して、冷暗所に貯蔵する。

④水、アルコールによく溶ける。

⑤日光に当たっても、分解せずに安定している。

🔥18 過酢酸の性状について、次のうち誤っているものはいくつあるか。

> a 強い刺激臭を有する無色の液体である。
>
> b 水、エタノールによく溶ける。
>
> c 多くの金属を侵し、皮膚や粘膜を刺激する。
>
> d 110℃に加熱すると爆発する。
>
> e 硫酸によく溶ける。

①0（なし）　　②1つ　　③2つ　　④3つ　　⑤4つ

🔥19 硝酸エステル類に属する物質は、次のうちいくつあるか。

> 硝酸エチル、トリニトロトルエン、トリニトロフェノール（ピクリン酸の別名）、ジニトロベンゼン、ニトロセルロース

①1つ　　②2つ　　③3つ　　④4つ　　⑤5つ

🔥20 硝酸エチルの性状として、正しいものはどれか。

①水より軽く、水にわずかに溶ける。　　②無色無臭の粉末である。

③窒素を含有する難燃性の化合物である。

④窒息消火が効果的である。　　⑤引火点は常温以下である。

🔥21 次のa〜cの条件に全てあてはまる物質はどれか。

> a 無色の油状液体である。b 分子内にニトロ基を3つ有している。
> c 硝酸エステル類で、凍結させると感度が高まり爆発の恐れがある。

①ピクリン酸　　②ニトロセルロース　　③過酸化ベンゾイル

④ニトログリセリン　　⑤トリニトロトルエン

🔥22 ニトロセルロースの性状について、誤っているものはいくつあるか。

> a 含有窒素量の多いものほど、危険性が増大する。
>
> b 水とアルコールにはほとんど溶けない。
>
> c 日光によって分解し、自然発火することがある。
>
> d 強綿薬をある種の溶剤に溶かしたものが、コロジオンである。
>
> e 水やアルコールで湿綿状態として保存する。

①1つ　　②2つ　　③3つ　　④4つ　　⑤5つ

🔥23 トリニトロトルエンの性状について、正しいものはどれか。

①溶解すると、固体よりも衝撃に対して敏感になり、爆発の危険性が高まる。

②金属と作用して、爆発性の金属塩を生じる。

③水やジエチルエーテルによく溶ける。

④比重は1より小さい。

⑤ピクリン酸よりも不安定な物質である。

🔥24 ピクリン酸の性状について、正しいものはいくつあるか。

> a　苦みを有する黄色結晶で、有毒である。
>
> b　トリニトロフェノールとも呼ばれる。
>
> c　乾燥状態で安定するため、水分との接触を避ける。
>
> d　水分を含むと、発火・爆発の危険性が増大する。
>
> e　冷水には溶けにくいが、熱水には溶ける。

①1つ　　　②2つ　　　③3つ　　　④4つ　　　⑤5つ

解答

🔥14　②→テーマNo.65

正しい記述は、a、dの②2つだ。誤りの記述については、以下の通り確認しておくんだ！

b　無機化合物である。⇒有機化合物が多く、無機化合物もいくつか含まれるぞ。

c　水と反応して水素を発生する。

　　⇒第5類危険物は、水とは反応しないぞ。

e　金属と反応して、爆発性の金属塩を生じる。

　　⇒「共通する性状」という点で見ると×だ。記述のようになる第5類危険物は、ピクリン酸とアジ化ナトリウムの2つのみだからだ！

🔥15　④→テーマNo.65

誤りの記述は、b、d、eの④3つだ。誤りの記述については、以下の通りだ。なお、a、cは正しい記述だ！　問題14同様、「共通する性状」という言葉に気を付けよう！

b　容器は密栓しないで、ガス抜き口を設けたものを使用する。

　　⇒記載の方法で貯蔵するのは、メチルエチルケトンパーオキサイドのみ

だ！第5類危険物は、原則密栓貯蔵だぞ。

d　廃棄する場合は、できるだけひとまとめにして、土中に埋没する。

⇒ひとまとめにせず、小分けにして

e　湿気を避け、できるだけ乾燥した状態で貯蔵する。

⇒記載の方法で貯蔵するのは、硫酸ヒドロキシルアミンのみだ。

第5類危険物の多くは、湿潤状態で保存するぞ。

🔥 16　③ →テーマNo.65＆66

問題文のカッコ内に「金属のアジ化物を除く」とあるので、注水消火がNG
となるアジ化ナトリウムを除くことになり、第5類危険物の火災において、
有効となる一般的な消火法を選べばよいことになるぞ。

本問では、乾燥砂、水噴霧消火設備、泡消火設備の③3つが正解だ。

🔥 17　③ →テーマNo.66

正しいのは③だ。誤りの記述については、以下の通りだ。

①特有の臭気を有する無臭で無色油状の液体の粒状結晶である。

②分子中に「–O–O–」結合を有する化合物で、結合力が強い弱い。

④水、アルコールによく溶けるほとんど溶けない。

⑤日光に当たっても、分解せずに安定している分解が促進される。

🔥 18　① →テーマNo.66

記述の内容は、全て正しいので、誤っているものは①なしだ。

🔥 19　② →テーマNo.66

硝酸エステル類は、硝酸の水素原子をアルキル基で置換した化合物のこと
で、第5類危険物に属する硝酸エステル類は、硝酸エチル、ニトロセルロー
スの②2つが正解だ。

この他、硝酸メチル、ニトログリセリン等が該当するぞ。

🔥 20　⑤ →テーマNo.66

⑤が正解だ。硝酸エチルの引火点は10℃だ。なお、他の誤りの記述につい
ては、以下の通りだ。

①水より軽く重く、水にわずかに溶ける。

②無色無臭の粉末甘味のある無色透明の液体である。

③窒素を含有する難燃性可燃性の化合物である。

④窒息消火が効果的であるがない。⇒注水消火が有効だ！

🔥 21　④ →テーマNo.66

条件cより、硝酸エステル類は②と④に絞られ、条件aより、④ニトログリセリンに絞られるぞ。ニトロセルロースは無色無臭の綿状固体だ。

🔥 **22** ① →テーマNo.66

記述のうち、誤っているのはdの①1つだ。

d 強弱綿薬をある種の溶剤に溶かしたものが、コロジオンである。

他の記述は正しいので、このまま覚えておこう！

🔥 **23** ① →テーマNo.66

正しい記述は①だ。なお、他の誤りの記述については、以下の通りだ。

②金属と作用して、爆発性の金属塩を生じる。

⇒ピクリン酸の特徴だ！　トリニトロトルエンは爆発性の金属塩を生じないぞ！

③水に溶けず~~や~~ジエチルエーテルによく溶ける。

④比重は1より~~小さい~~大きい。

⑤ピクリン酸よりも~~不~~安定な物質である。

🔥 **24** ③ →テーマNo.66

正しい記述は、a、b、eの③3つだ。誤りの記述については、以下の通り。

c　乾燥状態で~~安定するため、水分との接触を避ける。~~

　⇒不安定となり危険度が増大する。その場合の対策は以下に続くぞ。

d　水分を含むと、発火・爆発の危険性が~~増大~~低下する。

　⇒貯蔵する際は、含水状態にして保管するんだ！

問題

次の文章の正誤を述べよ。

🔥 **25** 次のうち、加熱によって有毒なシアン化水素（青酸ガス）を発生する可能性のあるものはどれか。

①アジ化ナトリウム　　②硫酸ヒドラジン　　③過酢酸

④ヒドロキシルアミン　　⑤アゾビスイソブチロニトリル

🔥 **26** ジアゾジニトロフェノールの性状として、誤っているものはどれか。

①摩擦や衝撃により、容易に爆発する。

②水と激しく反応するので、乾燥状態で貯蔵する。

③黄色の粉末である。

④加熱をすると、爆発的に分解する。

⑤光により褐色に変色する。

🔥 **27** 硫酸ヒドラジンについて、誤っているものはいくつあるか。

> a　無色透明の液体で、還元性が強い。
>
> b　アルカリと接触すると、ヒドラジンを遊離する。
>
> c　冷水に溶けないが、温水に溶ける。
>
> d　燃焼しても、有毒なガスは発生しない。
>
> e　火気や日光を避けて、冷暗所で貯蔵する。

①1つ　　②2つ　　③3つ　　④4つ　　⑤5つ

🔥 **28** 硫酸ヒドロキシルアミンの性状として、正しいものはいくつあるか。

> a　アルカリとの接触で激しく分解するが、酸化剤に対しては安定している。
>
> b　潮解性を有しているので、乾燥した場所で容器は密栓貯蔵する。
>
> c　水溶液は、ガラス製容器に貯蔵する。
>
> d　加熱や燃焼により、有毒ガスを発生する恐れがある。
>
> e　エーテルやアルコールによく溶ける。

①1つ　　②2つ　　③3つ　　④4つ　　⑤5つ

🔥 **29** アジ化ナトリウムについて、次のうち誤っているものはどれか。

①水より重く、水に溶けにくい無色の板状結晶である。

②酸と反応して、有毒で爆発性のアジ化水素酸を発生する。

③重金属と反応して、衝撃に敏感な爆発性の重金属アジ化物を生じる。

④空気中で急加熱すると、激しく分解し爆発することがある。

⑤火災時には注水消火は厳禁である。

解答

🔥 **25** ⑤ →テーマNo.66

シアン化水素（青酸ガス）は、HCNで表されるので、分子内に「CN」の結合を有している物質から、シアン化水素が発生するぞ。

選択肢を見ると、⑤アゾビスイソブチロニトリルは、分子式$[C(CH_3)_2CN]_2N_2$で表され、「CN」を有しているので、これが正解だ。

🔥 **26** ② →テーマNo.66

ジアゾジニトロフェノールは、水とは反応せず、水中に貯蔵するぞ。乾燥状態での貯蔵がNGになるので、本問は記載が逆になっているから×なんだ！

🔥 **27** ② →テーマNo.66

誤っている記述は、a、dの②2つだ。他の正しい記述は、このまま覚えておこう！　誤りの記述については、以下の通り。

a　~~無色透明の液体~~白色の結晶で、還元性が強い。

d　燃焼しても、有毒なガスは~~発生しない~~。

　　⇒融点以上に加熱すると、分解して有毒なアンモニア、二酸化硫黄、硫化水素、硫黄を発生するぞ。

🔥 **28** ③ →テーマNo.66

正しい記述は、b、c、dの③3つだ。誤りの記述については、以下の通り。

a　アルカリとの接触で激しく分解するが、~~酸化剤に対しては安定している~~。

　　⇒酸化剤と激しく反応するぞ。

e　~~エーテルやアルコールによく溶ける~~。

　　⇒水によく溶けるが、アルコールやエーテルには溶けないぞ。

🔥 **29** ① →テーマNo.66

誤りの記述は①だ。

①水より重く、水に~~溶けにくい~~溶けやすい無色の板状結晶である。

他の選択肢②〜⑤は正しい記述なので、アジ化ナトリウムの特徴として、そのまま覚えておこう！

第6類危険物の
性質を学ぼう!

本章では、第6類危険物について学習するぞ。

第1類危険物と同じ酸化性の物質で、全て液体だ。

属する品目数が4と最も少ない類なので、出題ポイントに絞って効率よく学習に取り組もう!

数が少ないので学習は取り組みやすいが、そこで油断して見落としがないように、気合入れて臨んでくれ!!

第6類に共通する特性をチェックしよう！

このテーマでは、第6類危険物に共通する特性について学習するぞ。第1類危険物同様、不燃性の酸化性物質で、6類は全て液体だ。常に原則を意識して、この後の個別の性質を見ていくことで学習が効率よく進むんだ。さあ、原則（基本）を徹底的にマスターするぞ！！

Step1 図解 目に焼き付けろ！

第6類危険物に共通する特性

性状は？

第6類
危険物

貯蔵・
取扱法は？

消火法は？

常に意識しておくことは「第6類危険物に共通する一般的特性は？」だ！これを原則として理解し、それと異なる性状について、個別に覚えるという取り組みをすると効率よく学習できるぞ！

Step2 解説 爆裂に読み込め！

→ 超重要！ 第6類危険物に共通する特性をチェックしよう！

　第6類危険物は全部で4品目と数が少ないので、各物質の性質については、深く掘り下げた知識が必要になってくるぞ。深く掘り下げた内容といっても、やはり重要なのは原則となる第6類に共通する性状を理解することだ。それを常に念頭に置きながら、個別の性質を見ていけばよいので、取り組み方はこれまでと一緒だ！　まずは第6類に共通する性状を見ていくぞ！

第12章

第6類危険物の性質を学ぼう！

表65-1：第6類に共通する性質等

性状	・自らは燃えず（不燃性）、無機化合物である。 　※炭素を含まない物質 ・酸化性の液体で、比重が1より大きい（水より重い）。 ・強酸化剤として、可燃物、有機物、還元剤と接触すると、発火することがある。 ・水と激しく反応して、発熱するものがある。 ・腐食性があり、皮膚を侵す。 ・発生する蒸気は有毒である。
貯蔵・取扱法	・酸化力が強いため、可燃物及び有機物、還元剤との接触を避ける。 ・貯蔵容器は耐酸性とし、密栓して通風の良い冷暗所に貯蔵する。 　⇒上記を原則とし、過酸化水素については例外として、通気性のあるフタを使用。 　第5類危険物のメチルエチルケトンパーオキサイドと同じだな！ ・火気、直射日光を避ける。 ・水と反応するものは、水との接触を避ける。 ・取扱う際に、防じんマスク等の保護具を着用する。
消火法	・燃焼物に適応する消火剤を使用すること。ただし、ハロゲン間化合物は水と激しく反応して有毒ガスを発生するので、水系消火剤の使用はNGだ！

適応する消火剤	不適応の消火剤
水・泡消火剤 粉末消火剤（リン酸塩類） 乾燥砂	二酸化炭素消火剤 ハロゲン化物消火剤 粉末消火剤（炭酸水素塩類）

これまでの学習で見てきた、個性的な文言を持つ物質の特徴と同じモノが、ちらほらと出てますね！

「不燃性の酸化性液体」という第6類に共通する性状を常に意識して、原則＋αというこれまでと同じような姿勢で取り組めば、確実に攻略できるぞ！

Step3 暗記 ➤ 何度も読み返せ！

- ☐ 第6類危険物は [不燃性] の [酸化性] 液体で、比重は [1より大きい]。
- ☐ [強酸化剤] として、可燃物や [有機物]、[還元剤] と激しく反応して、発熱する。
- ☐ [腐食性] があり、皮膚を侵す。また、[蒸気] は有毒のため、取り扱う際は、[保護具] を着用して行うこと。
- ☐ 貯蔵容器は [耐酸性] とし、密栓して貯蔵することを原則とする。ただし、[過酸化水素] については、密栓せずに [通気性のあるフタ] を用いる。
- ☐ 第6類危険物の火災の消火には、注水消火、[乾燥砂]、粉末消化剤（[リン酸塩類]）が有効である。ただし、[ハロゲン間化合物] については、反応により有毒ガスを発生するので、[注水消火] はNGとなる。
- ☐ 第6類危険物の火災の消火に効果がない方法は、以下の通りである。ハロゲン化物消火剤、[二酸化炭素] 消火剤、粉末消火剤（[炭酸水素塩類]）

No. 66 /66 第6類の危険物はコレだ！

このテーマでは、第6類危険物の個々の性質について学習するぞ。最も品目数の少ない類で、4品目（①〜④）に分類されるが、出題数は他の類と同数だからこそ、気を抜かないでしっかりと取り組もう！　さあ、ラストスパートだ！　気合入れてくれよ！！

Step1 図解　目に焼き付けろ！

第6類の危険物

①過塩素酸
②過酸化水素
③硝酸
④その他のもので政令で定めるもの

> 細かい内容が出るよ！

> 「濃」「希」「発煙」区別に注意！！

> 常に意識しておくことは「第6類危険物に共通する一般的性状は？」だ！　これと同じであれば、一般的性状と同じとして理解し、それと異なる性状について、個別に覚えるという取り組みをすると、効率よく学習することができるぞ！　品目数が少ない分、細かい内容も出題されているので、気を抜かないように全力で取り組んでくれ！！

Step2 解説　爆裂に読み込め！

→ 第6類危険物の個別の性質を見ていくぞ!

　それでは早速本題だ。Step1図解を見ると全部で4品目しかないのに、出題数は他の類同様に2〜3問あるので、実質全て出ると思って、抜け漏れなく取り組んでくれ！

　ここで改めて個別の性質についてチェックしよう！　以下、4品目の性状を見ていくぞ。

①過塩素酸（酸素数が「4」の塩素酸！）　$HClO_4$

　第1類危険物で見た「過塩素酸塩類」は、この過塩素酸の水素原子が金属（または陽イオン）で置換した塩類だ。過塩素酸は第6類（液体）なので、混同に注意しよう！

形状	・比重1.8　・無色で刺激臭のある油状液体
特徴 ※水素よりイオン化傾向の大きい金属と反応する	・強酸化剤で、アルコールなどの有機物、可燃物と接触すると、発火、爆発する恐れがある ・水に溶けやすく、接触すると激しく発熱する（発火はしない） ・空気中で強く発煙する ・不燃性だが、加熱により腐食性ガス（塩化水素HClと塩素）を発生して、爆発する ・強酸性を呈する水溶液は、金属と反応して水素を発生する（※） ・無水物は、イオン化傾向の小さい銅、銀とも反応して酸化物を生じる ・有毒で腐食性を有し、皮膚に触れると薬傷を起こす
貯蔵・保管法	・火気、日光、可燃物、還元剤との接触を避け、耐酸性の容器を密栓して通気性の良い冷暗所で貯蔵 ・腐食性があるので、ガラス瓶を使用する。鋼製容器はNG ・無水物は自然分解するので、定期的に検査を行う（汚損や変色したものは直ぐ廃棄する）
消火法	・大量の水を使い噴霧注水を行う ⇒水により発熱しても、発火や爆発を起こさないため ・流出した場合、ソーダ灰（炭酸ナトリウム水溶液）やチオ硫酸ナトリウムで十分に中和してから、大量の水で洗い流す

消火法として、乾燥砂で過塩素酸を覆って吸い取り、流出面積の拡大を防ぐことも有効だ。過去の試験では、「ボロ布に染み込ませる」、「おがくずを撒いて吸い取る」という問題が出題されたこともあるが、ボロ布もおがくずも共に可燃物で、第6類危険物（酸化剤）との接触はNGになるから、×になるぞ！

②過酸化水素（水素の過酸化物！）　H_2O_2

水素の酸化物は、水H_2Oだ。酸素が1つ増えると、過酸化物として、過酸化水素になるぞ。濃度3％の水溶液は小学校の保健室でお世話になったオキシドール（消毒液）になるが、高濃度なものほど危険性が大になるぞ。

第
12
章

第6類危険物の性質を学ぼう！

形状	・比重1.5 ・無色で粘性のある油状液体
特徴	・水に溶けやすく、アルコールにも溶ける。ベンゼンに溶けない ・特殊な刺激臭を有する ・水溶液は弱酸性 ・有機物や可燃物及び金属粉と接触すると、発火または爆発する ・極めて不安定で、濃度50％以上では常温でも酸素と水に分解 　$2H_2O_2 \rightarrow 2H_2O + O_2$ ・熱または日光により分解し、酸素と水になる ・塩基性のアンモニアと接触すると、爆発する危険性がある ・強酸化剤ではあるが、反応相手（過マンガン酸カリウム等）がより強力な酸化剤の場合は、自身が還元剤として働く ・高濃度のものは、皮膚に触れると薬傷を起こす
貯蔵・保管法	・極めて不安定な物質のため、安定剤として、リン酸、尿酸、アセトアニリドを用いる ・耐酸性の容器を密栓せず、通風のよい冷暗所で保管する。
消火法	・大量の水を使い噴霧注水を行う

第6類危険物で唯一、安定剤が必要になるのが過酸化水素だよ。

③硝酸HNO₃（3つの硝酸の違いに気を付けよ！）

アンモニアNH_3の酸化によって、工業的に作られるぞ。強酸化剤で、イオン化傾向の小さい金属（銅、水銀、銀）とも反応するんだ。

形状	・比重1.5 ・刺激臭を有する無色の液体 　⇒分解が進み二酸化窒素が生じると黄褐色を呈する
特徴 ※反応するのは、水素よりイオン化傾向の小さい金属で、銅、水銀、銀だが、プラチナPtと金Auには反応しない	・水と任意の割合で解け、発熱 ・水溶液は強酸性 ・湿った空気中で褐色に発煙する ・金属と接触すると、金属を溶かして腐食させ、硝酸塩を生じる※ ・濃度の薄いものを希硝酸、濃いものを濃硝酸という ・鉄やニッケル、アルミニウムに対して、希硝酸は腐食により溶かすが、濃硝酸はこれらの金属表面に不動態被膜（酸化被膜）を形成し、腐食しない ・加熱または日光、金属粉との接触により分解して黄褐色となり、酸素と有毒な窒素酸化物を発生 ・有機物（紙、木材、かんなくず、布等）と接触すると発火、爆発する恐れがある ・蒸気は不燃性だが、極めて有毒で毒性が強い ・皮膚に触れると、重度の薬傷を起こす ・酸化力が極めて強く、以下の物質と接触すると発火または爆発する 　⇒二硫化炭素、アルコール、アミン類、アセチレン、ヒドラジン、濃アンモニア水
貯蔵・保管法	・火気、日光、可燃物、金属粉との接触を避ける ・耐酸性の容器を密栓して、通風の良い冷暗所に貯蔵する ・ほとんどの金属を腐食（銅、鉛はNG）するが、比較的安定なステンレスやアルミニウム製の容器を使用する 　⇒希硝酸は反応するのでNG
消火法	・燃焼物に対応した消火法を採用する。水や泡等の水系消火剤を使用 ・流出した際は、過塩素酸と同様に処理を行う

硝酸自体は第6類危険物（不燃性）だけど、強酸化剤で他の物質と接触すると発火や爆発を起こすんですね！

硝酸は多くの金属を腐食するが、その硝酸を持ってしても腐食できないプラチナと金は、王水（塩酸：硝酸＝3：1の混合溶液）を使うと溶かすことができるんだ。覚えておこう！

◆発煙硝酸

硝酸濃度（濃硝酸、希硝酸）による違いは、金属腐食性（不動態被膜生成の有無）と分かったと思うが、濃硝酸をさらに強力な酸化性を有する物質にしたものが発煙硝酸だ。これは、濃硝酸に気体の二酸化窒素を加圧飽和（溶け込ませた）したもので、空気中に置くと、赤褐色または赤色の煙が発生するため、発煙硝酸というんだ。

形状	・比重1.5以上 ・純粋な硝酸を86％以上含む ・刺激臭のある赤色または赤褐色の液体
特徴	・空気中で有毒な褐色ガス（二酸化窒素）を発生する ・濃硝酸よりもさらに酸化力が強い

④その他のもので政令で定めるもの（3種類のハロゲン間化合物）

第6類危険物として、ハロゲン間化合物のみ該当するぞ。2種類の異なるハロゲン元素が結合した化合物の総称で、以下の3つが該当するんだ。なお、ハロゲン間化合物は、フッ素原子を多く含む物質ほど反応性が高く、ほとんどの金属・非金属と反応してフッ化物を作るんだ！

ハロゲンの反応性は、F＞Cl＞Br＞Iでしたよね、それと同じでフッ素の多いハロゲン間化合物ほど危険ということですね！！

貯蔵・保管法、消火法は3物質に共通しているので、以下の通りだ。

第12章 第6類危険物の性質を学ぼう！

【共通する性状】

貯蔵・保管法	・水及び可燃物と接触させない ・貯蔵容器は密栓する ・ポリエチレン製の容器を使用し、ガラス製の容器は使用NG 　⇒フッ化水素の水溶液（フッ化水素酸）はガラスを侵すため
消火法	・粉末消火剤（リン酸塩類）、乾燥砂を用いて消火する ・水と反応してフッ化水素を生じるので、注水消火がNG

水と反応してフッ化水素を生じるから注水消火はNGで、この水溶液（フッ化水素酸）がガラスを腐食するので、ガラス製の容器は使用NGなんですね！

物質名	特徴	共通する形状等
三フッ化臭素 BrF$_3$	比重2.8 毒性と腐食性がある 水と反応して酸素を発生 低温で固化する	・刺激臭を有する無色の液体 ・揮発性、発煙性がある ・水と激しく反応して、有毒ガスのフッ化水素を発生 ・可燃物や有機物と接触すると自然発火し、爆発的に燃焼する
五フッ化臭素 BrF$_5$	比重2.5 三フッ化臭素よりも反応性に富む	
五フッ化ヨウ素 IF$_5$	比重3.2	

これで第6類危険物の個別の性質は終了だ！　最も少ない4品目だが、個性的な物質が多いので、軽んじることなく、何度も繰り返すことで、必ず身に付けて満点を目指すんだ！　最後に、第6類危険物のキラーフレーズ一覧を作ったから、学習の参考にしてくれよ！！

【第6類危険物攻略の巻】

(1) 不燃性の酸化性液体（強酸化剤）で、比重は1より大きい！

(2) 加熱により酸素を発生する（過塩素酸、ハロゲン間化合物除く！）

　　⇒酸化剤（酸素供給源）だから、当然だ！

(3) いずれも刺激臭を有していて、発煙硝酸以外は無色！

　　⇒発煙硝酸の赤色は、二酸化窒素の赤色！

(4) 過塩素酸と硝酸は強酸性、過酸化水素は弱酸性！

(5) ハロゲン間化合物を除き、水に溶けやすい。

(6) ハロゲン間化合物は水と反応してフッ化水素を生じる！

　　⇒故に、注水消火はNG！！

(7) 過酸化水素のみ、通気性のあるフタを使用する（密栓しない）

　　⇒その他の危険物は全て密栓だ！　なお、他に密栓しない危険物は、**メチルエチルケトンパーオキサイド**（第5類危険物）のみだ！

(8) 　燃焼物に適応する消火剤を使用すること。ただし、ハロゲン間化合物は水と激しく反応して有毒ガスを発生するので、水系消火剤の使用はNGだ！

適応する消火剤	不適応の消火剤
水・泡消火剤 粉末消火剤（リン酸塩類） 乾燥砂	二酸化炭素消火剤 ハロゲン化物消火剤 粉末消火剤（炭酸水素塩類）

第 **12** 章

第6類危険物の性質を学ぼう！

Step3 暗記 何度も読み返せ！

- ☐ 過塩素酸は、[無] 色の発煙性液体で、[刺激臭] を有する。
- ☐ 過塩素酸は強酸性で、多くの金属と反応して [水素] を発生する。
- ☐ 過塩素酸を加熱すると腐食性のある [塩化水素] と [塩素] のガスを発生する。また、加熱により爆発する恐れがある。
- ☐ 過酸化水素は、[無] 色の [粘性] ある液体で、[刺激臭] を有する。常温でも [酸素] と [水] に分解する。分解しやすい物質なので、安定剤として、[リン酸]、尿酸、[アセトアニリド] を添加して貯蔵する。
- ☐ 過酸化水素を貯蔵する際は、[通気性のあるフタ] を使用して、密栓しない。
- ☐ 純粋な硝酸は [無] 色だが、分解が進んで [二酸化窒素] が生じると [黄褐] 色を呈する。
- ☐ イオン化傾向が水素より [大きい] アルミニウムや鉄、ニッケルに対して [希硝酸] は反応して水素を発生する。しかし、[濃硝酸] はこれらの金属表面で [不動態被膜（または酸化被膜）] を形成し、反応しない。
- ☐ 濃硝酸に [二酸化窒素] を加圧してさらに溶かしたものが [発煙硝酸] で、より酸化力が強い物質である。
- ☐ ハロゲン間化合物は [無] 色の液体で、水と反応して [フッ化水素] を生じる。この水溶液は [ガラス] を侵すので、貯蔵する容器はポリエチレン製の容器とする。
- ☐ ハロゲン間化合物の反応性は、分子中に含まれる [フッ素] 原子が多いものほど激しい。

模擬問題

模擬問題 第1回
解答解説

　テキストの内容を理解したら、本番形式の模擬問題に挑戦しましょう。試験前の実力試しで取り組んでください。

　試験方法と時間は、実施する都道府県ごとに異なりますので、受験地の試験形式を確認しましょう。本書では本書内とWebダウンロード特典の合計2回分の模擬試験を用意しています。時間は比較的余裕がありますから、焦らずに取り組んでみましょう。

　2回目のWeb提供分については、xiページをご参照ください。

危険物に関する法令

問題1 法に定める各類の危険物の性質、品名について、次のうち誤っているものはどれか。

(1) 第1類の危険物は酸化性固体で、塩素酸塩類、亜塩素酸塩類等がある。

(2) 第2類の危険物は可燃性固体で、硫黄、黄リン等がある。

(3) 第3類の危険物は自然発火性物質及び禁水性物質で、カリウム、アルキルアルミニウム等がある。

(4) 第5類の危険物は自己反応性物質で、硝酸エステル類、ジアゾ化合物等がある。

(5) 第6類の危険物は酸化性液体で、硝酸、過酸化水素等がある。

問題2 指定数量の倍数の合計が最も大きい危険物の組合せは、次のうちどれか。

(1) ガソリン2,000Lと灯油6,000L

(2) 灯油3,000Lと重油5,000L

(3) 重油4,000Lと軽油4,000L

(4) 軽油5,000Lとシリンダー油3,000L

(5) シリンダー油6,000Lとガソリン2,000L

問題3 法令上、予防規程について、次のうち誤っているものはどれか。

(1) 予防規程は、製造所等の火災を予防するために定めるもので、市町村長等の認可を受けなければならない。

(2) 製造所等の危険物取扱者は、予防規程を定めなければならない。

(3) 予防規程を定めなければならない製造所等で、それを定めずに危険物を貯蔵し、又は取り扱った場合は罰せられることがある。

(4) 予防規程に関して、火災予防のため必要があるときは、市町村長等から予防規程の変更を命ぜられることがある。

(5) 製造所等の所有者等及びその従業者は、予防規程を守らなければならない。

問題4 法令上、次の製造所等のうち、当該建築物その他の工作物の周囲に、一定の空地を保有しなければならない旨の規定が設けられているものだけを掲げているのはどれか。

(1) 屋外タンク貯蔵所、移動タンク貯蔵所、屋外貯蔵所

(2) 製造所、屋外タンク貯蔵所、屋外貯蔵所

(3) 製造所、屋内タンク貯蔵所、地下タンク貯蔵所

(4) 製造所、移動タンク貯蔵所、屋外タンク貯蔵所

(5) 一般取扱所、第2種販売取扱所、屋外貯蔵所

問題5 法令上、危険物とその消火に適応する消火器との組合せについて、次のうち誤っているものはどれか。

	第5種消火設備 （消火器）	第4類 危険物	第5類 危険物	第6類 危険物
(1)	二酸化炭素	○		
(2)	強化液（霧状）	○	○	○
(3)	水（棒状）		○	○
(4)	泡	○	○	○
(5)	粉末（リン酸塩類等）	○	○	

注：表中の○印は、消火設備がそれぞれ適応するものであることを示す。

....

問題6 灯油、軽油及び重油を貯蔵する3基の屋外貯蔵タンクで、それぞれの容量が10,000L、30,000L及び60,000Lのものを同一敷地内に隣接して設置し、この3基が共用する防油堤を造る場合、法令上、この防油堤の最低限必要な容量として、次のうち正しいものはどれか。

(1) 10,000L
(2) 30,000L
(3) 60,000L
(4) 66,000L
(5) 90,000L

問題7 法令上、給油取扱所に給油又はこれに附帯する業務のための用途に供する建築物として設置することができないものは、次のうちどれか。

(1) 自動車等に給油するために出入する者を対象とした飲食店
(2) 自動車等の洗浄のために出入する者を対象とした店舗
(3) 給油取扱所の管理者が居住する住居
(4) 自動車等の点検・整備を行う作業場
(5) ガソリンの詰替えのための作業場

問題8 法令上、仮使用に関する次の文の下線部分【A】～【C】について、正誤の組合せとして正しいものはどれか。

「製造所、貯蔵所又は取扱所の位置、構造又は設備を変更する場合において、当該製造所、貯蔵所又は取扱所のうち当該変更の【A】工事に係る部分の全部又は一部について【B】所轄消防長又は消防署長の【C】承認を受けたときは、完成検査を受ける前においても、仮に、当該【C】承認を受けた部分を使用することができる。」

	A	B	C
(1)	○	×	×
(2)	×	○	×
(3)	○	○	×
(4)	×	×	○
(5)	×	○	○

注：表中の○は正、×は誤を表すものとする。

問題9 法令上、市町村長等から製造所等の許可の取消し又は使用停止を命ぜられる事由に該当しないものは、次のうちどれか。

(1) 法令で定める定期点検の時期を過ぎたが、外観上異常がないので、点検時期を次年度に延長することとした。
(2) 貯蔵し、又は取り扱う危険物の数量を変更しないで、製造所等の危険物を取り扱うポンプ設備を、許可を受けずに増設した。
(3) 配管の漏えい部分の改修を命ぜられたが、改修の履行期間を過ぎても、そのまま使用を継続した。
(4) 製造所等の構造の変更工事が完成したので、完成検査を受ける前に使用を開始した。
(5) 製造所等の位置、構造及び設備の変更を要しない範囲で危険物の品名及び数量を変更したが、届出を行わなかった。

問題10 法令上、免状の記載事項として定められていないものは、次のうちどれか。

(1) 氏名及び生年月日
(2) 過去10年以内に撮影した写真
(3) 居住地の属する都道府県
(4) 免状の交付年月日及び交付番号
(5) 免状の種類

問題11 法令上、危険物の取扱作業の保安に関する講習（以下「保安講習」という。）について、次のうち誤っているものはどれか。

(1) 製造所等において、保安講習を受けた日から引き続き危険物の取扱作業に従事している危険物取扱者は、その日以後における最初の4月1日から3年以内に保安講習を受けなければならない。

(2) 全国どの都道府県でも保安講習を受けることができる。

(3) 製造所等において、危険物の取扱作業に従事することとなった日から過去2年以内に、保安講習を受けている場合は、保安講習を受けた日以後における最初の4月1日から5年以内に保安講習を受けなければならない。

(4) 製造所等において、危険物の取扱作業に従事しなくなった危険物取扱者又は従事していない危険物取扱者は、保安講習を受ける義務はない。

(5) 危険物取扱者免状の交付を受け2年を超えた後に、製造所等において危険物の取扱作業に従事することとなった場合は、従事することとなった日から1年以内に保安講習を受けなければならない。

・・・

問題12 法令上、危険物を貯蔵する場合の技術上の基準において、移動タンク貯蔵所に備え付けておかなければならない書類に該当しないものは、次のうちどれか。

(1) 完成検査済証

(2) 定期点検の点検記録

(3) 危険物貯蔵所譲渡引渡届出書

(4) 危険物保安監督者選任・解任届出書

(5) 危険物貯蔵所品名、数量又は指定数量の倍数変更届出書

問題13 法令上、製造所等における危険物の貯蔵及び取扱いの技術上の基準について、次のうち誤っているものはどれか。

(1) 製造所等においては、許可若しくは届出に係る品名以外の危険物であっても、危険性の少ないものであれば貯蔵することができる。
(2) 危険物を貯蔵し、又は取り扱う場合においては、当該危険物が漏れ、あふれ、又は飛散しないように必要な措置を講じなければならない。
(3) 可燃性の液体又は可燃性の蒸気が滞留するおそれのある場所では、電線と電気器具とを完全に接続し、かつ、火花を発する機械器具、工具、履物等を使用してはならない。
(4) 危険物を収納した容器を貯蔵し、又は取り扱う場合は、みだりに転倒させ、落下させ、衝撃を加え、又は引きずる等粗暴な行為をしてはならない。
(5) 危険物を貯蔵し、又は取り扱う建築物は、当該危険物の性質に応じ、遮光又は換気を行わなければならない。

....

問題14 法令に定める定期点検の点検記録に記載しなければならない事項として、規則に定められていないものは次のうちどれか。

(1) 点検をした製造所等の名称
(2) 点検の方法及び結果
(3) 点検年月日
(4) 点検を行った危険物取扱者若しくは危険物施設保安員又は点検に立会った危険物取扱者の氏名
(5) 点検を実施した日を市町村長等へ報告した年月日

問題15 法令上、危険物を車両で運搬する場合、次のうち正しいものはどれか。

（1）類を異にする危険物の混載は、一切禁止されている。

（2）運搬容器の材質、最大容積については、特に基準はない。

（3）指定数量未満の危険物を運搬する場合であっても、運搬に関する基準が適用される。

（4）金属製ドラムで危険物を運搬する場合は、収納口を側方に向けて積載できる。

（5）指定数量以上の危険物を運搬する場合は、すべて市町村長等に届け出なければならない。

▌物理学及び化学

問題16 次の物質の組合せのうち、常温（20℃）、$1.013×10^5Pa$（1気圧）において、いずれも通常、表面燃焼するものはどれか。

（1）メタノール、アルミニウム粉

（2）エタノール、ガソリン

（3）木炭、アルミニウム粉

（4）木炭、木材

（5）木材、ガソリン

問題17 メタノール3molが完全燃焼するときに消費される酸素の常温 (20℃)、1.013×10⁵Pa（1気圧）における体積として、次のうち最も近いものはどれか。ただし、0℃、1.013×10⁵Pa（1気圧）での気体1molの体積は、22.4Lとする。

(1) 54.1L
(2) 67.2L
(3) 100.8L
(4) 108.2L
(5) 216.4L

....

問題18 燃焼に関する一般的な説明として、次のうち誤っているものはどれか。

(1) 物質が酸素と反応して酸化物を生成する反応のうち、熱と光の発生を伴うものは燃焼と呼ばれる。
(2) 燃焼が起こるには、可燃物と酸素供給源および反応を開始させるための点火源が必要である。
(3) 可燃物が完全燃焼した場合は、より安定した酸化物に変わる。
(4) 有機物の燃焼では、酸素が不足した場合には一酸化炭素、すすなどが生成される。
(5) 燃焼に必要な酸素供給源は、空気であり、可燃物自身が含有する酸素は、酸素供給源に該当しない。

問題19 引火性の物質を取り扱う施設内で、作業を行うにあたっての帯電防止策として、適切でないものは次のうちどれか。

(1) 履物を導電性のものにする。
(2) 接地用リストストラップを装着する。
(3) 施設内への入室時には、接地棒に素手で触れる。
(4) 床に散水する。
(5) 作業服は、素早く脱着する。

....

問題20 二酸化炭素消火剤について、次のA～Dのうち、正しいものの組合せはどれか。

A 空気より軽いので、密閉された場所でしか消火に使用できない。
B 空気中に放出すると、酸素濃度を低下させるので窒息消火の効果がある。
C 油火災や電気火災の消火に適している。
D 二酸化炭素は、密閉された場所で放出しても人体の危険はなく安心して使用できる。
(1) AとB
(2) AとC
(3) BとC
(4) BとD
(5) CとD

問題21 次に掲げる単体、化合物または混合物のうち、混合物はいくつあるか。

硫黄、ベンゼン、固形アルコール、鉄、エタノール、ラッカー用シンナー、リン、水、ガソリン、ナトリウム、塩素酸カリウム、動植物油
(1) 1つ
(2) 2つ
(3) 3つ
(4) 4つ
(5) 5つ

....

問題22 2種の金属の板を電解液中に離して立て、金属の液外の部分を針金でつないで電池をつくろうとした。この際に、片方の金属をAlとした場合、もう一方の金属として最も大きな起電力が得られるものは、次のうちどれか。

(1) Fe
(2) Ag
(3) Cu
(4) Pb
(5) Ni

問題23 不純物を含む炭化カルシウム100gに多量の水を加えて発生させたアセチレンガスの量は、標準状態（0℃、1気圧（1.013×10⁵Pa））で30Lであった。この炭化カルシウムの純度として最も近いものは、次のうちどれか。ただし、原子量はCa＝40、H＝1、C＝12とする。

(1) 30%
(2) 64%
(3) 70%
(4) 81%
(5) 86%

. . . .

問題24 芳香族炭化水素に関する説明について、次のうち誤っているものはどれか。

(1) ベンゼンの同族体には、トルエンやキシレンなどがある。
(2) ベンゼンは、不飽和炭化水素であり、置換反応を起こしにくく、付加反応を起こしやすい。
(3) ベンゼンを構成するすべての原子は平面上にあり、6個の炭素原子は正六角形を形成している。
(4) キシレンは、ベンゼン環の2個の水素原子が2個のメチル基（−CH₃）に置換されたものであり、メチル基が結合する位置によって、3種類の構造異性体が存在する。
(5) ベンゼンに濃硫酸を加えて加熱すると、ベンゼンスルホン酸（$C_6H_5SO_3H$）になる。この反応をスルホン化という。

問題25 温度一定の条件下で、容積30Lの容器に6気圧の酸素10Lと1気圧の窒素60Lを入れたときの混合気体の全圧として、次のうち正しいものはどれか。ただし、酸素と窒素は互いに反応しないものとし、いずれも理想気体として挙動するものとする。

(1) 2気圧
(2) 4気圧
(3) 6気圧
(4) 8気圧
(5) 10気圧

危険物の性質並びにその火災予防及び消火の方法

問題26 危険物の類ごとの性状について、次のうち正しいものはどれか。

(1) 第1類の危険物は、酸化性固体であり、分解して他の可燃物を酸化する。
(2) 第3類の危険物は、自己反応性の固体である。
(3) 第4類の危険物は、可燃性固体または液体であり、自然発火するものもある。
(4) 第5類の危険物は、可燃性固体であり、いずれも着火しやすい。
(5) 第6類の危険物は、引火性液体で引火性を有するものもある。

問題27 第2類の危険物の性状について、次のうち誤っているものはどれか。

(1) 20℃で液状のものがある。
(2) 40℃未満で引火するものがある。
(3) 粉じん爆発を起こすものがある。
(4) 酸化剤と接触すると危険である。
(5) 酸に溶けて水素を発生するものがある。

問題28 次に掲げる危険物と性質の組合せとして、誤っているものはどれか。

(1) 五フッ化臭素……水と反応してフッ化水素をつくる。
(2) 過塩素酸…………金属によっては反応して過塩素酸塩をつくる。
(3) 過酸化水素………還元剤として働くことがある。
(4) 三フッ化臭素……水と反応して酸素を発生する。
(5) 濃硝酸……………鉄と激しく反応して水素を発生する。

問題29 第5類の危険物の貯蔵、取扱いについて、次のうち誤っているものはどれか。

(1) 加熱、衝撃、摩擦を避けて取り扱う。
(2) 通風のよい冷暗所に貯蔵する。
(3) 安定剤として酸化剤を入れ、容器は密封して貯蔵する。
(4) 酸または重金属に接触させてはいけないものがある。
(5) アルコールまたは水に湿らせて貯蔵するものがある。

問題30 第3類の危険物のなかには、保護液中に貯蔵するものがあるが、その主な理由として、次のうち正しいものはどれか。

(1) 昇華を防ぐため
(2) 空気との接触を防ぐため
(3) 火気を避けるため
(4) 酸素の発生を防ぐため
(5) 引火点以下に保つため

問題31 すべての第3類の危険物火災の消火方法として、次のうち有効なものはどれか。

(1) 噴霧注水する。
(2) 二酸化炭素消火剤を放射する。
(3) 泡消火剤を放射する。
(4) 乾燥砂で覆う。
(5) ハロゲン化物消火剤を放射する。

問題32 鉄粉の火災の消火方法について、次のうち最も適切なものはどれか。

(1) 泡消火剤を放射する。
(2) 二酸化炭素消火剤を放射する。
(3) 注水する。
(4) 乾燥砂で覆う。
(5) 強化液消火剤を放射する。

問題33 第1類の危険物に共通する性状について、次のうち誤っているものはどれか。

(1) 可燃性である。
(2) 常温（20℃）では固体である。
(3) 分子内に酸素を含有する。
(4) 加熱、衝撃または摩擦により酸素を放出することがある。
(5) 有機物と混合すると、爆発することがある。

問題34 硝酸アンモニウムの性状について、次のうち誤っているものはどれか。

(1) 無色または白色の結晶である。
(2) 刺激臭を有している。
(3) 水によく溶ける。
(4) 加熱により分解し有毒なガスを発生する。
(5) 潮解性がある。

問題35 リン化カルシウムの性状について、次のA〜Eのうち、正しいものの組合せはどれか。

A 白色の結晶である。
B 乾いた空気中では、安定である。
C 非常に強く加熱すると、分解してリン化水素が生成する。
D 酸素や硫黄と高温（300℃以上）で反応する。
E 空気中の水分と接触すると、カルシウムが生成する。
(1) AとC
(2) AとD
(3) BとD
(4) BとE
(5) CとE

問題36 黄リンの性状等について、次のうち誤っているものはどれか。

(1) 淡黄色の固体で、比重は1より大きい。
(2) 保護液に使用する水のpHは11程度がよい。
(3) 空気中に放置すると徐々に発熱し、発火に至る。
(4) 毒性が極めて強い。
(5) 二硫化炭素に溶ける。

問題37 第5類の危険物の性状について、次のうち誤っているものはどれか。

(1) 酸素を含み自己燃焼性を有するものが多い。
(2) 加熱、衝撃、摩擦等により発火するおそれはない。
(3) 空気中に長時間放置すると分解が進み、自然発火するものがある。
(4) 燃焼速度が大きい。
(5) 重金属と作用して爆発性の金属塩を形成するものがある。

....

問題38 ジアゾジニトロフェノールの性状について、次のうち誤っているもの
はどれか。

(1) 黄色の粉末である。
(2) 光により変色する。
(3) 水よりも重い。
(4) 加熱により融解して安定化する。
(5) 摩擦や衝撃により爆発するおそれがある。

....

問題39 硫黄の性状について、次のうち誤っているものはどれか。

(1) 黄色の固体または粉末である。
(2) 腐卵臭を有している。
(3) 高温で多くの金属と反応して硫化物をつくる。
(4) 電気の不良導体である。
(5) 燃焼すると二酸化硫黄を発生する。

問題40 次に掲げる危険物のうち、燃焼の際に人体に有害な気体を発生するものはどれか。

(1) 鉄粉
(2) 硫黄
(3) アルミニウム粉
(4) 亜鉛粉
(5) マグネシウム

問題41 アセトアルデヒドの性状について、次のうち誤っているものはどれか。

(1) 酸化されると、酢酸になる。
(2) 水やエタノールに任意の割合で溶解する。
(3) 強い還元性物質である。
(4) 熱または光により分解して、メタンと二酸化炭素を発生する。
(5) 常温（20℃）で引火の危険性がある。

問題42 アニリンの性状について、次のうち誤っているものはどれか。

(1) 無色の液体である。
(2) 特有の臭気がある。
(3) 水によく溶ける。
(4) 光や空気により変色する。
(5) さらし粉水溶液により変色し、赤紫色になる。

問題43 分子式がHNO₃で示される危険物の性状等について、次のうち誤っているものはどれか。

(1) 酸化力は、極めて強い。
(2) 有機物に接触すると、有機物を発火させるおそれがある。
(3) 湿気を含む空気中で発煙する。
(4) 皮膚に触れた場合、薬傷を起こす。
(5) 光や熱では分解されないので、透明のびんで保存する。

問題44 三フッ化臭素の性状について、次のうち誤っているものはどれか。

(1) 空気中で木材、紙などと接触すると発熱反応をおこす。
(2) 水と激しく反応する。
(3) 多くの金属と激しく反応する。
(4) 常温（20℃）では液体である。
(5) それ自体は爆発性の物質である。

問題45 次の文の【　　】内のA～Dに当てはまるものの組合せとして、正しいものはどれか。

「過酸化ナトリウムは、【　A　】と激しく発熱反応し、多量の【　B　】を発生する。また【　C　】との混合物は、発火・爆発するおそれがある。従って、消火作業には【　D　】などを使用する。」

	A	B	C	D
(1)	水	水素	二酸化炭素	窒素
(2)	可燃物	可燃性ガス	水	二酸化炭素
(3)	水	酸素	可燃物	乾燥砂
(4)	二酸化炭素	酸素	可燃物	水
(5)	可燃物	水素	水	二酸化炭素

→ 模擬問題 第1回 解答解説

《解答》

危険物に関する法令	
問1	2
問2	1
問3	2
問4	2
問5	5
問6	4
問7	5
問8	4
問9	5
問10	3
問11	3
問12	4
問13	1
問14	5
問15	3

物理学及び化学	
問16	3
問17	3
問18	5
問19	5
問20	3
問21	4
問22	2
問23	5
問24	2
問25	2

危険物の性質等			
問26	1	問36	2
問27	1	問37	2
問28	5	問38	4
問29	3	問39	2
問30	2	問40	2
問31	4	問41	4
問32	4	問42	3
問33	1	問43	5
問34	2	問44	5
問35	3	問45	3

合格ラインは、以下の通りだ。各科目60％以上で全体でも60％以上の正答率で合格になるぞ。自分の採点結果と合わせて、合格ラインに乗っているか、確認しよう！

模擬試験の目的は、試験の結果に一喜一憂することではないぞ。現時点での苦手分野をあぶり出し、今後の学習の方向性（ベクトル）を決めることなんだ！

理解度が不足している箇所に絞って、重点的に復習します！！

		君の採点結果
危険物に関する法令	9／15以上	／15
物理学及び化学	6／10以上	／10
危険物の性質等	12／20以上	／20

解 説

1 正解（2）

本問は類ごとの危険物（品目）が分かれば、簡単に解ける問題だ。選択肢2を見ると、「第2類の危険物は可燃性で、硫黄、黄リン等がある。」と記載があるが、黄リンは**第3類危険物**で、第2類危険物は同素体の**赤リン**が該当するぞ。

2 正解（1）

指定数量の倍数が最大となる選択肢を選ぶ問題は、原則各選択肢についてゴリゴリと計算をしなければならないぞ。各危険物についての情報は以下の通りだ。

> ガソリン：第1石油類（非200L）、灯油と軽油：第2石油類（非1,000L）、
> 重油：第3石油類（非2,000L）、シリンダー油：第4石油類（6,000L）
> ※非：非水溶性

$$1. \frac{2000}{200} + \frac{6000}{1000} = 10 + 6 = \underline{16} \qquad 2. \frac{3000}{1000} + \frac{5000}{2000} = 3 + 2.5 = \underline{5.5}$$

$$3. \frac{4000}{2000} + \frac{4000}{1000} = 2 + 4 = \underline{6} \qquad 4. \frac{5000}{1000} + \frac{3000}{6000} = 5 + 0.5 = \underline{5.5}$$

$$5. \frac{6000}{6000} + \frac{2000}{200} = 1 + 10 = \underline{11}$$

以上より、選択肢1が正解だ。とはいえ、やはり時短をしたいよな。実はある程度のアタリを付けることはできるぞ。以下のように考えてみよう。

指定数量の倍数は、分母の数値（指定数量）が**小さい**ほど、また、分子の数値（扱う危険物の数量）が**大きい**ほど、**大きな値**になるので、指定数量が最も少ないガソリンを含む選択肢1・5が怪しいと見ることができる。その上で、シリンダー油と灯油が共に6,000Lあり、指定数量は第2石油類の方が少ない値（分母小）なので、全体の値（倍数の合計値）は大きいと分かるんだ。

3 正解（2）

予防規程は、唯一「認可」が必要になるので、間違えないようにしよう。
選択肢2「製造所等の**危険物取扱者**は、予防規程を定めなければならない」。
⇒**所有者等**が正解だ。

4 正解（2）

本問は保有空地を必要とする製造所等だけの組合せを選ぶ問題だ。保有空地が
必要な製造所等は、**保安距離が必要な5施設＋2施設**という構成だったな。

> 保安距離が必要な5施設：製造所、屋内貯蔵所、屋外貯蔵所、屋外タンク貯蔵所
> 　　　　　　　　　一般取扱所
> 保有空地が必要な7施設：（上記5施設と）簡易タンク貯蔵所、移送取扱所

以上より、正しい組合せは選択肢2になるぞ。

5 正解（5）

危険物と消火器の対応関係についての問題だ。消火器の消火原理も大事だが、
対象となる危険物における一般的な消火法を理解していることが重要だ。
本問では、選択肢5：粉末消火剤（リン酸塩類等）の箇所が誤りだ。
粉末消火剤は、窒息と抑制の効果により消火するので、第4類危険物には適応
するが、第5類危険物（自己反応性物質）は酸素を危険物内に含有しており、**窒
息消火は効果がない**（○ではない）。また、第6類危険物の火災には炭酸水素塩
類はNGだが、リン酸塩類の粉末消火剤は有効なので、こちらは○になるぞ。

6 正解（4）

液体の危険物を貯蔵する屋外タンク貯蔵所の周囲には、危険物の流出を防止す
るための防油堤を設けることになっているんだ。その基準は以下3点だ。
・防油堤の高さは**0.5m以上**とすること
・防油堤の最大容量は、タンク容量の**110％以上**（＝**1.1倍**以上）とすること
・タンクが2基以上ある場合、最大となるタンク容量の**110％以上**とすること
以上より、本問はタンク3基なので、その中の最大容量である重油60,000Lを
基準にして、60,000×1.1＝66,000L以上の容量にする必要があるぞ。選択肢4
が正解だ。

7 正解（5）

給油取扱所内に設置できる建築物の用途については、覚えるというよりも実際に街中のガソリンスタンドを見た方が理解が早いかもしれないな。

運転中に小腹が空けば飲食店に寄るかもしれないし、タイヤ交換や車検などの点検・整備する場所が必要になるし…

そう考えれば、選択肢3と5以外は必要だと分かるな。

選択肢3について、給油取扱所の所有者等が居住する住居またはこれらの者に係る他の給油取扱所の業務を行うための事務所ということであれば、設置が認められているんだ（従業員の住居は×だぞ！）

以上より、設置できない施設は選択肢5になるぞ。そもそも論、ガソリンは直接給油を原則としていて、詰め替えはNGなのだから、その点でも気付くはずだ！

8 正解（4）

仮貯蔵・仮取扱と本問の仮使用は、許可権者の混同が散見される問題だ。仮使用についての、法令の説明文は以下の通りだ。

「製造所等の設備を変更する場合に、変更工事に係る部分以外の全部または一部を市町村長等の承認を得て、完成検査前に仮に使用すること」

問題文を見ると、

A：工事に係る部分→工事に係る部分以外（×）

B：所轄消防長または消防署長→市町村長等（×）　C：○

以上より、選択肢4が正解だ。

変更工事に係る部分以外というのは、事務所などの危険物の取扱と関係ない場所なので、市町村長の承認。仮貯蔵・仮取扱は実際に危険物に触れるので消防長または消防署長の承認と区別できるようにしておこう！

9 正解（5）

製造所等の許可の取消しまたは使用停止命令が発せられるのは、**施設（物的）違反**の場合で重大事案ということだ。その視点で各選択肢をみると、

5．製造所等の位置、構造及び設備の変更を要しない範囲で〜

上記より、施設（物的）なものは変更していないので、事由に該当しないぞ。

10 正解（3）

危険物取扱者免状の記載事項は、君が既に持っている免状を見れば分かるぞ。

【免状の記載事項】
・氏名及び生年月日　　・過去10年以内に撮影した写真
・免状の交付年月日及び交付番号　　・免状の種類　　・本籍地の住所

以上より、選択肢3居住地の属する都道府県、これが記載事項ではないぞ！

11 正解（3）

保安講習の受講サイクルは、継続して危険物を取扱う場合は**3年に1回**だ。
その点が分かれば、選択肢3の「5年」が誤りと分かるぞ。正しくは3年だ。

12 正解（4）

移動タンク貯蔵所（タンクローリー）に常置しておかなければならない書類は、
以下4点だ。

・完成検査済証　　・定期点検の点検記録　　・変更届出書
・譲渡、引き渡しの届出書

以上より、選択肢4が不要な書類と分かるぞ。もちろん知識で解くこともでき
るが、少し応用すると、移動タンク貯蔵所は**危険物保安監督者の選任がそもそ
も不要**なのだから、「選任不要なのに届出の書類が必要なの？⇒要らないよ
ね！」と理解できれば、不要と判断することもできるぞ！

13 正解（1）

誤りの選択肢は1だ。

1．製造所等においては、許可もしくは届出に係る品名以外の危険物であって
　　も、危険性の少ないものであれば貯蔵することができる。

⇒危険性の大小に関係なく、危険物以外の物品の貯蔵は禁止だ！！

14 正解（5）

定期点検を実施した際に記載すべき事項は、一般的な事柄（施設名、実施年月
日、点検者、点検方法、結果）になるぞ。よって選択肢5が定められていない
ものだが、そもそも定期点検は**実施義務はあるが、届出不要**だ！！

15 正解 (3)

選択肢3が正解だ。他の選択肢については以下の通りだ。

1.類を異にする危険物の混載は、~~一切禁止されている。~~
　⇒原則はその通りだが、例外として組合せの指定はあるが混載は認められているぞ。テキストの○×トーナメント表を確認しよう！

2.運搬容器の材質、最大容量については、~~特に基準はない。~~⇒基準はあるぞ！

4.金属製ドラムで危険物を運搬する場合は、収納口を側~~上~~方に向けて積載できる。

5.指定数量以上の危険物を運搬する場合は、すべて市町村長等に届け出なければならない。⇒「すべて」はすべて×だ。

16 正解 (3)

燃焼について分けると大きく4つ（表面燃焼、分解燃焼、蒸発燃焼、内部燃焼）に分けられ、本問では表面燃焼の物質を選ぶわけだが、内部燃焼は第5類危険物（自己反応性物質）に見られる特有のものなので、本問の選択肢の物質を3つに分類すると以下のようになるぞ。

表面燃焼	木炭、アルミニウム
分解燃焼	木材
蒸発燃焼	メタノール、エタノール、ガソリン

以上より、選択肢3が表面燃焼の物質を集めた正解の選択肢だ。

17 正解 (3)

メタノールが完全燃焼すると、二酸化炭素と水が発生するぞ。その化学反応式を書くところからスタートするが、以下の通りだ。係数に気を付けよう！

$$2CH_3OH+3O_2 \rightarrow 2CO_2+4H_2O$$

メタノール2molと酸素が3mol反応するので、問題文のメタノール3molが完全燃焼する際の酸素の反応量は、×1.5倍より、4.5molだ。標準状態における1molの体積は問題文より22.4Lとなるので、酸素の体積は4.5×22.4＝100.8L
以上より、選択肢3が正解だ。

18 正解 (5)

第5類危険物の特徴が分かれば解ける問題だが、選択肢5が誤りだ。

5. 燃焼に必要な酸素供給源は、空気であり、可燃物自身が含有する酸素は、酸素供給源に該当し~~ない~~**する**。

19 正解(5)

静電気火花による火災を防ぐため、静電気対策は極めて重要なことだ。選択肢1〜4は正しい記述なので、そのまま覚えておこう！

選択肢5.作業服は、~~素早く~~**ゆっくりと**脱着する。

給油作業と同じで、速く行うとそれだけ摩擦が発生して、ゆっくり作業を行う必要があるので、着替えもゆっくり行おう！

20 正解(3)

正しい記述は、B・Cなので、選択肢3が正解だ。なお、誤りの記述については、以下の通り。

A 空気より~~軽い~~**重い**ので、密閉された場所でしか消火に使用できない。

⇒空気の平均分子量28.8に対して、二酸化炭素は44で空気より重い！

D 二酸化炭素は、密閉された場所で放出しても~~人体の危険はなく安心して使用できる~~。⇒窒息死してしまうぞ！ 地下や密閉空間での使用はNGだ！

21 正解(4)

単体、化合物、混合物を選ぶ問題だ。混合物を選ぶポイントは、「化学式で表せるかどうか」だ。表すことができないものが混合物。本問だと、固形アルコール、ラッカー用シンナー、ガソリン、動植物油の4つなので、選択肢4.4つが正解だ。それらは全て、炭化水素の集まり（混合物）になっているぞ。なお、他の物質の分類については、以下の通り。

単体	硫黄、鉄、リン、ナトリウム
化合物	ベンゼン、エタノール、水、塩素酸カリウム

22 正解(2)

本問のように電池を作る場合において、最も大きい起電力を得るには、**イオン化傾向の差異が最大**となるような金属の組合せを選べば良いことになるぞ。

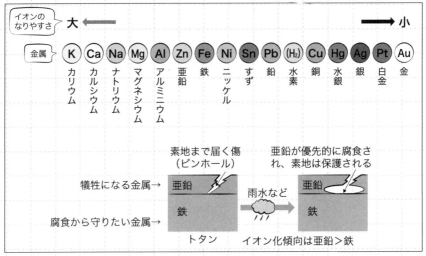

一方をAl（アルミニウム）としているので、これを軸に最も遠くなる金属の選択肢を選べばよいんだ。正解は選択肢2．Ag（銀）だ。

23 正解 (5)

まずは反応式を書き出そう。炭化カルシウムと水が反応して、アセチレンと水酸化カルシウムが発生したわけだ。$CaC_2+2H_2O→Ca(OH)_2+C_2H_2$

反応式より、炭化カルシウム64g／molが反応して、1mol（22.4L）のアセチレンが発生することが分かったな。本問では、100gの炭化カルシウムなので、発生する理論上のアセチレン（XLとする）は、$X=100×\dfrac{22.4}{64}=35L$

理論上の発生量35Lに対して、実際の発生量は問題文より30Lなので、炭化カルシウムの純度は、$\dfrac{30}{35}×100=\dfrac{\dfrac{6}{7}×100}{\dfrac{600}{7}}=85.71\cdots$

以上より、選択肢5.86%が正解だ。

24 正解 (2)

誤りの選択肢は2.だ。

2.ベンゼンは、不飽和炭化水素であり、置換反応を起こしにくく、付加反応を起こしやすい。
　　　　　　　　　　　　　　　　付加　　　　　　　　　置換

→本問は記述が逆になっているぞ。ベンゼンはフェノール（-OH置換）、トルエン（-CH$_3$置換）、アニリン（-NH$_2$置換）と置換した化合物が多い物質だ。

25 正解（2）

本問はドルトンの分圧の法則に関する計算問題だ。定義を確認すると、
「一定体積V、一定温度Tのもとで、圧力P_Aの気体Aと圧力P_Bの気体Bを混合すると、混合気体の全圧Pは、各成分気体A、Bの分圧P_A、P_Bの和になる。
P＝P_A＋P_B　これを**ドルトンの分圧の法則**という。
つまり、元の気体の圧力と体積の積が、容器の体積と変化後の圧力の積と等しくなるということなんだ（ボイルの法則：PV＝k【一定】）。
本問では温度の記載がないので一定とみなして、計算をしていくぞ。
上記の式で各気体における分圧を求め、これを合計したものが全圧というわけだ。では、それぞれ見ていこう。
（酸素O_2）→元は6気圧（P）で10L（V）の気体を30Lの容器に入れるので、
$$6×10＝P_O×30　　P_O＝2$$
（窒素N_2）→元は1気圧（P）で60L（V）の気体を30Lの容器に入れるので、
$$1×60＝P_N×30　　P_N＝2$$
以上より、全圧P＝P_O＋P_N＝2＋2＝4気圧　以上より選択肢2が正解だ。

26 正解（1）

　本問は、法令の第1問と似たような問題だ。各類の危険物の性状（特徴）と主な物質について、しっかりと理解していれば解くことができるぞ。正解は選択肢1で、誤りの選択肢について、以下の通りだ。
2.第3類の危険物は、自己反応性の固体である。
　　　　　　　⇒**自然発火性及び禁水性**の**固体または液体**である。
3.第4類の危険物は、可燃性固体または液体であり、自然発火するものもある。
　　　　　　　⇒**引火性の液体**　　　　　　　　するものはない。
4.第5類の危険物は、可燃性固体であり、いずれも着火しやすい。
　　　　　　　⇒**自己反応性**の**固体または液体**
5.第6類の危険物は、引火性**酸化性**液体で引火性を有するものもある**はない**。

27 正解（1）

第2類危険物は、**可燃性の固体**だ。つまり、全て固体であって液体の物質は存在しないぞ。よって、選択肢1が誤りだ。

28 正解（5）

危険物とその性質の組合せの正誤を問う問題だ。選択肢5が誤りだが、本問は少し意地悪かもしれないな。性質は正しく、物質が誤りだ。正しくは希硝酸だ。希硝酸は、鉄などの金属を溶かして水素を発生するぞ。濃硝酸は、アルミニウムや鉄、ニッケルの表面で不動態被膜（酸化被膜）を形成し、溶かされないんだ。

29 正解（3）

誤りの選択肢は3だ。第5類危険物（自己反応性）は酸素含有物質で特に危険度が高いため、危険度を下げる目的で水やアルコール等で湿潤状態にして保存する物質群だが、安定剤を添加する物質はないぞ。
安定剤が必要なのは、第6類危険物の**過酸化水素**（リン酸、尿酸、アセトアニリド）だ。混同に注意しよう！

30 正解（2）

第3類危険物は**自然発火性及び禁水性**の物質群なので、空気や水に触れると激しく反応する物質となり、これらに触れないようにするために、保護液中に保存するというわけなんだ。そうすると、選択肢2が正解と分かるぞ！

31 正解（4）

第3類危険物は**自然発火性及び禁水性**の物質群だ。本問は冒頭に「すべての〜」と記載があるので、例外的にOKという消火法（注水消火）などもNGとなるぞ。この時点で、選択肢1・3は×だと分かるな。
また、還元性の強い物質（K、Na、Mg、Al）などはハロゲン元素と激しく反応するので選択肢5も×。安定しているとされる二酸化炭素と反応する物質もあるため、選択肢2も×。そうすると、消去法的に選択肢4乾燥砂が正解だ。

32 正解 (4)

第2類危険物の一般的な消火法は、注水消火または乾燥砂だが、本問の鉄粉を
はじめ金属粉は水と反応して発熱・発火する物質群なので、乾燥砂を用いた消
火法が有効となり、選択肢4が正解になるぞ。

33 正解 (1)

第1類危険物は、**不燃性の酸化性固体**の物質群だ。基本知識があれば、選択肢1
が誤りだと分かるはずだ。可燃性ではないぞ、不燃性だ！！

34 正解 (2)

第1類危険物の硝酸アンモニウムは、アンモニウムイオン（NH_4^+）を有している
ことから、アンモニアに似た臭い（刺激臭）を有していると思いがちだが、無
臭だぞ！　なお、知識があれば解ける問題ではあるが、以下のように考えて見
るのはどうだろうか？

第1類危険物の一般的性状（無色または白色の固体：選択肢1）、水によく溶け
て潮解性を有する（選択肢3・5）、加熱するとアンモニウムイオンからアンモ
ニアが生成する（選択肢4）と、知識がなくても理解があれば、解けんだ！！

35 正解 (3)

第3類危険物のリン化カルシウムの性状についての正誤を問う問題だ。

リン化カルシウムの性状が分かっていれば、正しいものを選ぶだけの問題だが、
ここでは受験のテクニックとして、知識が曖昧だった場合の考え方（解き方）
を伝授したいと思うぞ。

まず、リン化カルシウムが加水分解して発生するガスが**リン化水素（ホスフィ
ン）**だったな。**魚腐臭**というパワーフレーズが特徴だったよな。加熱により生
じるのは十酸化四リンだ。同時に、カルシウムは水酸化カルシウムになるんだ。
第2類危険物の赤リンが赤褐色だったから、リン化カルシウムもその色に近い
色ではないか？とアタリを付けておこう。

以上の点から、A白色（暗赤色なので×）、Cリン化水素（十酸化四リンなので
×）、Eカルシウム（水酸化カルシウムなので×）となり、正しいのはB・Dの選
択肢3となるぞ。

36 正解（2）

第3類危険物の黄リンについての問題だ。基本は各選択肢で正しいことを書いているが、選択肢2が誤りだ。水中に浸漬貯蔵する目的は酸化を防ぐためなので、水のpHは8～9程度の弱アルカリ性中に貯蔵するのが望ましいぞ。選択肢2のpH11は強アルカリなので不適となるんだ。

37 正解（2）

第5類危険物の一般的な性状を問う問題だ。

第5類危険物は、物質内部に酸素を含む自己反応性物質なので、加熱や衝撃、摩擦等により、発火する恐れがあるぞ。選択肢2が誤りだ。

38 正解（4）

本問のジアゾジニトロフェノールは第5類危険物なので、第5類危険物に共通する性状が理解できていれば、正解を導くことができるぞ。知識があれば、選択肢4が誤りと分かるが、第5類危険物は比重1以上（選択肢3）で、白か黄色の物質（選択肢1）、危険性の高い物質（選択肢2・5）という点からも分かるぞ！

39 正解（2）

硫黄の性状についての問題だ。硫黄そのものは無味無臭だが、硫黄を含む物質で**硫化水素H_2Sは**腐卵臭（温泉の臭い）を有しているぞ。よって、選択肢2が誤りだ。

40 正解（2）

本問は化学反応式を書く必要はないが、選択肢の物質が酸化して生成する物質が何かをイメージできれば、そこから判断することができるはずだ。選択肢2の硫黄は、酸化すると硫黄酸化物（SO_x）となり、これは酸性雨の原因ともなる有毒な物質だ。

41 正解（4）

第4類危険物（特殊引火物）のアセトアルデヒドについての問題だ。テキストでは選択肢4以外は触れているので、それらを理解していれば誤りは4になると

分かるぞ。

アセトアルデヒドは分解により、メタンと**一酸化炭素**を発生するぞ。

$CH_3CHO \rightarrow CH_4 + CO$

メタンをエタンとする記述もあるので間違えないように！

42 正解（3）

アニリンは、第4類危険物（**非水溶性**の第3石油類）だ。この情報さえ分かれば、選択肢3が誤りだと分かるぞ。他の選択肢の細かい内容が分からなくても、解くことができるので、知識も大事だが、対象となる物質が属する類とその共通する性状を理解することが、一番大事なんだ！！

43 正解（5）

第6類危険物の硝酸についての問題だ。選択肢1〜4は全て正しい記述なので、誤りは選択肢5だ。硝酸は日光や熱により分解して二酸化窒素が生じるので、**褐色のガラス瓶**やステンレス鋼製・アルミニウム製の容器を使用するんだ（希硝酸の場合はステンレス鋼とアルミニウムを侵すので使用NGになるので、間違えないように！）。

44 正解（5）

第6類危険物のハロゲン間化合物の一種である、三フッ化臭素の問題だ。個別物質の性質は覚えていればもちろんそれを答えればよいが、属する類の一般的性質が分かれば、答えられる問題もかなりあるぞ。第6類危険物は**不燃性の酸化性液体**なので、物質そのものは不燃性だ。爆発性の物質ではないので、選択肢5が誤りだ。

45 正解（3）

ナトリウム（第3類危険物）と水の反応は水素が発生するが、過酸化ナトリウム（第1類危険物）と水の反応は酸素が発生するので、間違えないように！

以下、空白に語句を入れた正解の文章だ。

「過酸化ナトリウムは、A**水**と激しく発熱反応し、多量のB**酸素**を発生する。またC**可燃物**との混合物は、発火・爆発する恐れがある。従って、消火作業にはD**乾燥砂**などを使用する。」

Index | 索引

著者

佐藤 毅史（さとう つよし）

付加価値評論家®

調理師として延べ4年半勤務するも、体調不良と職務不適合の思いから退社。しかし、その3日後にリーマンショックが発生して、8か月間ニートを経験。その後不動産管理会社での勤務を経て、TSPコンサルティング株式会社を設立・代表取締役に就任。これまでに、財務省、商工会議所、銀行等の金融機関で企業研修・講演を依頼される人気講師の傍ら、現在は社外取締役を4社務める法律と財務のプロフェッショナルでもある。

主な保有資格：行政書士、宅建士、甲種危険物取扱者、毒物劇物取扱者、第2種電気工事士、消防設備士、CFP®、調理師

TSPコンサルティング株式会社ホームページ　http://fp-tsp.com/concept.php

装丁・本文デザイン	植竹 裕（UeDESIGN）
DTP	株式会社 明昌堂
漫画・キャラクターイラスト	内村 靖隆

工学教科書

炎の甲種危険物取扱者 テキスト&問題集

2023年　7月20日　初版　第1刷発行

著　　者	佐藤 毅史	
発 行 人	佐々木 幹夫	
発 行 所	株式会社 翔泳社（https://www.shoeisha.co.jp）	
印刷・製本	株式会社 広済堂ネクスト	

©2023 Tsuyoshi Sato

ISBN978-4-7981-8120-2　　　　　　　　　　　　　　Printed in Japan